Easy / New / Visual

황석근

ENV 정수론

ENV 정수론

2012년 3월 1일 초판 1쇄 발행
저자 : 황석근

발행인 / 오판근
발행처 / 교우미디어 · 서울 동대문구 제기 2동
등록번호 /
ISSN /
값 25000원

책 머리에

정수론은 기하학과 함께 가장 오랜 역사를 가진 수학의 한 분야이면서 오늘날까지도 그 연구가 대단히 활발하게 진행되고 있는 분야이기도 하다. 가우스는 과학의 여왕은 수학이고 수학의 여왕은 정수론이라고 하였다. 그만큼 정수론은 고고하고 도도한 학문 분야이다. 정수론은 순수 수학 중의 순수 수학이다. 그것은 순수하디 순수한 자연수에 관한 문제를 다룬다는 태생적 속성에 기인한다. 그래서 혹자는 정수론을 왜 하느냐고 묻는다. 정수론을 하는 이유는 간단하다. 수가 거기 있기 때문이다. 정수론의 바탕은 헤아리는 데에 있다. 따라서 정수론은 원초적으로 조합론적 성격을 가지고 있다. 대개의 정수론적 성질은 헤아릴 줄만 알면 이해하기 쉬운 내용이지만 그 증명은 대단히 어렵다. 이것이 정수론과 조합론의 유사점이다.

오늘날 정수론의 성과는 디지틀 시대의 요구와 맞물려 폭넓고 풍부하다. 정수론은 그 연구 내용과 방법에 따라 조합적 정수론, 대수적 정수론, 해석적 정수론 등으로 세분된다. 이 책의 목적은 수학 내지는 이공학을 전공하는 대학 학부학생들에게 정수론의 기본적인 사항을 소개하는 데 있다. 따라서 이따금씩 기초적인 조합적, 대수적, 해석적 방법을 채용한다. 이책은 대학에서 한 학기용 강의 교재로 적합하도록 한정된 지면 속에서 수용할 수 있는 최선의 에센스만을 선정 수록하였다. 이 책은 제목이 시사하듯이 가급적 쉽고 새로운 해설과 함께 간결하고 직관적으로 이해할 수 있는 방법을 동원하는데 최선을 다하여 엮었으며 독자의 보다 친근한 벗이 되도록 편집에서 디자인에 이르기까지 수학적 내용과 부합하도록 저자가 직접 고민하여 만들었다.

아무쪼록 이 책으로 공부하는 이들에게 많은 결실이 있기를 진심으로 바라마지 않는다.

2012년 2월 22일
복현골에서 저 자

ENV *Number Theory*

차례

CONTENTS

00 준비 6

I 수체계와 소인수분해

01 정수의 기반 16
02 수의 표현 30
03 약수 · 배수 42
04 유클리드 알고리즘과 부정방정식 54
05 소수 68
06 소인수분해 82

II 합동식과 원시근

07 합동식 102
08 일차합동식 116
09 페르마의 정리 130
10 오일러의 정리 142
11 원시근과 이산로그 156
12 원시근의 존재 170

ENV Number Theory

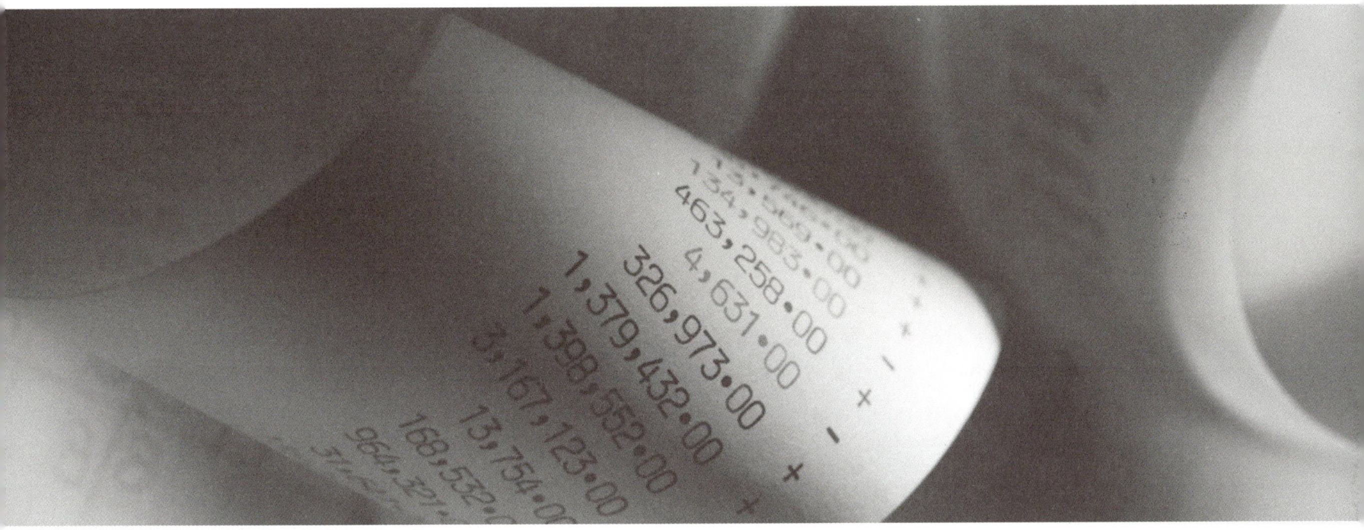

Ⅲ 이차잉여

13 이차잉여 182
14 이차잉여의 상호법칙 194
15 이차합동식 210

Ⅳ 연분수와 펠 방정식

16 연분수와 근사분수 222
17 무한연분수 238
18 제곱근의 연분수 250
19 펠 방정식 262

Ⅴ 다원 부정방정식

20 페르마의 마지막 정리 276
21 제곱의 합 286

참고문헌 300
해답과 힌트 301
찾아보기 312

00

준비

Preliminaries

이 중단원에서 공부할 내용

- 함수 / 동치관계
- 데카르트 곱
- 이항연산
- 군 / 행렬
- 비둘기집의 원리
- 이항정리
- 단조 수열

ENV Number Theory

이 중단원에서는 이 책을 읽기 위하여 사전에 미리 알아 두어야 할 몇 가지의 내용을 간단히 소개한다.

여기에서는 먼저 이 책을 읽기 위하여 미리 알아 두어야 할 몇 가지의 기본적인 용어나 개념에 대하여 알아 둔다.

함수

집합 A, B 에 대하여, A 를 **정의역**으로 하고 B 를 **공역**으로 하는 함수

$$f: A \to B$$

◂ 定義域 domain
共域 codomain

에 의하여 $a \in A$ 에 대응하는 B 의 원소를 f에 의한 **a 의 상**이라고 하고 $f(a)$로 나타낸다. 함수 $f: A \to B$ 에 의한 A 의 원소의 상 전체의 집합을 **A 의 상** 이라고 하고 $\mathrm{im} f$ 와 같이 나타낸다. 즉,

◂ 射像 map 또는 mapping

◂ 像 image

◂ image of A

$$\mathrm{im} f = \{ f(a) \mid a \in A \}.$$

$\mathrm{im} f$를 $f(A)$와 같이 나타내기도 한다.
$\mathrm{im} f$를 f의 **치역** 이라고도 한다.

◂ 値域 range

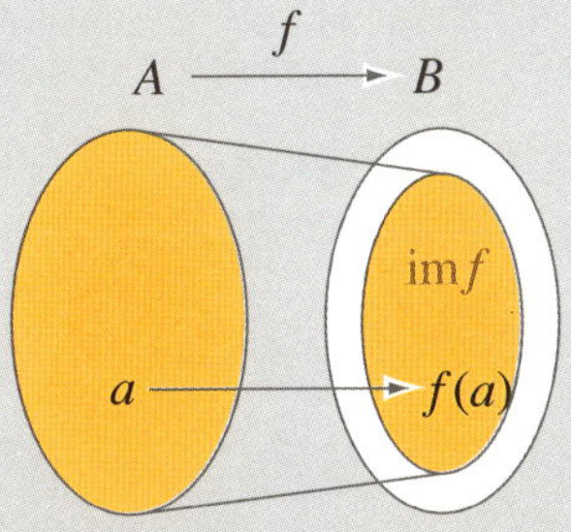

함수 $f: A \to B$ 가 조건

$$a_1 \neq a_2 \Rightarrow f(a_1) \neq f(a_2)$$

를 만족할 때, f는 **단사** 또는 **one-to-one** 이라고 한다. 한편 f의 치역과 공역이 일치할 때, 즉, f가 조건

◂ 單射 inejective

$$\mathrm{im} f = B$$

를 만족할 때, f는 **전사** 또는 **onto** 라고 한다. 전사인 동시에 단사인 함수를 **전단사**함수 또는 **일대일대응**이라고 한다. 정의에 의하여 다음이 성립함을 쉽게 알 수 있다.

◂ 全射 surjective

◂ 全單射 bijective
1對1對應 one-to-one correspondence

- 함수 f가 one-to-one 일 필요충분조건은
  $f(a_1) = f(a_2) \Rightarrow a_1 = a_2$
- 함수 f가 onto 일 필요충분조건은
  각 $b \in B$ 에 대하여 $f(a) = b$ 인 $a \in A$ 가 존재한다.

◇ 지금부터 유한집합 S 의 원소의 개수를 $|S|$ 로 나타낸다.

정리 0.1

$|A| = |B|$일 때, 함수 $f: A \rightarrow B$에 대하여 다음은 동치이다.

(1) f는 one-to-one 이다.

(2) f는 onto 이다.

(3) f는 일대일대응이다.

증명 (1) $\Leftrightarrow$ (2)만 보이면 충분하다.

(1) $\Rightarrow$ (2) $|A| = |B| = n$ 이고 $A = \{a_1, a_2, \cdots, a_n\}$이라고 하자. f가 one-to-one 이면 $f(a_1), f(a_2), \cdots, f(a_n)$은 모두 다르므로 $|f(A)| = n = |B|$이다. $f(A) \subset B$이므로 $f(A) = B$, 즉, ϕ는 onto 이다.

(2) $\Rightarrow$ (1) f가 one-to-one 이 아니라면 $f(a_1), f(a_2), \cdots, f(a_n)$중 어느 두 개는 서로 같으므로 $|f(A)| < n = |B|$이고, 따라서 $f(A) \neq B$, 즉, f는 onto 가 아니다. ■

동치관계

지금부터 「모든 $a \in S$에 대하여」라는 말을, 필요에 따라, 기호로 「$\forall a \in S$」와 같이 나타내기도 한다.

◇ 집합 S의 원소 a, b 사이에 어떤 정해진 관계가 성립할 때, 이를 $a \sim b$와 나타내기로 하자. $\sim$가 조건

❶ $a \sim a, \forall a \in S$ (반사적)

❷ $a \sim b \Rightarrow b \sim a$ (대칭적)

❸ $a \sim b, b \sim c \Rightarrow a \sim c$ (추이적)

를 만족할 때, $\sim$를 S상의 **동치관계**라고 한다.

◂ 反射的 reflexive

◂ 對稱的 symmetric

◂ 推移的 transitive

◂ 同値關係 equivalence relation
동치관계는 같다는 개념의 일반화이다.

이를테면, 수 x, y 사이에 「x는 y와 같다.」라는 '상등관계'가 성립할 때 이를 $x \sim y$와 나타내기로 하면, $\sim$는 조건 ❶, ❷, ❸을 만족하므로 '상등관계'는 실수전체의 집합 상의 동치관계이다.

보기

실수 전체의 집합을 $\boldsymbol{R}$로 나타내고, $a, b \in \boldsymbol{R}$ 사이에 「a의 절대값은 b의 절대값과 같다.」라는 관계가 성립하는 것을 $a \sim b$로 나타내자. 이 때, 임의의 $a, b, c \in \boldsymbol{R}$에 대하여,

❶ $|a| = |a|$이므로 $a \sim a$

❷ $a \sim b \Rightarrow |a| = |b| \Rightarrow |b| = |a| \Rightarrow b \sim a$

❸ $a \sim b, b \sim c \Rightarrow |a| = |b|,\ |b| = |c| \Rightarrow |a| = |c| \Rightarrow a \sim c$

가 성립한다. 따라서 $\sim$는 동치관계이다.

◇ $\sim$가 S상의 동치관계일 때, $a \in S$에 대하여

$$\mathrm{cl}(a) = \{x \in S \mid x \sim a\}$$

를 a를 포함하는 **동치류**라고 한다. 명백히 $a \sim b \Leftrightarrow \mathrm{cl}(a) = \mathrm{cl}(b)$ 이다.

◀ 同値類 equivalence class
$a \sim b$일 때, $x \sim a \Leftrightarrow x \sim b$

보기

$S = \boldsymbol{R} - \{0\}$, (단, $\boldsymbol{R}$은 실수 전체의 집합) 이라고 하자.
$x, y \in S$에 대하여 $x \sim y$는 $xy > 0$이라는 관계를 나타내는 것이라고 하면 임의의 양수 a, 임의의 음수 b에 대하여, a, b를 각각 포함하는 동치류는

$$\mathrm{cl}(a) = \{x \in S \mid x > 0\}, \quad \mathrm{cl}(b) = \{x \in S \mid x < 0\}$$

◀ 이 두 집합
$\{x \in S \mid x > 0\}$,
$\{x \in S \mid x < 0\}$
은 모든 동치류이다.

◇ 집합 S의 부분집합 $X_1, X_2, \cdots, X_n$이 조건

❶ $X_1 \cup X_2 \cup \cdots \cup X_n = S$

❷ $i \neq j$일 때 $X_i \cap X_j = \varnothing$

을 만족할 때, $\{X_1, X_2, \cdots, X_n\}$을 S의 **분할**이라고 한다. 또, 이 때, $\{X_1, X_2, \cdots, X_n\}$은 S를 **분할한다**고 한다. 이를테면, 짝수인 자연수 전체의 집합을 A_0, 홀수인 자연수 전체의 집합을 A_1이라고 할 때,

$$A_0 \cup A_1 = (\text{자연수 전체의 집합}), \quad A_0 \cap A_1 = \varnothing$$

이므로, $\{A_0, A_1\}$은 자연수전체의 집합의 분할이다.

◀ 分割 partition

$\{X_1, X_2, \cdots, X_n\}$이 S의 분할이라는 것은 S의 임의의 원소가 $X_1, X_2, \cdots, X_n$ 중 어느 하나에 속하고, 그 하나에만 속한다는 뜻이다.

정리 0.2

집합 S의 동치관계 $\sim$에 의하여 정의되는 동치류 전체의 모임은 S의 분할이다.

증명 집합 S의 동치관계 $\sim$에 의하여 정의되는 동치류 전체의 모임은 $\mathcal{A} = \{ \mathrm{cl}(a) \mid a \in S \}$이다.
$a, b \in S$ 에 대하여 $\mathrm{cl}(a) = \mathrm{cl}(b)$이든지 $\mathrm{cl}(a) \cap \mathrm{cl}(b) = \varnothing$이 성립한다. 왜냐 하면, $\mathrm{cl}(a) \cap \mathrm{cl}(b) \neq \varnothing$일 때, $c \in \mathrm{cl}(a) \cap \mathrm{cl}(b)$ 가 존재한다. 이 때 $a \sim c$, $c \sim b$이므로 $a \sim b$이다. 그러므로 $\mathrm{cl}(a) = \mathrm{cl}(b)$ 이다.
$S = \bigcup_{a \in S} \{a\} \subset \bigcup_{a \in S} \mathrm{cl}(a) \subset S$이므로 $\bigcup_{a \in S} \mathrm{cl}(a) = S$이다.
따라서 $\mathcal{A}$는 S의 분할이다. ▌

데카르트 곱

집합 A, B에 대하여, A의 원소와 B의 원소로 이루어진 순서쌍 전체의 집합을 A, B의 **데카르트 곱**이라 하고 기호로

◂ Cartesian product

$$A \times B$$

와 같이 나타낸다. 즉,

$$A \times B = \{(a, b) \mid a \in A, b \in B\}.$$

데카르트 곱에서는 곱하는 순서가 중요하므로 $(a, b), (c, d) \in A \times B$에 대하여 $(a, b) = (c, d) \Leftrightarrow a = c, b = d$이다.

보기

$A = \{1, 2\}, B = \{x, y, z\}$라고 할 때,

$$A \times B = \{(1, x), (1, y), (1, z), (2, x), (2, y), (2, z)\}$$

이항연산

집합은 원소 사이에 연산이 들어가면서 대수적 체계가 된다. 집합 S의 원소의 쌍 (a, b)에 대하여 S의 단 하나의 원소 $a \circ b$가 대응될 때, $\circ$를 S 상에 정의된 **이항연산** 또는 간단히 S 상의 이항연산이라고 한다. 이를테면 덧셈과 곱셈은 정수 전체의 집합 상의 이항연산이다.

◂ 二項演算 binary operation

집합 S 상의 이항연산 $\circ$은 $S\times S$에서 S로 가는 함수

$$\circ : S\times S \to S$$

이다.

이항연산 $\circ$이 정의된 집합 S의 부분집합 A에 대하여,

$$a, b\in A \Rightarrow a\circ b\in A$$

가 성립할 때, A는 $\circ$ 하에서 **닫혀있다**고 한다. 이를테면 자연수 전체의 집합은 정수 전체의 집합 상에서 정의된 덧셈과 곱셈 하에서 닫혀 있다. 그러나 음의 정수 전체의 집합은 곱셈에 관하여 닫혀 있지 않다.

◂ closed under $\circ$

행렬

2차 정사각행렬 $A=\begin{bmatrix} a & b \\ c & d \end{bmatrix}$, $B=\begin{bmatrix} p & q \\ r & s \end{bmatrix}$와 실수 k에 대하여 kA, $A+B$, AB를 각각

$$kA=\begin{bmatrix} ka & kb \\ kc & kd \end{bmatrix},\ A+B=\begin{bmatrix} a+p & b+q \\ c+r & d+s \end{bmatrix},$$

$$AB=\begin{bmatrix} ap+br & aq+bs \\ cp+dr & cq+ds \end{bmatrix},$$

와 같이 정의한다. 2차 정사각행렬행렬 A, B, C에 대하여 다음이 성립함은 고등학교에서 공부하였다.

(i) $(A+B)+C=A+(B+C)$

(ii) $(AB)C=A(BC)$

행렬 $A=\begin{bmatrix} a & b \\ c & d \end{bmatrix}$에 대하여 $ad-bc$를 A의 **행렬식**이라고 하고 이를

$$\det A$$

와 같이 나타낸다. 즉,

◂ 行列式 determinant

$$\det A = ad-bc$$

행렬 $A=\begin{bmatrix} a & b \\ c & d \end{bmatrix}$, $B=\begin{bmatrix} p & q \\ r & s \end{bmatrix}$에 대하여

$$\det A = ad-bc,\ \det B = ps-qr$$

이므로

$$\begin{aligned}\det AB &= (ap+br)(cq+ds)-(aq+bs)(cp+dr)\\ &= acpq+adps+bcrq+bdrs\\ &\quad -acpq-adqr-bcps-bdrs\\ &= ad(ps-qr)+bc(qr-ps)\\ &= (ad-bc)(ps-qr)=\det A\det B\end{aligned}$$

그러므로 이차 정사각행렬 $A_1, A_2, \cdots, A_n$에 대하여 다음이 성립한다.

$$\det(A_1A_2\cdots A_n)=\det A_1\det A_2\cdots\det A_n$$

비둘기집의 원리

비둘기집의 원리 란 $n+1$ 마리 이상의 비둘기를 n개의 비둘기집에 넣으면 2마리 이상 들어간 집이 존재한다는 것이다. 비둘기집의 원리는 너무나 자명한 원리이지만 어떤 특별한 조건을 만족하는 대상의 존재성을 증명하는 도구로 자주 사용된다.

◀ pigeon hole principle

보기

13명의 사람 중에는 태어난 달이 같은 두 사람이 존재함을 비둘기집의 원리로 설명하여 보자.

12개의 집에 각각 1부터 12까지의 번호를 매긴다. 13명의 사람을 자기의 태어난 달의 번호가 매겨진 집에 들어가게 하면 비둘기집의 원리에 의하여 2명 이상 들어간 집이 반드시 존재하므로 태어난 달이 같은 2명이 존재한다.

이항정리

음이 아닌 정수 n, r에 대하여, n개의 대상 중에서 r개를 뽑는 조합의 수를

$$\binom{n}{r}$$

과 같이 나타낸다.

◀ 고등학교 책에서는 $\binom{n}{r}$을 ${}_nC_r$로 나타내고 있다.

$r < n$일 때, 조합의 수는

$$\binom{n}{r} = \frac{n(n-1)(n-2)\cdots(n-r+1)}{r!}$$

과 같이 주어진다. n이 자연수일 때, 임의의 실수 x에 대하여 등식

$$(x+1)^n = x^n + \sum_{r=1}^{n-1}\binom{n}{r} + 1$$

이 성립한다. 이것을 **이항정리**라고 한다.

◀ binomial theorem

$\binom{n}{r}$은 이항식의 거듭제곱의 전개식에서 계수로 나타나므로 **이항계수**라고도 한다.

수열

수열

$$a_1, a_2, a_3, \cdots \quad \cdots\cdots ①$$

에 대하여 조건

$$a_n \le a_{n+1}, (n = 1, 2, \cdots)$$

이 성립할 때, ①을 단조증가 수열이라고 하고, 조건

$$a_n \ge a_{n+1}, (n = 1, 2, \cdots)$$

이 성립할 때, ①을 단조감소 수열이라고 한다.

한편, 어떤 실수 M이 존재하여

$$a_n \le M, (n = 1, 2, \cdots)$$

일 때, ①을 상방으로 유계라 하고

$$M \le a_n, (n = 1, 2, \cdots)$$

일 때, ①을 하방으로 유계라 한다. 다음은 기초 미적분학에서 잘 알려진 정리이다.

정리 0.3

(1) 상방으로 유계인 단조증가 수열은 수렴한다.

(2) 하방으로 유계인 단조감소 수열은 수렴한다.

I

첫 째 대단원

Easy / New / Visual

수체계와 소인수분해

Number Systems and Prime Factorization

01 정수의 기반

02 수의 표현

03 약수 · 배수

04 유클리드 알고리즘과 부정방정식

05 소수

06 소인수분해

두 자연수의 최대공약수를 찾는 방법을 제시하는 유클리드 알고리즘은 유클리드의 "원론"(BCE 300 년 경) 제 7 권, 제 10 권에 설명되어 있으며, 오늘날까지도 광범위하게 사용되는 오랜 알고리즘 중 하나이다. 유클리드 알고리즘은 19세기에 이르러 가우스 정수나 다항식 사이의 최대공약수를 찾는 알고리즘으로 확장되었다. 유클리드 알고리즘은 이론적 또는 실질적 응용의 폭이 대단히 넓다. 전자상거래의 필수적인 도구인 RSA 알고리즘, 공개 키 시스템 등에의 응용이 그 예이며, 이 책에 소개 되어 있는 디오판투스 문제, 연분수 이론 등도 유클리드 알고리즘에 바탕을 두고 있다.

01

정수의 기반

Basic Properties of Integers

ENV Number Theory

ENV

이 중단원에서 공부할 내용

- 수의 체계
- 수 체계의 대수적 성질
- 복소수
- 사원수
- 페아노의 공리
- 나눗셈 알고리즘

대표문제

- 수의 체계는 어디에서 시작하여 어떻게 확장되어 왔는가?
- 수 체계의 공통인 대수적 성질과 공통이 아닌 대수적 성질은 어떤 것이 있는가?
- 복소수의 크기란 무엇인가 ? 복소수 z, w 각각의 크기와 zw 의 크기와의 관계는 어떠한가?
- 사원수란 무엇인가? 사원수와 복소수의 공통점과 차이점은 무엇인가?
- 수학적 귀납법의 정당성은 어디에 근거하는가?
- 몫과 나머지는 어떻게 해서 존재하는가?

수의 체계

이 책에서는 자연수 전체의 집합, 정수 전체의 집합, 유리수 전체의 집합, 실수 전체의 집합, 복소수 전체의 집합을 각각

$$\boldsymbol{N}, \boldsymbol{Z}, \boldsymbol{Q}, \boldsymbol{R}, \boldsymbol{C}$$

로 나타내기로 한다.

물론 자연수는 물건의 개수를 헤아리는 수 $1, 2, 3, \cdots$ 이다. 자연수는 흔히 양의 정수라고 부르기도 한다. 중고등학교에서 공부한 바와 같이 수의 체계는 $\boldsymbol{N}, \boldsymbol{Z}, \boldsymbol{Q}, \boldsymbol{R}, \boldsymbol{C}$ 의 차례로 확장되었다.

수체계의 확장은 방정식의 풀이와 관련이 있다. 방정식

$$x + 1 = 0$$

은 $\boldsymbol{N}$ 의 범위에서는 해를 가지지 않는다. 이 방정식이 해를 가지기 위해서는 수의 범위를 $\boldsymbol{Z}$ 로 확장해야 한다. 같은 식으로 방정식

$$2x - 1 = 0, \qquad x^2 - 2 = 0, \qquad x^2 + 1 = 0$$

이 해를 가지는 수의 체계 $\boldsymbol{Q}, \boldsymbol{R}, \boldsymbol{C}$ 가 차례로 확장되었다.

수 체계의 대수적 성질

수체계 $\boldsymbol{Z}, \boldsymbol{Q}, \boldsymbol{R}, \boldsymbol{C}$ 에서는 이항연산 $+$와 $\times$가 다음 대수적 성질을 만족한다. 여기서 a, b, c는 $\boldsymbol{Z}, \boldsymbol{Q}, \boldsymbol{R}, \boldsymbol{C}$ 의 임의의 원소를 나타낸다.

(i) $a + b = b + a$	(i)′ $ab = ba$	교환법칙
(ii) $(a + b) + c = a + (b + c)$	(ii)′ $(ab)c = a(bc)$	결합법칙
(iii) $a + 0 = a$	(iii)′ $a1 = a$	항등원
(iv) $a + (-a) = 0$		덧셈에 관한 역원
(v) $a(b + c) = ab + ac$		분배법칙
(vi) $a \neq 0$일 때, $ab = ac \Rightarrow b = c$		소거율

◀ 交換法則 commutative law
結合法則 associative law
恒等元 identity
易元 inverse
分配法則 distributive law
消去律 cancelation law

수체계 $\boldsymbol{Q}, \boldsymbol{R}, \boldsymbol{C}$ 에서는 이항연산 $\times$가 다음 성질을 또한 만족한다.

(vii) $a \times \left(\dfrac{1}{a}\right) = 1$ 곱셈에 관한 역원

복소수

복소수란 실수 a, b와 허수단위 i를 써서 나타낸 $a+bi$꼴의 식을 뜻한다. 복소수 $a+bi$, $c+di$의 서로 같음은

$$a+bi=c+di \Leftrightarrow a=c,\ b=d$$

와 같이 정의하고, $(a+bi)+(c+di)$, $(a+bi)(c+di)$는 각각

$$(a+bi)+(c+di)=(a+c)+(b+d)i$$

$$(a+bi)(c+di)=(ac-bd)+(ad+bc)i$$

와 같이 정의한다.

복소수 $z=a+bi$에 대하여 $a-bi$를 z의 **켤레복소수** 라고 하고

$$\bar{z}$$

와 같이 나타낸다. 즉, $\bar{z}=a-bi$이다.

복소수 $z=a+bi$, $w=c+di$에 대하여

$$\begin{aligned}\bar{z}\,\bar{w}&=(a-bi)(c-di)=(ac-bd)+(-ad-bc)i\\&=(ac-bd)-(ad+bc)i\end{aligned}$$

이다. $zw=(ac-bd)+(ad+bc)i$이므로 위의 등식으로부터

$$\overline{zw}=\bar{z}\,\bar{w}$$

를 얻는다.

복소수 $z=a+bi$에 대하여

$$z\bar{z}=(a+bi)(a-bi)=a^2+b^2$$

이다. $\sqrt{a^2+b^2}$을 z의 **크기**라 하고

$$|z|$$

와 같이 나타낸다. 명백히

$$|z|^2=z\bar{z}$$

이다.

복소수 z, w에 대하여 $zw\overline{zw}=zw\bar{z}\,\bar{w}=(z\bar{z})(w\bar{w})$이므로

$$|zw|^2=|z|^2|w|^2$$

이 성립한다.

◀ 복소수 $a+bi$에 오직 하나의 순서쌍 (a, b)가 대응된다. 순서쌍 (a, b)를 복소수 $a+bi$로 생각하면, 좌표평면은 복소수 전체를 나타낸 평면으로 볼 수 있다. 이 평면을 복소평면이라고 한다. 복소수 z의 절댓값 $|z|$는 복소평면에서 원점으로부터 복소수 z를 나타내는 점까지의 거리이다.

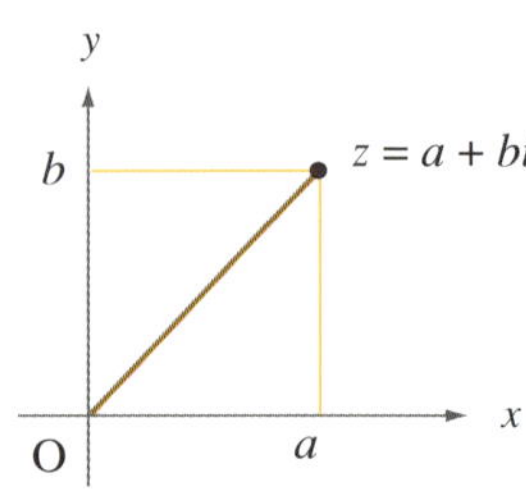

사원수

실수 a, b, c, d와 문자 i, j, k를 써서 나타낸

$$a + bi + cj + dk \quad \cdots\cdots\cdots\cdots \text{①}$$

꼴의 식을 사원수라고 한다. 사원수 전체의 집합은 보통

$$\boldsymbol{H}$$

로 나타낸다.

◀ 四元數 quarternion

사원수는 Hamilton에 의하여 고안된 수체계이므로 보통 $\boldsymbol{H}$로 나타낸다.

사원수

$$a_1 + a_2 i + a_3 j + a_4 k, \quad b_1 + b_2 i + b_3 j + b_4 k$$

의 서로 같음은

$$a_1 + a_2 i + a_3 j + a_4 k = b_1 + b_2 i + b_3 j + b_4 k$$
$$\Leftrightarrow a_1 = b_1,\ a_2 = b_2,\ a_3 = b_3,\ a_4 = b_4$$

와 같이 정의하고, 합은

$$(a_1 + a_2 i + a_3 j + a_4 k) + (b_1 + b_2 i + b_3 j + b_4 k)$$
$$= (a_1 + b_1) + (a_2 + b_2) i + (a_3 + b_3) j + (a_4 + b_4) k$$

와 같이 정의한다.

$a_1 + a_2 i + a_3 j + a_4 k$와 $b_1 + b_2 i + b_3 j + b_4 k$의 곱은 $(a_1 + a_2 i + a_3 j + a_4 k)(b_1 + b_2 i + b_3 j + b_4 k)$를 문자 i, j, k에 관한 일차식의 곱으로 전개한 다음 (또는 전개 과정에서) 규칙

$$i^2 = j^2 = k^2 = -1,$$
$$ij = k, \quad jk = i, \quad ki = j,$$
$$ji = -k, \quad kj = -i, \quad ik = -j$$

에 따라 ①과 같은 꼴로 정리한 것으로 정의한다.

◀

	1	i	j	k
1	1	i	j	k
i	i	-1	k	$-j$
j	j	$-k$	-1	i
k	k	j	$-i$	-1

보기

$z = 2 + i + j + k,$

$w = 1 + 2i + 3j + 4k$

일 때, zw는 오른 쪽 곱셈표의 색으로 처리된 부분에 있는 식의 합이다.

$\therefore \quad zw = -7 + 6i + 5j + 10k$

$z \backslash w$	1	$2i$	$3j$	$4k$
2	2	$4i$	$6j$	$8k$
i	i	-2	$3k$	$-4j$
j	j	$-2k$	-3	$4i$
k	k	$2j$	$-3i$	-4

$z, w \in \boldsymbol{H}$에 대하여, 곱셈에 관한 교환법칙 $zw = wz$는 일반적으로 성립하지 않지만

$$z, w \text{ 중 하나가 실수일 때는 } zw = wz$$

가 성립한다.

사원수 $z = a + bi + cj + dk$에 대하여 복소수 $a - bi - cj - dk$를 z의 **켤레사원수** 라고 하고

$$\bar{z}$$

와 같이 나타낸다. 즉, $\bar{z} = a - bi - cj - dk$이다. 다음 곱셈표에서

$$z\bar{z} = a^2 + b^2 + c^2 + d^2$$

임을 알 수 있다.

$z \backslash \bar{z}$	a	$-bi$	$-cj$	$-dk$
a	a^2	$-abi$	$-acj$	$-adk$
bi	abi	b^2	$-bck$	bdj
cj	acj	bck	c^2	$-cdi$
dk	adk	$-bdj$	cdi	d^2

또 $\bar{\bar{z}} = z$이므로

$$\bar{z}z = \bar{z}\,\bar{\bar{z}} = a^2 + (-b)^2 + (-c)^2 + (-d)^2 = a^2 + b^2 + c^2 + d^2 = z\bar{z}$$

이다.

$\sqrt{a^2 + b^2 + c^2 + d^2}$ 을 z의 **크기** 라 하고

$$\|z\|$$

와 같이 나타낸다. 명백히

$$\|z\|^2 = z\bar{z}$$

이다.

$z = a + bi + cj + dk,\ w = p + qi + rj + sk \in \boldsymbol{H}$에 대하여, zw, $\bar{w}\,\bar{z}$의 곱셈표에서 i를 포함하는 항을 살펴 보자.

$z \backslash w$	p	qi	rj	sk
a		aqi		
bi	bpi			
cj				csi
dk			$-dri$	

$\bar{w} \backslash \bar{z}$	a	$-bi$	$-cj$	$-dk$
p		$-bpi$		
$-qi$	$-aqi$			
$-rj$				$-csi$
$-sk$			dri	

여기서 ($\overline{w}\,\overline{z}$의 i의계수) = −(zw의 i의계수) 이므로

$$(\overline{w}\,\overline{z}\text{의 } i\text{의계수}) = (\overline{zw}\text{의 } i\text{의계수})$$

이다. 마찬가지로 $\overline{w}\,\overline{z}$의 j, k의 계수도 각각 $\overline{zw}$의 j, k의 계수와 같다. $\overline{w}\,\overline{z}$와 $\overline{zw}$의 실수부분은 모두 $ap-bq-cr-ds$와 같으므로

$$\overline{zw} = \overline{w}\,\overline{z}$$

가 성립한다. 그러므로

$$zw\overline{zw} = zw\overline{w}\,\overline{z} = z(w\overline{w})\overline{z} = (z\overline{z})(w\overline{w})$$

◀ $w\overline{w}$는 실수이므로 $\overline{z}$와 자리를 바꿀 수 있다.

이고, 따라서

$$\|zw\|^2 = \|z\|^2\|w\|^2$$

이 또한 성립한다.

페아노의 공리

◀ Peano's axioms

G. Peano(1932-1958)
이탈리아의 수학자로 수리논리와 집합론 발전에 크기 기여하였다.

페아노의 공리 란 19세기 이탈리아 수학자 G. Peano에 의하여 제안된 자연수에 관한 다음과 같은 일단의 공리이다. 이 공리로 인하여 수리논리를 비롯한 자연수에 관한 산술이 엄밀하게 다루어질 수 있었다.

공리 1. $1 \in \boldsymbol{N}$이다.

다음 4개의 공리는 상등에 관한 공리이다.

공리 2. $x \in \boldsymbol{N}$에 대하여 $x = x$이다.

공리 3. $x, y \in \boldsymbol{N}$에 대하여 $x = y \Rightarrow y = x$이다.

공리 4. $x, y, z \in \boldsymbol{N}$에 대하여 $x = y,\ y = z \Rightarrow x = z$이다.

공리 5. 임의의 a, b에 대하여 $a \in \boldsymbol{N}$ 이고 $a = b$이면, $b \in \boldsymbol{N}$이다.

나머지 공리는 자연수의 산술적 성질을 결정한다.

공리6. 후자함수라고 하는 하나의 함수 $\sigma : \boldsymbol{N} \to \boldsymbol{N}$이 존재한다.
이 때, $x \in \boldsymbol{N}$에 대하여 $\sigma(x)$를 x의 후자라고 한다.

공리 7. 1은 어떠한 자연수의 후자도 아니다.

공리 8. $x, y \in \boldsymbol{N}$에 대하여 $\sigma(x) = \sigma(y) \Rightarrow x = y$이다.

공리 9. 후자함수 σ에 대하여 집합 $S \subset \boldsymbol{N}$가 조건

(i) $1 \in S$ (ii) $x \in S \Rightarrow \sigma(x) \in S$

를 만족할 때, $S = \boldsymbol{N}$이다.

정리 1.1

$\sigma : \boldsymbol{N} \to \boldsymbol{N}$가 후자함수일 때, 임의의 $y \in \boldsymbol{N} - \{1\}$는 어떤 $x \in \boldsymbol{N}$의 후자이다.

증명 $S = \{1\} \cup \sigma(\boldsymbol{N})$라고 하고, $S = \boldsymbol{N}$임을 보이면 된다. 명백히 $S \subset \boldsymbol{N}$이다.
우선, $1 \in S$이다. 또, $x \in S \Rightarrow \sigma(x) \in \sigma(S) \subset \sigma(\boldsymbol{N}) \subset S$이므로 공리 9에 의하여 $S = \boldsymbol{N}$이다. ▌

◀ 함수 $f : A \to B$에 대하여 $f(A) = \{f(x) \mid x \in A\}$

정수론에는 어떤 성질을 가지는 모든 정수의 집합을 고려해야 할 경우가 종종 있다. 다음 정리는 정수의 여러 가지 성질을 증명하는 데 자주 사용된다. 이제부터 수의 집합 S에 대하여, S의 원소 중 최대, 최소의 원소가 존재할 경우 이들을 각각 $\max S$, $\min S$로 나타내기로 한다.

정리 1.2 (정수의 정렬성)

어떤 성질 P를 만족하면서 주어진 정수 a보다 큰 모든 정수의 집합 $S \neq \varnothing$에는 최소의 정수가 존재한다.

◀ 整列性 Well ordering principle

증명 **존재성** S의 한 원소 x를 잡는다. $T = \{y \in S \mid y \leq x\}$라고 하면 T는 공집합이 아닌 유한집합이므로 최소원 m을 가진다.
$\min T = \min S$이므로 m은 S의 최소원이다.

유일성 a, b가 S의 최소원이라면 $a \leq b$이고 $b \leq a$이므로 $a = b$이다. ▌

정리 1.2에 의하여, 어떤 성질을 만족하는 자연수 전체의 집합 $S \neq \varnothing$에는 최소원이 존재한다. 또, 정리 1.2의 증명과 같은 논리로 어떤 성질 P를 만족하면서 주어진 정수 a보다 작은 모든 정수의 집합 $T \neq \varnothing$에는 최대의 정수가 존재함을 알 수 있다.

예제 1.3

(아르키메데스의 원리) 임의의 자연수 a, b에 대하여 $na \geq b$를 만족하는 자연수 n이 존재함을 보여라.

풀이 아르키메데스의 원리를 만족하지 않는 자연수의 쌍 a, b가 존재한다고 하면 $na < b, \forall n \in \mathbf{N}$이다. $S = \{b - na \mid n \in \mathbf{N}\}$ 로 두면 $\varnothing \neq S \subset \mathbf{N}$이므로 정렬성에 의하여 S는 최소원을 가진다. 그 수를 $b - ma$라고 하자. 이 때 $b-(m+1)a \in S$, $b-(m+1)a < b - ma$가 성립하고 이는 $b - ma$가 S의 최소원이라는 사실에 위배된다. ■

◀ 다른 간단한 증명의 예 : $a \geq 1$이므로 $n = b + 1$을 잡으면 $an \geq n = b + 1 > b$

정리 1.4 (유한 귀납법의 원리)

$\mathbf{N}$의 부분집합 S가 조건

(i) $1 \in S$ (ii) $k \in S \Rightarrow k+1 \in S$

를 만족할 때, $S = \mathbf{N}$ 이다.

증명 페아노의 공리를 이용한 증명 $\sigma(x) = x + 1$로 정의된 함수 $\sigma : \mathbf{N} \to \mathbf{N}$는 후자함수이므로 공리 9에 의하여 $S = \mathbf{N}$이다.

정수의 정렬성을 이용한 증명 $S \neq \mathbf{N}$이면 $\mathbf{N} - S$는 공집합이 아니므로 최소원 n을 가진다. $1 \in S$이므로 $1 < n$이고 따라서 $0 < n - 1 < n$이다. $n = \min(\mathbf{N} - S)$이므로 $n - 1 \notin \mathbf{N} - S$이고 따라서 $n - 1 \in S$이다. 이제 조건 (ii)에 의하여 $n \in S$이고 이는 $n \in \mathbf{N} - S$라는 사실에 위배된다. 그러므로 $\mathbf{N} - S = \varnothing$, 즉 $S = \mathbf{N}$ 이다. ▌

◇ 정리 1.4에 의하여, 자연수 n에 관한 명제 $P(n)$이 조건

(i) $P(1)$이 참이다.

(ii) $P(n)$이 참이면 $P(n+1)$도 참이다.

를 만족할 때, 모든 자연수 n에 대하여 $P(n)$은 참이다.

∵ $P(k)$가 참인 모든 자연수 k의 집합을 S라고 하면, 조건 (i)에 의하여 $1 \in S$.
$k \in S$이면 $P(k)$는 참이다. 이 때, 조건 (ii)에 의하여 $k + 1 \in S$ 따라서 정리 1.3에 의하여 $S = \mathbf{N}$이다. 즉, 모든 자연수 n에 대하여 $P(n)$은 참이다. ▌

◇ 수학적 귀납법을 사용하여 어떤 명제를 증명할 때, 정리 1.4가 마땅하지 않을 때는 다음과 같은 새로운 버젼을 이용할 수 있다.

정리 1.5 (제2 유한 귀납법의 원리)

$\boldsymbol{N}$의 부분집합 S가 조건

(i) $1 \in S$

(ii) $\{1, 2, \cdots, k\} \subset S \Rightarrow k+1 \in S$

를 만족할 때, $S = \boldsymbol{N}$이다.

증명 $S \neq \boldsymbol{N}$이라고 하면 $\boldsymbol{N} - S \neq \varnothing$이므로 $\boldsymbol{N} - S$는 최소원 n을 가진다. $1 \in S$이므로 $1 < n$이다. n의 선택에 의하여 $1, 2, \cdots, n-1$ 중 어느 것도 $\boldsymbol{N} - S$에 속하지 않는다. 그러므로 $\{1, 2, \cdots, n-1\} \subset S$이다. 따라서 조건 (ii)에 의하여 $n \in S$이고 이는 $n \in \boldsymbol{N} - S$라는 사실에 위배된다. 그러므로 $\boldsymbol{N} - S = \varnothing$, 즉, $S = \boldsymbol{N}$이다. ▌

◇ 정리 1.5에 의하여 다음이 성립함을 쉽게 증명할 수 있다.

자연수 n에 관한 명제 $P(n)$이 조건

(i) $P(1)$이 참이다.

(ii) $P(1), P(2), \cdots, P(k)$가 참이면 $P(k+1)$도 참이다.

를 만족할 때, 모든 자연수 n에 대하여 $P(n)$은 참이다.

나눗셈 알고리즘

영이 아닌 정수 a에 임의의 정수를 곱한 수

$$\cdots, -4a, -3a, -2a, -a, 0, a, 2a, 3a, 4a, \cdots$$

를 a의 **배수**라고 한다. 0에는 어떤 정수를 곱하더라도 0이 되므로 0의 배수는 생각하지 않는다.

◂ 倍數 multiple

다음 정리는 이 책의 여러 가지 논의에서 자주 사용된다.

정리 1.6 (나눗셈 알고리즘)

정수 a와 영이 아닌 정수 b에 대하여

$$a = bq + r, \quad 0 \le r < |b|$$

을 만족하는 정수 q, r이 유일하게 존재한다.

◂ Division algorithm

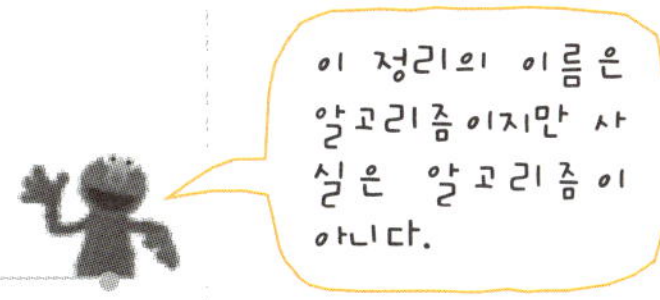

증명 **존재성** a를 넘지 않는 b의 배수 전체의 집합을 S라 하면 $S \ne \varnothing$이다. 정렬성에 의하여 S의 최대원 bq을 잡을 수 있다. $r = a - bq$라 하면 $bq \le a$이므로 $r = a - bq \ge 0$이다.

◂ $ab, -ab$ 중 하나는 a보다 작다.

$$bq + |b| = \begin{cases} b(q+1), & (b > 0 \text{일 때}) \\ b(q-1), & (b < 0 \text{일 때}) \end{cases}$$

는 b의 배수이고 $bq + |b| > bq$이므로 $bq + |b| \notin S$이다. 그러므로 $bq + |b| > a$이고, 따라서 $r = a - bq < |b|$이다.

유일성 어떤 정수 q', r'에 대하여

$$a = bq' + r', \ 0 \le r' < b$$

라고 하면 $b(q - q') = r' - r$이고 따라서

$$b|q - q'| = |r' - r|$$

$|r' - r| \le \max\{r, r'\} < b$이므로 $|q - q'| = 0$이어야 하고, 따라서 $|r' - r| = 0$이다. 그러므로 $q = q', \ r = r'$ 이다. ▌

정리 1.6의

$$a = bq + r, \ 0 \le r < b$$

에서 q, r을 각각 a를 b로 나눈 **몫** 과 **나머지** 라고 한다. 나머지가 0이라는 것은 a가 b의 배수임을 뜻한다. 이 때, **b는 a를 나눈다** 또는 **a는 b로 나누어진다**고 한다. 2로 나누어지는 정수를 **짝수**라고 하고 짝수가 아닌 정수를 **홀수** 라고 한다.

◂ 몫 qoutient
나머지 remainder

◂ 偶數 even number
奇數 odd number

보기

-18를 5로 나눌 때

$$-19 = 5 \cdot (-4) + 2, \quad 0 \le 2 < 5$$

이므로 몫은 -4이고 나머지는 2이다.

가우스 기호

실수 x를 넘지 않는 최대의 정수를 기호로

$$[x]$$

와 같이 나타낸다. 이를테면 $[3.14]=3$, $[-3.5]=-4$이다. 이 기호를 **가우스 기호** 라고 한다.

◂ Gaussian symbol

가우스 기호에 대해서는 다음이 성립한다.

(i) $[x] \le x < [x]+1$

(ii) $x \le y \Rightarrow [x] \le [y]$

(iii) x가 실수이고 a가 정수일 때, $[x+a]=[x]+a$ 이다.

$\because$ (i), (ii)는 명백하므로 (iii)만 증명한다. (i)로 부터

$$[x]+a \le x+a < [x]+a+1 \qquad \therefore\ [x+a]=[x]+a. \ ■$$

정리 1.7

정수 a와 양의 정수 b에 대하여 다음이 성립한다.

(1) a를 b로 나눈 몫은 $\left[\frac{a}{b}\right]$ 이다.

(2) $\left[\frac{a}{b}\right] \le \frac{a}{b} \le \left[\frac{a}{b}\right]+1-\frac{1}{b}$

증명 나눗셈 알고리즘에 의하여

$$a=bq+r, \quad 0 \le r < b-1$$

을 만족하는 정수 q, r이 존재한다. 이 때,

$$\frac{a}{b}=q+\frac{r}{b}, \quad 0 \le \frac{r}{b} < 1-\frac{1}{b}$$

이므로

$$q \le \frac{a}{b} \le q+1-\frac{1}{b} < q+1$$

이다. 그러므로 $q=\left[\frac{a}{b}\right]$이고,

$$\left[\frac{a}{b}\right] \le \frac{a}{b} \le \left[\frac{a}{b}\right]+1-\frac{1}{b} \ ■$$

정리 1.8

양의 실수 x와 양의 정수 n에 대하여 x이하의 양의 정수 중 n의 배수의 개수는 $\left[\frac{x}{n}\right]$ 이다.

증명 $\left[\frac{x}{n}\right] \le \frac{x}{n} < \left[\frac{x}{n}\right] + 1$ 이므로 $\left[\frac{x}{n}\right]n \le x < \left(\left[\frac{x}{n}\right] + 1\right)n$
따라서 x이하의 양의 정수 중 n의 배수는

$$n, 2n, 3n, \cdots, \left[\frac{x}{n}\right]n$$

이고, 그 개수는 $\left[\frac{x}{n}\right]$이다. ∎

◇ 나눗셈 알고리즘에 의하여

정수를 자연수 n으로 나눈 나머지는 $0, 1, \cdots, n-1$ 중 하나

임을 알 수 있다. 따라서, 이를테면 정수를 3으로 나눈 나머지는 $3k$, $3k+1$, $3k+2$ 중 하나의 꼴이다.

예제 1.7

임의의 정수 a에 대하여 $a(a^2+2)$는 3의 배수임을 보여라.

증명 a는 $3k$, $3k+1$, $3k+2$ 중 하나와 같이 나타낼 수 있다. (단, k는 어떤 정수)

- $a=3k$일 때 : 명백히 $a(a^2+2)$는 3의 배수이다.
- $a=3k+1$일 때 : $a^2+2=(9k^2+6k+1)+2=3(k^2+2k+1)$이므로
  $a(a^2+2)$는 3의 배수이다.
- $a=3k+2$일 때 : $a^2+2=(9k^2+12k+4)+2=3(k^2+2k+2)$이므로
  $a(a^2+2)$는 3의 배수이다. ∎

연습문제 01

E·X·E·R·C·I·S·E·S

1 수 체계 $\boldsymbol{Z}, \boldsymbol{Q}, \boldsymbol{R}, \boldsymbol{C}$의 공통인 대수적 성질과 공통이 아닌 대수적 성질을 말하여라.

2 고정된 자연수 n_0에 대하여 자연수 n에 관한 명제 $P(n)$이 조건
(i) $P(n_0)$은 참이다.
(ii) $n \geq n_0$인 n에 대하여 $P(n)$이 참이면 $P(n+1)$도 참이다.
를 만족할 때, $P(n)$은 $n \geq n_0$인 모든 자연수 n에 대하여 참임을 증명하여라.

3 실수 a, b, c, d에 대하여

$$a^2 + b^2 + c^2 + d^2 = \det\begin{bmatrix} a+bi & c+di \\ -c+di & a-bi \end{bmatrix}$$

가 성립함을 보여라. (단, i는 허수 단위)

4 사원수 z에 대하여 다음이 성립함을 보여라.

$$\bar{z} = -\frac{1}{2}(z + izi + jzj + kzk)$$

5 다음 등식이 성립함을 증명하여라.

(1) $1^2 + 2^2 + \cdots + n^2 = \dfrac{n(n+1)(2n+1)}{6}$

(2) $1^2 - 2^2 + 3^2 - \cdots + (-1)^{n-1}n^2 = (-1)^{n-1}\dfrac{n(n-1)}{2}$

(3) $1^3 + 2^3 + \cdots + n^3 = \left(\dfrac{n(n+1)}{2}\right)^2$

(4) $1^2 + 3^2 + \cdots + (2n-1)^2 = \dfrac{n(2n-1)(2n+1)}{3}$

(5) $\binom{2}{2} + \binom{3}{2} + \cdots + \binom{n}{2} = \binom{n+1}{3}$

(6) $1 \cdot 1! + 2 \cdot 2! + 3 \cdot 3! + \cdots + n \cdot n! = (n+1)! - 1$

6 $a_1 = 1, a_2 = 3, a_n = a_{n-1} + a_{n-2}, (n > 2)$일 때, 임의의 $n > 2$에 대하여 $a_n < \left(\frac{7}{4}\right)^n$이 성립함을 보여라.

01 연습문제

E·X·E·R·C·I·S·E·S

7 $a_1 = 1, a_2 = 1, a_n = a_{n-1} + a_{n-2}, (n > 2), \alpha = \frac{1+\sqrt{5}}{2}$일 때, 임의의 $n > 2$에 대하여 $a_n > \alpha^{n-2}$이 성립함을 보여라.

8 다음 a를 b로 나눈 몫 q와 나머지 r을 구하여라.

(1) $a = 50,\ b = 8$ (2) $a = -50,\ b = 8$

(3) $a = 50,\ b = -8$ (2) $a = -50,\ b = -8$

9 정수 a, b에 대하여, a가 b를 나누고 b가 a를 나눌 때, 어떤 결론을 내릴 수 있는가?

10 정수 n이 짝수일 필요충분조건은 $n - 2\left[\frac{n}{2}\right] = 0$임을 증명하여라.

11 167 이상 456 이하인 13의 배수의 개수를 구하여라.

12 실수 x, y에 대하여 $[x] + [y] \le [x + y] \le [x] + [y] + 1$임을 증명하여라.

13 연이은 n개의 양의 정수의 곱 $m(m+1)\cdots(m+n-1)$은 $n!$의 배수임을 증명하여라.

◀ 이항계수를 생각한다.

14 임의의 정수의 제곱은 $4k$ 또는 $4k+1$ 꼴의 수임을 증명하여라.

15 임의의 홀수의 제곱은 $8k+1$ 꼴의 수임을 증명하여라.

◀ 홀수는 $8k \pm 1, 8k \pm 3$ 꼴

16 임의의 양의 정수 a에 대하여 $a^3 - a$는 6의 배수임을 보여라.

17 임의의 양의 정수 a에 대하여 $a^5 - a$는 5의 배수임을 보여라.

02

수의 표현

Representations of Numbers

이 중단원에서 공부할 내용

정수의 여러 가지 표현

실수의 소수 표현

ENV *Number Theory*

대표문제

- 자연수 2345 의 q 진법에 관한 전개식을 어떻게 구할까 ?
- q 진법의 개념을 일반화 시키는 방법은 무엇일까 ?
- 소수 0.23 의 q 진법에 관한 전개식을 어떻게 구할까 ?

정수의 여러가지 표현

우리가 일상 생활에서 사용하는 수 2345 는

$$2345 = 2\cdot 10^3 + 3\cdot 10^2 + 4\cdot 10^1 + 5\cdot 1$$

을 뜻한다. 이를 2345 의 **십진법의 전개식** 이라고 한다.
십진법 이외에도 자연수를 나타내는 여러 가지 방법이 있다. 이에 대하여 알아보자.

먼저 각 항이 2 이상인 자연수로 이루어진 수열

$$\mathbf{x} = (x_1, x_2, x_3, \cdots)$$

가 주어졌다고 하자. 이 수열을 바탕으로 새로운 수열

$$\mathbf{x}^* = (x_0^*, x_1^*, x_2^*, x_3^*, \cdots) = (1, x_1, x_1x_2, x_1x_2x_3, \cdots)$$

을 정의한다. 이를테면

$$\mathbf{a} = (a_1, a_2, a_3, a_4, \cdots) = (3, 3, 3, 3, \cdots)$$

일 때

$$\mathbf{a}^* = (a_0^*, a_1^*, a_2^*, a_3^*, a_4^*, \cdots) = (1, 3, 9, 27, 81, \cdots)$$

이다. 자연수 131 은

$$\begin{aligned}131 &= 1\cdot 81 + 1\cdot 27 + 2\cdot 9 + 1\cdot 3 + 2\\ &= 1\cdot a_4^* + 1\cdot a_3^* + 1\cdot a_2^* + 1\cdot a_1^* + 2\cdot a_0^*\end{aligned}$$

과 같이 표현된다.

각 항이 2 이상의 자연수인 임의의 수열에 대해서도 이와 같은 성질이 성립한다. 이에 대하여 알아 보자.

정리 2.1

각 항이 2 이상인 자연수의 수열 $\mathbf{x} = (x_1, x_2, x_3, \cdots)$ 에 대하여,

$$\mathbf{x}^* = (x_0^*, x_1^*, x_2^*, x_3^*, \cdots) = (1, x_1, x_1x_2, x_1x_2x_3, \cdots)$$

라고 할 때, 주어진 자연수 N에 대하여

(1) $$N = a_nx_n^* + a_{n-1}x_{n-1}^* + \cdots + a_1x_1^* + a_0x_0^*$$
$$(0 \le a_k < x_{k+1}, (0 \le k \le n),\ a_n > 0)$$

을 만족하는 음이 아닌 정수 $n, a_0, a_1, a_2, \cdots, a_n$이 존재한다.

(2) 위 n에 대하여 $x_n^* \le N < x_{n+1}^*$이 성립한다.

(3) $n, a_0, a_1, a_2, \cdots, a_n$의 존재성은 유일하다.

다음 쪽에 이어짐

←앞 쪽에서 계속

증 명 (1) $N < x_1$ 일 때는 $n = 0$, $a_0 = N$ 으로 잡는다.
$N \geq x_1$ 이라고 하자. 나눗셈 알고리즘에 의하여

$$\begin{aligned} N &= q_1 x_1 + a_0, & 0 \leq a_0 < x_1 \\ q_1 &= q_2 x_2 + a_1, & 0 \leq a_1 < x_2 \\ &\vdots \\ q_{n-1} &= q_n x_n + a_{n-1}, & 0 \leq a_{n-1} < x_n \\ q_n &= 0 \cdot x_{n+1} + a_n, & 0 \leq a_n < x_{n+1} \end{aligned}$$

$$\begin{array}{r|ll} x_1 & N & \\ \hline x_2 & q_1 & \cdots a_0 \\ \hline & \vdots & \\ x_n & q_{n-1} & \cdots a_{n-2} \\ \hline x_{n+1} & q_n & \cdots a_{n-1} \\ \hline & 0 & \cdots a_n \end{array}$$

을 만족하는 $n \geq 1$과 $a_0, a_1, a_2, \cdots, a_{n-1}, a_n$이 존재한다. 이 때,

$$\begin{aligned} N &= q_1 x_1 + a_0 \\ &= (q_2 x_2 + a_1)x_1 + a_0 \\ &= ((q_3 x_3 + a_2) x_2 + a_1)x_1 + a_0 \\ &\vdots \\ &= ((\cdots((a_n x_n + a_{n-1})x_{n-1} + a_{n-2})x_{n-2} + \cdots + a_2) x_2 + a_1)x_1 + a_0 \\ &= a_n(x_n \cdots x_2 x_1) + a_{n-1}(x_{n-1} \cdots x_2 x_1) + \cdots + a_2 x_2 x_1 + a_1 x_1 + a_0 \\ &= a_n x_n^* + a_{n-1} x_{n-1}^* + \cdots + a_2 x_2^* + a_1 x_1^* + a_0 \end{aligned}$$

(2) $a_0, a_1, a_2, \cdots, a_{n-1} \geq 0$, $a_n > 0$ 이므로

$$N = a_n x_n^* + \cdots + a_2 x_2^* + a_1 x_1^* + a_0 \geq a_n x_n^* \geq x_n^*$$

이다. 또, $k = 0, 1, 2, \cdots, n$에 대하여

$$a_k \leq x_{k+1} - 1, \quad x_{k+1} x_k^* = x_{k+1}^*$$

이므로

$$\begin{aligned} N &= a_n x_n^* + a_{n-1} x_{n-1}^* + \cdots + a_2 x_2^* + a_1 x_1^* + a_0 \\ &\leq (x_{n+1} - 1)x_n^* + (x_n - 1)x_{n-1}^* + \cdots + (x_2 - 1)x_1^* + (x_1 - 1) \\ &= (x_{n+1}^* - x_n^*) + (x_n^* - x_{n-1}^*) + \cdots + (x_2^* - x_1^*) + (x_1^* - 1) \\ &= x_{n+1}^* - 1 < x_{n+1}^* \end{aligned}$$

이다. 그러므로

$$x_n^* \leq N < x_{n+1}^*$$

(3) N이

$$N = b_m x_m^* + b_{m-1} x_{m-1}^* + \cdots + b_2 x_2^* + b_1 x_1^* + b_0$$
$$(0 \leq b_k < x_{k+1},\ 0 \leq k \leq m,\ b_m > 0)$$

으로도 표현되었다고 하자. $m > n$이라면 (2)에 의하여

$$N \geq x_m^* \geq x_{n+1}^* > N$$

이 되어 모순이다. 마찬가지로 $m < n$일 수도 없다. 그러므로 $m = n$이다. N을 x_1으로 나눈 나머지와 몫이 각각 서로 같아야 하므로 $a_0 = b_0$이고 또

$$\begin{aligned}&(\cdots((a_n x_n + a_{n-1})x_{n-1} + a_{n-2})x_{n-2} + \cdots + a_2)x_2 + a_1 \\ &= (\cdots((b_n x_n + b_{n-1})x_{n-1} + b_{n-2})x_{n-2} + \cdots + b_2)x_2 + b_1\end{aligned}$$

이다. 여기에서 위의 과정을 반복하면

$$a_k = b_k,\ (k = 0, 1, 2, \cdots, n)$$

을 얻는다. 따라서 $a_0, a_1, a_2, \cdots, a_n$의 유일성이 증명 되었다. ▮

정리 2.1에 기술된 등식

$$N = a_n x_n^* + a_{n-1}x_{n+1}^* + \cdots + a_2 x_2^* + a_1 x_1^* + a_0$$

를 **자연수 N의 수열 $\mathbf{x} = (x_1, x_2, x_3, \cdots)$에 관한 전개식**이라고 한다.

보기

자연수 119의 수열

$$\mathbf{x} = (x_1, x_2, x_3, \cdots) = (5, 2, 5, 2, 5, 2, \cdots)$$

에 관한 전개식을 구하여 보자.

$$\mathbf{x}^* = (x_0^*, x_1^*, x_2^*, x_3^*, \cdots) = (1, 5, 10, 50, 100, \cdots)$$

이다. 정리 2.1 (1)의 과정을 따르면 아래 표에서

$$119 = 1 \cdot 100 + 0 \cdot 50 + 1 \cdot 10 + 1 \cdot 5 + 4$$

를 얻는다.

$$\begin{aligned}119 &= 23\cdot 5 + 4 \\ 23 &= 11\cdot 2 + 1 \\ 11 &= 2\cdot 5 + 1 \\ 2 &= 1\cdot 2 + 0 \\ 1 &= 0\cdot 5 + 1\end{aligned}$$

나누는 수	피제수	나머지
5)	119	
2)	23	⋯ 4
5)	11	⋯ 1
5)	2	⋯ 1
2)	1	⋯ 0
	0	⋯ 1

◆ 특히, 2 이상의 자연수 q에 대하여,

$$\mathbf{x} = (x_1, x_2, x_3, \cdots) = (q, q, q, \cdots)$$

라고 하면 각 $k = 1, 2, \cdots$ 에 대하여

$$x_k^* = x_1 x_2 x_3 \cdots x_k = q^k$$

이므로

$$\mathbf{x}^* = (x_0^*, x_1^*, x_2^*, x_3^*, \cdots) = (1, q, q^2, q^3, \cdots).$$

따라서 수열 $\mathbf{x}$에 관한 자연수 N의 전개식은

$$N = a_n q^n + a_{n-1} q^{n-1} + \cdots + a_1 q + a_0$$
$$(0 \le a_k < q, (k = 0, 1, \cdots, n), \quad a_n > 0)$$

과 같이 표현된다. 이것을 **N의 q 진법에 관한 전개식** 이라고 한다. 여기서, 정리 2.1 에 의하여,

$$q^n \le N < q^{n+1}$$

이 성립한다. 이 때 N을

$$(a_n a_{n-1} \cdots a_1 a_0)_{(q)}$$

와 같이 나타낸다. 이 것을 **N의 q 진법 표현** 이라고 한다.

보기

오른쪽 계산으로부터 1178 의 오진법에 관한 전개식은

$$1178 = 1 \cdot 5^4 + 4 \cdot 5^3 + 2 \cdot 5^2 + 0 \cdot 5^4 + 3$$
$$= 14203_{(5)}$$

이다.

$$\begin{aligned} 1178 &= 235 \cdot 5 + 3 \\ 235 &= 47 \cdot 5 + 0 \\ 47 &= 9 \cdot 5 + 2 \\ 9 &= 1 \cdot 5 + 4 \\ 1 &= 0 \cdot 5 + 1 \end{aligned}$$

5)	1178	
5)	235	⋯ 3
5)	47	⋯ 0
5)	9	⋯ 2
5)	1	⋯ 4
	0	⋯ 1

◆ 수열 $\mathbf{x}$를

$$\mathbf{x} = (x_1, x_2, x_3, \cdots) = (2, 3, 4, 5, \cdots)$$

라고 하면 각 $k = 1, 2, \cdots$ 에 대하여 $x_k = k + 1$ 이므로 $x_k^* = \prod_{i=1}^{k} x_i = (k+1)!$ 이고 따라서

$$\mathbf{x}^* = (x_0^*, x_1^*, x_2^*, x_3^*, \cdots) = (1!, 2!, 3!, 4!, \cdots)$$

이다. 이 때, 의 수열 $\mathbf{x}$에 관한 자연수 N의 전개식은

$$N = a_n(n+1)! + a_{n-1} n! + \cdots + a_1 2! + a_0 1!$$
$$(0 \le a_k < k + 2, (k = 0, 1, \cdots, n), \quad a_n > 0)$$

여기서 $a_k = c_{k+1}$ 로 두면

$$N = c_{n+1}(n+1)! + c_n n! + \cdots + c_2 2! + c_1 1!$$
$$(0 \le c_k < k+1, (k = 1, 2, \cdots, n+1), \ c_{n+1} > 0)$$

이고 $m = n+1$ 로 두면

$$N = c_m m! + c_{m-1}(m-1)! + \cdots + c_2 2! + c_1 1!$$
$$(0 \le c_k < k+1, (k = 1, 2, \cdots, m), \ c_m > 0).$$

이것을 N의 **칸토어 전개식**이라고 한다. 이 때도 정리 2.1 에 의하여, $m! \le N < (m+1)!$이 성립한다.

보기

오른쪽 계산으로부터 239 의 칸토어 전개식은

$$239 = 1\cdot 5! + 4\cdot 4! + 3\cdot 3! + 2\cdot 2! + 1$$

이다.

$$\begin{aligned} 239 &= 2\cdot 119 + 1 \\ 119 &= 3\cdot 39 + 2 \\ 39 &= 4\cdot 9 + 3 \\ 9 &= 5\cdot 1 + 4 \\ 1 &= 6\cdot 0 + 1 \end{aligned}$$

2)	239	
3)	119	… 1
4)	39	… 2
5)	9	… 3
6)	1	… 4
	0	… 1

실수의 소수 표현

2 이상의 자연수 q에 대하여 임의의 자연수를 q진법으로 나타낼 수 있듯이 임의의 양의 실수를 q진법으로 나타낼 수 있다. 이에 대하여 알아보자. 먼저 $q = 10$일 때, 예를 들어 원주율은 $\pi = 3.1415\cdots$이다. 이 표현은

$$\pi = 3 + \frac{1}{10} + \frac{4}{10^2} + \frac{1}{10^3} + \frac{5}{10^4} + \cdots$$

라는 뜻이다. 이등식을 π의 **십진법의 전개식**이라고 한다.

정수가 아닌 실수 $x > 0$는

$$x = [x] + b, \ (\text{단}, 0 < b < 1)$$

꼴로 쓸 수 있다. 이 때, $[x]$를 x의 **정수부분** b를 x의 **소수부분**이라고 한다. 이를테면 π의 정수부분은 3 이고 소수부분은 $0.1415\cdots$이다.

정수가 아닌 양의 실수 x, y가 서로 같을 필요충분조건은 x, y의 정수부분, 소수부분이 각각 서로 같을 것이다.

q가 2이상의 자연수라고 할 때, $0 < x < 1$인 임의의 실수 x에 대하여

$$x = \frac{c_1}{q} + \frac{c_2}{q^2} + \frac{c_3}{q^3} + \cdots, \quad (0 \le c_k < q,\ k = 1, 2, \cdots) \cdots\cdots ①$$

를 만족하는 정수 $c_1, c_2, c_3, \cdots$ 이 존재한다.

∵ xq의 정수부분, 소수부분을 각각 c_1, x_1이라 하면

$$xq = c_1 + x_1, \quad c_1 = [xq], \quad 0 \le x_1 < 1$$

이다. $0 < x < 1$이므로 $0 < xq < q$이다. 그러므로 $0 \le c_1 < q$이다.
$xq = c_1 + x_1$으로 부터

$$x = \frac{c_1}{q} + \frac{1}{q}x_1$$

$x_1 = 0$이면 ① 이 성립한다.
$0 < x_1 < 1$일 때, 위와 같은 논리로

$$x_1 = \frac{c_2}{q} + \frac{1}{q}x_2, \quad 0 \le c_2 < q, \quad 0 \le x_2 < 1$$

를 만족하는 c_2, x_2가 존재한다. 이 과정을 반복하면 ① 을 만족하는 $c_1, c_2, c_3, \cdots$ 이 존재함을 알 수 있다. ▮

$c_1, c_2, c_3, \cdots$ 을 결정하는 위의 과정은 다음 $x = e - 2 = 0.718281 \cdots$, $q = 5$인 경우의 예와 정확히 같다.

$$0.7182818 \cdots = \frac{c_1}{5} + \frac{c_2}{5^2} + \cdots$$

양 변을 5배

$$3.591409 \cdots = c_1 + \frac{c_2}{5} + \frac{c_3}{5^2} + \cdots \quad \therefore c_1 = 3$$

$$\therefore 0.591409 \cdots = \frac{c_2}{5} + \frac{c_3}{5^2} + \cdots$$

양 변을 5배

$$2.957045 \cdots = c_2 + \frac{c_3}{5} + \frac{c_4}{5^2} + \cdots \quad \therefore c_2 = 2$$

$$\therefore 0.957045 \cdots = \frac{c_3}{5} + \frac{c_4}{5^2} + \frac{c_5}{5^3} + \cdots$$

양 변을 5배

이와 같은 과정을 반복하면 $(c_3, c_4, c_5, c_6, \cdots) = (4, 3, 4, 3, \cdots)$을 얻을 수 있다. 따라서

$$e - 2 = \frac{3}{5} + \frac{2}{5^2} + \frac{4}{5^3} + \frac{3}{5^4} + \frac{4}{5^5} + \frac{3}{5^6} + \cdots$$

지금까지의 논의로 부터 임의의 실수 $x > 0$에 대하여

$$0 \le a_k, c_k < q, \forall k, \quad a_n > 0$$

을 만족하는 음이 아닌 정수 $a_0, a_1, a_2, \cdots, a_n, c_1, c_2, c_3, \cdots$ 이 있어서

$$x = a_n q^n + \cdots + a_1 q + a_0 + \frac{c_1}{q} + \frac{c_2}{q^2} + \frac{c_3}{q^3} + \cdots$$

으로 표현된다. 이것을 x의 q **진법에 관한 전개식**이라고 한다. 이 x를

$$(a_n \cdots a_1 a_0 . c_1 c_2 \cdots)_{(q)}$$

와 같이 나타낸다.

보기

$x = \frac{29}{3}$를 오진법으로 나타내어 보자. x를

$$\frac{29}{3} = 9 + \frac{2}{3}$$

와 같이 정수 부분과 소수 부분의 합으로 나타낸다. 정수 부분 9를 오진법으로 나타내면

$$9 = 4 \cdot 5 + 1 = 41_{(5)}$$

소수부분 $\frac{2}{3}$를 오진법으로 나타내어 보자.

$$\frac{2}{3} = \frac{c_1}{5} + \frac{c_2}{5^2} + \cdots$$

양 변을 5배

$$3 + \frac{1}{3} = c_1 + \frac{c_2}{5} + \frac{c_3}{5^2} \cdots \qquad \therefore\ c_1 = 3$$

$$\therefore\ \frac{1}{3} = \frac{c_2}{5} + \frac{c_3}{5^2} + \cdots$$

양 변을 5배

$$1 + \frac{2}{3} = c_2 + \frac{c_3}{5} + \frac{c_4}{5^2} + \cdots \qquad \therefore\ c_2 = 1$$

$$\therefore\ \frac{2}{3} = \frac{c_3}{5} + \frac{c_4}{5^2} + \cdots$$

여기서부터 위의 두 과정이 반복되므로

$$\frac{2}{3} = \frac{3}{5} + \frac{1}{5^2} + \frac{3}{5^3} + \frac{1}{5^4} + \cdots = (0.313131\cdots)_{(5)}$$

이다. 그러므로

$$\frac{29}{3} = 9 + \frac{2}{3} = 41_{(5)} + (0.3232\cdots)_{(5)} = (41.313131\cdots)_{(5)}$$

◆ 소수 x의 q진법 표현에서 소수점 아래에 나타나는 숫자가 유한 개일 때, x를 q진법에 관한 **유한소수**라고 하고 소수점 아래의 무한히 많은 자리에 0이 아닌 숫자가 나타날 때, x를 q진법에 관한 **무한소수**라고 한다. 이를테면 $\frac{2}{3} = 0.2_{(3)} = 0.66\cdots_{(10)}$은 삼진법에 관한 유한소수이고 십진법에 관한 무한 소수이다.

◀ 有限小數 terminating decimal
無限小數 nonterminating decimal

무한소수 중 $\frac{29}{3} = (41.313131\cdots)_{(5)}$와 같이 어떤 블락 $c_1c_2\cdots c_n$이 반복되는 무한 소수

$$(a_0a_1a_2,\cdots a_m.c_1c_2\cdots c_nc_1c_2\cdots c_n\cdots)_{(q)} \quad \cdots\cdots\cdots ①$$

를 **순환소수**라고 한다. 이 때, 반복되는 부분 $c_1c_2\cdots c_n$을 **순환마디**라고 하고 순환마디에 들어 있는 숫자의 개수를 **순환마디의 길이**라고 하며, 순환마디의 길이 중 최소값을 **주기**라고 한다. 이를테면 순환소수 $(41.313131\cdots)_{(5)}$에서 31은 순환마디이고 주기는 2이다.

◀ 여기서 q는 고정된 수로 한다.
◀ 循環小數 repeating decimal
◀ 週期 period

순환소수 ①은 순환마디 $c_1c_2\cdots c_n$ 위에 선을 그어

$$(a_0a_1a_2,\cdots a_m.\overline{c_1c_2\cdots c_n})_{(q)}$$

와 같이 나타낸다. 이를테면 순환소수 $(41.313131\cdots)_{(5)}$는 $41.\overline{31}_{(5)}$와 같이 나타낸다. 순환소수 중 특히

$$(0.\overline{c_1c_2\cdots c_n})_{(q)}$$

와 같이 소수점 아래 첫 자리부터 바로 순환마디가 시작되는 순환소수를 **순 순환소수**라고 한다. 이를테면 $\frac{2}{3} = 0.\overline{31}_{(5)}$는 순 순환소수이다.

◆ 소수 x의 q진법 표현이

$$x = (a_m\cdots a_1a_0.b_1b_2b_3\cdots)_{(q)}$$

일 때,

$$x = a_mq^m + \cdots + a_1q + a_0 + \frac{b_1}{q} + \frac{b_2}{q^2} + \frac{b_3}{q^3} + \cdots$$

이다. 그러므로

$$\begin{aligned} qx &= a_mq^{m+1} + \cdots + a_0q + b_0 + \frac{b_2}{q} + \frac{b_3}{q^2} + \cdots \\ &= (a_m\cdots a_1a_0b_1.b_2b_3\cdots)_{(q)} \end{aligned}$$

$$\frac{1}{q}x = a_m q^m + \cdots + a_2 q + a_1 + \frac{a_0}{q} + \frac{b_1}{q^2} + \frac{b_2}{q^3} + \cdots$$
$$= (a_m \cdots a_1 . a_0 b_1 b_2 b_3 \cdots)_{(q)}$$

따라서 $x = (a_m \cdots a_1 a_0 . b_1 b_2 b_3 \cdots)_{(q)}$에 q, $\frac{1}{q}$을 곱하면 소수점이 각각 오른쪽, 왼쪽으로 한 자리씩 이동한다. 그러므로 x에 q^k, $\frac{1}{q^k}$을 곱하면 소수점이 각각 오른쪽으로 k 자리, 왼쪽으로 k 자리 이동한다.

정리 2.2

q가 2이상의 자연수라고 할 때, q진법에 관한 유한소수 또는 순환소수로 표현되는 수는 유리수이다.

증명 $x = (0 . c_1 c_2 c_3 \cdots c_r)_{(q)}$일 때,

$$x = \frac{(c_1 c_2 c_3 \cdots c_r)_{(q)}}{q^r} = \frac{1}{q^r}(c_1 q^r + c_2 q^{r-2} + \cdots + c_{r-1} q + c_r)$$

은 유리수이다.

$x = (0 . \overline{c_1 c_2 \cdots c_r})_{(q)}$라고 할 때,

$$x = (0 . c_1 c_2 c_3 \cdots c_r)_{(q)} + \frac{(0 . c_1 c_2 c_3 \cdots c_r)_{(q)}}{q^r} + \frac{(0 . c_1 c_2 c_3 \cdots c_r)_{(q)}}{q^{2r}} + \cdots$$
$$= (0 . c_1 c_2 c_3 \cdots c_r)_{(q)} \left(1 + \frac{1}{q^r} + \frac{1}{q^{2r}} + \cdots\right).$$

$$1 + \frac{1}{q^r} + \frac{1}{q^{2r}} + \cdots = \frac{1}{1 - \frac{1}{q^r}} = \frac{q^r}{q^r - 1}$$

이므로

$$x = (0 . c_1 c_2 c_3 \cdots c_r)_{(q)} \frac{q^r}{q^r - 1}$$

이고, 따라서 x는 유리수이다. ∎

정리 2.2의 역도 성립한다. 증명은 제 11 중단원에서 다루기로 한다.

보기

$$0.\overline{123}_{(5)} = 0.123_{(5)} + \frac{0.123_{(5)}}{5^3} + \frac{0.123_{(5)}}{5^6} + \cdots$$

$$= 0.123_{(5)}\left(1 + \frac{1}{5^3} + \frac{1}{5^6} + \cdots\right)$$

$$= \frac{123}{5^3}\ \frac{5^3}{5^3 - 1} = \frac{123}{5^3 - 1} = \frac{123}{124}$$

참고 $0.9999\cdots = 1$이듯이 일반적으로

$$(0.(q-1)(q-1)\cdots)_{(q)} = 1$$

이다. 왜냐 하면

$$(0.(q-1)(q-1)\cdots)_{(q)} = \frac{q-1}{q} + \frac{q-1}{q^2} + \frac{q-1}{q^3} + \cdots$$

$$= \frac{q-1}{q}\left(1 + \frac{1}{q} + \frac{1}{q^2} + \cdots\right)$$

$$= \frac{q-1}{q}\ \frac{q}{q-1} = 1$$

연습문제 02

E·X·E·R·C·I·S·E·S

1 $2919_{(10)}$을 7진법으로 나타내어라. 또 $3456_{(7)}$을 10진법으로 나타내어라.

2 $100111000111_{(2)}$를 5진법으로 나타내어라. 또 $1403_{(5)}$를 2진법으로 나타내어라.

3 수를 12집법으로 나타낼 때는 12개의 디지트 0, 1, 2, 3, 4, 5, 6, 7, 8, 9, A, B를 사용한다. 여기서 A, B는 각각 10, 11에 해당한다. $4943_{(10)}$을 12진법으로 나타내어라. 또 $B81A6_{(12)}$를 10진법으로 나타내어라.

4 수 $N = 3457689$에 관하여 다음을 구하여라.

(1) N의 칸토어 전개식

(2) N의 수열 $(3, 5, 7, \cdots, 2n+1, \cdots)$에 관한 전개식

5 $8.34_{(10)}$을 5진법으로 나타내어라. 또, $1.234_{(5)}$를 10진법으로 나타내어라.

6 $\sqrt{2}$을 5진법으로 나타내어라.

7 양의 정수 N의 q진법 표현이 $N = (a_5 a_4 a_3 a_2 a_1 . b_1 b_2 b_3 b_4)_{(q)}$라고 할 때, Nq^2, $\frac{N}{q^2}$을 q진법으로 나타내어라.

8 십진법의 표현을 거치는 과정없이 3진법의 표현을 9진법의 표현으로, 9진법의 표현을 3진법의 표현으로 직접 바꾸는 방법을 설명하여라.

9 양의 정수 N의 q진법 표현이 $(a_n a_{n-1} \cdots a_1 a_0)_{(q)}$라고 할 때, 다음이 성립함을 증명하여라.

$$\left[\frac{N}{q}\right] + \left[\frac{N}{q^2}\right] + \cdots + \left[\frac{N}{q^n}\right] = \frac{1}{q-1}(N - (a_0 + a_1 + \cdots + a_k))$$

03

약수 · 배수

Divisors and Multiples

이 **중단원**에서 공부할 **내용**

약수와 배수

공약수와 공배수

ENV *Number Theory*

대표문제

- 정수 a, b의 최대공약수는 a, b의 정수배의 합으로 나타난다. 어떻게 해서 그럴까 ?
- 정수 a, b에 대하여, a, b의 최대공약수, 최소공배수 및 a, b 사이의 관계는 무엇일까 ?

약수와 배수

정수 a, b에 대하여 b가 a의 배수일 때 이를 보통

$$a \mid b$$

와 같이 나타낸다. 이 때, a를 b의 **약수** 라고 한다. 한편 $a \mid b$가 아닐 때, 이를

$$a \nmid b$$

와 같이 나타낸다. 이를테면

$$2 \mid 6, \quad -2 \mid 6, \quad 3 \mid (-6), \quad -3 \mid (-6), \quad 2 \nmid 5$$

이다.

◂ 約數 divisor, 倍數 multiple

다음은 약수 배수에 관한 기본적인 성질이다.

정리 3.1

$a, b, c \in \mathbf{Z}$에 대하여 다음이 성립한다.

(1) $a \mid 0, \quad 1 \mid a, \quad a \mid a$

(2) $a \mid 1 \Leftrightarrow a = \pm 1$

(3) $a \mid b, c \mid d \Rightarrow ac \mid bd$

(4) $a \mid b, b \mid c \Rightarrow a \mid c$

(5) $a \mid b, b \neq 0 \Rightarrow |a| \leq |b|$

증명 (1) $a \cdot 0 = 0 \quad \therefore \ a \mid 0.$

$1 \cdot a = a \quad \therefore \ 1 \mid a, \ a \mid a.$

(2) $a \mid 1 \Rightarrow ax = 1, (x \in \mathbf{Z}) \Rightarrow |a||x| = 1 \Rightarrow |a| = 1 \Rightarrow a = \pm 1.$

명백히 $(\pm 1) \mid 1.$

(3) $\left.\begin{array}{l} a \mid b \Rightarrow ax = b, (x \in \mathbf{Z}) \\ c \mid d \Rightarrow cy = d, (y \in \mathbf{Z}) \end{array}\right\} \Rightarrow acxy = bd \Rightarrow ac \mid bd.$

(4) $\left.\begin{array}{l} a \mid b \Rightarrow ax = b, (x \in \mathbf{Z}) \\ b \mid c \Rightarrow by = c, (y \in \mathbf{Z}) \end{array}\right\} \Rightarrow axy = by = c \Rightarrow a \mid c.$

(5) $a \mid b \Rightarrow ax = b, (x \in \mathbf{Z})$이므로

$b \neq 0 \Rightarrow x \neq 0 \Rightarrow |x| \geq 1.$

$a \mid b \Rightarrow ax = b \Rightarrow |b| = |a||x| \geq |a| \cdot 1 = |a|.$ ▌

◆ 정수 a, b의 정수배의 합, 즉,

$$ax + by, \quad (x, y \in \mathbf{Z})$$

꼴의 표현을 a, b의 **일차결합** 이라고 한다.

◂ 一次結合
linear combination

유한 개의 정수의 일차결합도 같은식으로 정의된다. 즉, 정수 $a_1, a_2, \cdots, a_n$에 대하여
$a_1x_1 + a_2x_2 + \cdots + a_nx_n$,
$(x_1, x_2, \cdots, x_n \in \mathbf{Z})$
꼴의 표현을 $a_1, a_2, \cdots, a_n$의 일차결합이라고 한다.

다음은 어떤 정수의 배수의 일차결합이 다시 그 수의 배수가 된다는 사실을 말하는 간단한 내용의 정리이지만 향후 약수 배수의 논의에서 자주 인용되므로 배일배의 정리라는 별명으로 부르기로 한다.

정리 3.2 (배일배의 정리)

$a, b, k \in \mathbf{Z}$에 대하여 다음이 성립한다.

$$k \mid a, \ k \mid b \Rightarrow k \mid (ax + by), \forall x, y \in \mathbf{Z}$$

◂ k의 배수의 일차결합은 k의 배수가 된다는 뜻

증명 $k \mid a, \ k \mid b$이므로

$$a = ka', \quad b = kb'$$

인 $a', b' \in \mathbf{Z}$가 존재한다. $x, y \in \mathbf{Z}$에 대하여

$$ax + by = ka'x + kb'y = k(a'x + b'y)$$

이므로 $k \mid (ax + by)$이다. ▮

공약수와 공배수

$a, b, x \in \mathbf{Z}$에 대하여, $x \mid a$이고 $x \mid b$일 때 x를 a와 b의 **공약수** 라고 하고, $a \mid x$이고 $b \mid x$일 때 x를 a와 b의 **공배수** 라고 한다.

◂ 共約數 common divisor
公倍數 common multiple

$a, b \in \mathbf{Z}$ 공약수 중 최대의 수를 a, b의 **최대공약수** 라고 하고 $\gcd(a, b)$로 나타내며, 양의 공배수 중 최소의 수를 **최소공배수** 라고 하고 $\text{lcm}(a, b)$로 나타낸다.

◂ 最大共約數
greatest common divisor

最小共倍數
least common multiple

정리 3.2는 다음과 같은 내용이기도 하다.

a, b의 공약수는 a, b의 일차결합의 약수이다.

보기

(1) 6의 약수는 $\pm 1, \pm 2, \pm 3, \pm 6$

-15의 약수는 $\pm 1, \pm 3, \pm 5, \pm 15$이므로

- $6, -15$의 공약수는 $\pm 1, \pm 3$
- $6, -15$의 최대공약수는 3

(2) 2의 배수는 $0, \pm 2, \pm 4, \pm 6, \pm 8, \pm 10, \pm 12, \pm 14, \pm 16, \pm 18, \cdots$

-3의 배수는 $0, \pm 3, \pm 6, \pm 9, \pm 12, \pm 15, \pm 18, \cdots$이므로

- $2, -3$의 공배수는 $0, \pm 6, \pm 12, \pm 18, \cdots$
- $2, -3$의 양의 공배수는 $6, 12, 18, \cdots$
- $2, -3$의 최소공배수는 6

◇ 0의 약수는 모든 정수이다. 따라서 0과 0의 최대공약수는 없다. 한편, 임의의 정수 $k \neq 0$의 약수의 집합은 유한 집합이므로

$$(a, b) \neq (0, 0)\text{일 때만 } \gcd(a, b)\text{가 존재}$$

한다. 또 0의 배수는 0뿐이므로 $0, a$의 공배수는 0뿐이다. 따라서 $0, a$의 양의 공배수는 존재하지 않는다. 그러므로

$$a \neq 0 \neq b\text{일 때만 } \operatorname{lcm}(a, b)\text{가 존재}$$

한다.

위의 보기에서 알 수 있듯이

$$\gcd(a, b) = \gcd(\pm a, \pm b), \qquad \operatorname{lcm}(a, b) = \operatorname{lcm}(\pm a, \pm b)$$

이다.

◇ 정수 a, b와 그 최대공약수 $\gcd(a, b)$ 사이의 관계를 나타내는 등식에 대하여 알아 보자. 예를들어

$$\gcd(8, 20) = 4 = 8 \cdot 3 + 20 \cdot (-1)$$

에서 $\gcd(8, 20)$은 $8, 20$의 일차결합으로 표현되었고,

$$\gcd(323, 247) = 19 = 323 \cdot (-3) + 247 \cdot 4$$

에서 $\gcd(323, 247)$은 $323, 247$의 일차결합으로 표현되었다. 이 것은 최대공약수에 관한 일반적인 성질로서 다음 정리에서 증명한다.

이하 정수 a, b의 일차결합 전체의 집합을 $L(a, b)$로 나타내고 양의 일차 결합 전체의 집합을 $L^+(a, b)$로 나타낸다. 즉,

$$L(a, b) = \{ax + by \mid k, l \in \mathbf{Z}\}$$
$$L^+(a, b) = \{ax + by \mid k, l \in \mathbf{Z},\ ax + by > 0\}$$

보조정리 3.3

$(a, b) \neq (0, 0)$인 정수 a, b에 대하여

$$\gcd(a, b) = \min L^+(a, b)$$

증명 $0 < a^2 + b^2 \in L^+(a, b)$이므로 $L^+(a, b) \neq \varnothing$이고, 따라서 $L^+(a, b)$는 최소원을 가진다. $g = \min L^+(a, b)$라 하면 어떤 정수 x_0, y_0이 존재하여

◂ 정렬성

$$g = ax_0 + by_0$$

이다. 먼저 $g \mid a$임을 보인다. 나눗셈 알고리즘에 의하여

$$a = gq + r, \quad 0 \leq r < g$$

를 만족하는 정수 q, r이 존재한다. 이 때

$$r = a - gq = a - (ax_0 + by_0)q = a(1 - x_0 q) + b(-y_0 q)$$

는 a, b의 일차결합이므로 $r \in L(a, b)$이다. $r > 0$이면 $r \in L^+(a, b)$이고 또

$$r < g = \min L^+(a, b) \leq r$$

이 되어 모순이다. 그러므로 $r = 0$이어야 하고, 따라서 $g \mid a$이다. 같은 식으로 $g \mid b$가 성립한다. 그러므로 g는 a, b의 양의 공약수이다. 이제, k가 a, b의 공약수라고 하면 k는 a, b의 임의의 일차결합의 약수이므로 $k \mid g$이고, 따라서 $k \leq g$이다. 그러므로 $g = \gcd(a, b)$이다.

◂ 배일배의 정리

∎

보조정리 3.3에서 $\gcd(a, b) \in L^+(a, b) \subset L_{a, b}$이므로 다음을 얻는다.

정리 3.4 (gcd는 일차결합)

$(a, b) \neq (0, 0)$인 정수 a, b에 대하여

$$\gcd(a, b) = ax + by$$

를 만족하는 정수 x, y가 존재한다.

◂ 두 수의 gcd는 그 두 수의 일차결합

◇ 보조정리 3.3 으로부터 $(a, b) \neq (0, 0)$인 정수 a, b와 양의 정수 p에 대하여,

$$\gcd(pa, pb) = p\gcd(a, b)$$

가 성립한다.

$$\because \quad \gcd(pa, pb) = \min\{pax + pby \mid x, y \in \mathbf{Z}, pax + pby > 0\}$$
$$= p\min\{ax + by \mid x, y \in \mathbf{Z}, ax + by > 0\}$$
$$= p\gcd(a, b) \quad ▮$$

보기

$\gcd(80, 200) = 10 \cdot \gcd(8, 20) = 10 \cdot 4 = 40$

따름정리 3.5

정수 a, b에 대하여, $L(a, b)$는 $\gcd(a, b)$의 배수 전체의 집합이다.

증명 $\gcd(a, b) = g$라 하고 g의 배수 전체의 집합을 M_g라 하자. g는 a, b의 일차결합이므로, 임의의 g의 배수도 a, b의 일차 결합이다. 따라서 $M_g \subset L(a, b)$이다.

◀ $g = ax + by$이면 $gk = axk + byk$, $(\forall l \in \mathbf{Z})$

한편, a, b는 g의 배수이므로 a, b의 임의의 일차결합도 g의 배수이다. 따라서 $L(a, b) \subset M_g$이다.

◀ 배일배의 정리

◇ $(a, b) \neq (0, 0)$인 정수 a, b에 대하여 $\gcd(a, b) = 1$일 때, a, b는 **서로 소**라고 한다.

◀ 서로 素 relatively prime

정리 3.6

$(a, b) \neq (0, 0)$인 정수 a, b에 대하여 $\gcd(a, b) = 1$일 필요충분조건은 어떤 정수 x, y가 있어서 $ax + by = 1$일 것이다.

증명 $(\Rightarrow)$ $\gcd(a, b)$는 a, b의 일차결합이다.

$(\Leftarrow)$ 정수 x, y가 있어서 $ax + by = 1$이면 $1 \in L^+(a, b)$이다.

$$1 \in L^+(a, b) \Rightarrow \min L^+(a, b) = 1 \Rightarrow \gcd(a, b) = 1 \quad ▮$$

◀ $\gcd(a, b) = \min L^+(a, b)$

보기

정리 3.4를 이용하여 $\sqrt{2}$가 무리수임을 증명하여 보자.
$\sqrt{2}$가 유리수라고 하면 $\sqrt{2}=\frac{a}{b}$, $\gcd(a, b)=1$인 정수 a, b가 존재한다.
이 때, $ax+by=1$, (x, y는 정수), 이고, 따라서

$$\sqrt{2}=\sqrt{2}(ax+by)=(\sqrt{2}a)x+(\sqrt{2}b)y=2bx+ay \text{는 정수}$$

가 되어 모순이다. 그러므로 $\sqrt{2}$는 무리수이다.

따름정리 3.7

정수 a, b에 대하여 $\gcd(a, b)=g$이면, $\gcd\left(\frac{a}{g}, \frac{b}{g}\right)=1$이다.

증명 어떤 정수 x, y가 있어서 $g=ax+by$이다.

$$ax+by=g \Leftrightarrow \frac{a}{g}x+\frac{b}{g}y=1 \Leftrightarrow \gcd\left(\frac{a}{g}, \frac{b}{g}\right)=1 \quad ▌$$

따름정리 3.8

정수 a, b, k에 대하여, $\gcd(a, b)=1$일 때, $a \mid k$, $b \mid k \Rightarrow ab \mid k$

증명 어떤 정수 x, y가 있어서 $1=ax+by$이다. 따라서

$$k=kax+kby$$

$a \mid k, b \mid k$이므로 $k=k_a a=k_b b$인 정수 k_a, k_b가 존재한다. 이 때

$$\begin{aligned} k &= k\cdot 1=k(ax+by)=kax+kby \\ &= k_b bax+k_a aby=ab(k_b x+k_a y) \end{aligned}$$

이므로 $ab \mid k$이다. ▌

따름정리 3.9 (유클리드 Lemma)

정수 a, b, k에 대하여, $\gcd(a, b)=1$일 때, $a \mid bk \Rightarrow a \mid k$

증명 어떤 정수 x, y가 있어서 $1=xa+yb$이다. 따라서

$$k=x(ak)+y(bk)$$

bk가 a의 배수이므로 ybk도 a의 배수이다. 그러므로 k는 a의 배수의 일차결합합이고 따라서 a의 배수이다. ▌

◀ 배일배의 정리

정리 3.10

정수 a, b에 대하여

(1) a, b의 공약수는 $\gcd(a, b)$의 약수이다.

(2) a, b의 공배수는 $\mathrm{lcm}(a, b)$의 배수이다.

◂ 공약수는 최대공약수의 약수
공배수는 최소공배수의 배수

증명 (1) k가 a, b의 공약수라고 하면, a, b는 k의 배수이다. $\gcd(a, b)$는 a, b의 일차결합이므로 k의 배수이다. 그러므로 k는 $\gcd(a, b)$의 약수이다.

◂ 배일배의 정리

(2) $\mathrm{lcm}(a, b) = l$이라고 하고 m이 a, b의 공배수라고 하면 $m \ge l$이다.

$$m = lq + r,\ 0 \le r < l \quad \cdots\cdots ①$$

을 만족하는 정수 q, r이 존재한다. 우선 m, l은 모두 a의 배수이므로 m, l의 일차결합인 $r = m - lq$도 a의 배수이다. 마찬가지로 r은 b의 배수이기도 하다. 그러므로 r은 a, b의 공배수이다. l이 a, b의 최소공배수이므로 $r = 0$이다. 그러므로 ①에서 $m = lq$이고, 따라서 m은 l의 배수이다. ▌

◂ 배일배의 정리

정리 3.11

양의 정수 a, b에 대하여, $\gcd(a, b)\,\mathrm{lcm}(a, b) = ab$이다.

◂ lcm과 gcd 사이의 관계
$\gcd(a, b) = \dfrac{ab}{\gcd(a, b)}$

증명 $g = \gcd(a, b)$라 하자. $l = \dfrac{ab}{g}$로 두고 $l = \mathrm{lcm}(a, b)$임을 보인다.

$$l = a\frac{b}{g} = \frac{a}{g}b$$

◂ $\frac{a}{g}, \frac{b}{g}$는 정수

이므로 l은 a, b의 양의 공배수이다.

이제 m이 a, b의 양의 공배수라고 하자. $g = ax + by$인 정수 x, y가 존재한다.

$$\frac{m}{l} = \frac{mg}{ab} = \frac{m(ax + by)}{ab} = \frac{m}{b}x + \frac{m}{a}y \in \mathbf{Z}$$

이므로 $l \mid m$이고, 따라서 $l \le m$이다. 그러므로 $l = \mathrm{lcm}(a, b)$이다. ▌

◇ 정리 3.11로부터 다음을 알 수 있다.

$$\mathrm{lcm}(a, b) = ab \Leftrightarrow \gcd(a, b) = 1$$

◇ 3개 이상의 정수의 최대공약수와 최소공배수도 같은 식으로 정의된다. 적어도 하나는 0이 아닌 정수 $a_1, a_2, \cdots, a_n$ 모두의 약수를 $a_1, a_2, \cdots, a_n$의 공약수라고 하고, $a_1, a_2, \cdots, a_n$의 공약수 중에서 가장 큰 수를 $a_1, a_2, \cdots, a_n$의 최대공약수라고 하며 $\gcd(a_1, a_2, \cdots, a_n)$으로 나타낸다. 또 $a_1, a_2, \cdots, a_n$의 어느 것도 0이 아닐 때, $a_1, a_2, \cdots, a_n$ 모두의 배수를 $a_1, a_2, \cdots, a_n$의 공배수라고 하고, $a_1, a_2, \cdots, a_n$의 양의 공배수 중에서 가장 작은 수를 $a_1, a_2, \cdots, a_n$의 최소공배수라고 하며 $\operatorname{lcm}(a_1, a_2, \cdots, a_n)$으로 나타낸다.

보기

(1) $\gcd(10, 15, 20) = 5$, $\gcd(12, 18, -30) = 6$

(2) $\operatorname{lcm}(10, 15, 20) = 60$, $\operatorname{lcm}(12, 18, -30) = 90$

정리 3.12

적어도 하나는 0이 아닌 정수 $a_1, a_2, \cdots, a_n$에 대하여

$$\gcd(a_1, a_2, \cdots, a_n) = \gcd(\gcd(a_1, a_2), a_3, \cdots, a_n)$$

증명 $a_1, a_2, \cdots, a_n$의 약수 전체의 집합을 S, $\gcd(a_1, a_2), a_3, \cdots, a_n$의 약수전체의 집합을 T라고 하자. d가 a_1, a_2의 공약수일 필요충분조건은 d가 $\gcd(a_1, a_2)$의 약수일 것이므로 $S = T$이다. 그러므로 정리 3.2가 성립한다. ▌

정리 3.12의 증명과 유사한 이유로 다음 정리가 성립한다.

정리 3.13

0이 아닌 정수 $a_1, a_2, \cdots, a_n$에 대하여

$$\operatorname{lcm}(a_1, a_2, \cdots, a_n) = \operatorname{lcm}(\operatorname{lcm}(a_1, a_2), a_3, \cdots, a_n)$$

보기

(1) $\gcd(10, 15, 20) = \gcd(\gcd(10, 15), 20) = \gcd(5, 20) = 5$

(2) $\mathrm{lcm}(10, 15, 20) = \mathrm{lcm}(\mathrm{lcm}(10, 15), 20) = \gcd(30, 20) = 60$

정리 3.14

적어도 하나는 0이 아닌 정수 $a_1, a_2, \cdots, a_n$에 대하여

$$\gcd(a_1, a_2, \cdots, a_n) = a_1x_1 + a_2x_2 + \cdots + a_nx_n$$

을 만족하는 정수 $x_1, x_2, \cdots, x_n$이 존재한다.

◀ gcd는 일차결합

증명 n에 관한 귀납법으로 증명한다. $n = 2$일 때는 정리 3.4에서 증명되었다. $\gcd(a_1, a_2) = b$라고 하면 어떤 정수 y_1, y_2가 있어서 $b = a_1y_1 + a_2y_2$이고, 또 귀납법 가정에 의하여 어떤 정수 $z, x_3, \cdots, x_n$이 있어서 $\gcd(b, a_3, \cdots, a_n) = bz + a_3x_3 + \cdots + a_nx_n$이다. 정리 3.12에 의하여

$$\begin{aligned}\gcd(a_1, a_2, \cdots, a_n) &= \gcd(b, a_3, \cdots, a_n)\\ &= (a_1y_1 + a_2y_2)z + a_3x_3 + \cdots + a_nx_n\\ &= a_1y_1z + a_2y_2z + a_3x_3 + \cdots + a_nx_n\end{aligned}$$

이다. ▌

◇ 정수 $a_1, a_2, \cdots, a_n$에 대하여 $\gcd(a_1, a_2, \cdots, a_n) = 1$일 때, $a_1, a_2, \cdots, a_n$은 **서로 소**라고 한다. 또, i, j가 서로 다르기만 하면 $\gcd(a_i, a_j) = 1$일 때, $a_1, a_2, \cdots, a_n$은 **쌍마다 서로 소**라고 한다. 명백히 쌍마다 서로 소인 일단의 수는 서로 소이다. 그러나 그 역은 성립하지 않는다.

◀ pairwise mutually prime

보기

$\gcd(15, 21, 35) = \gcd(\gcd(15, 21), 35) = \gcd(3, 35) = 1$이므로 15, 21, 35는 서로 소이다. 그러나 $\gcd(15, 21) = 3$, $\gcd(21, 35) = 7$, $\gcd(15, 35) = 5$이므로 15, 21, 35는 쌍마다 서로 소인 것은 아니다.

연습문제 03

E·X·E·R·C·I·S·E·S

1 다음 수의 최대공약수와 최소공배수를 구하여라.

(1) 58, 72　　(2) 81, 93

(3) 25, 75　　(4) 28, -35

(5) 8, 10, 12　　(6) 15, 21, 45

(7) 15, 75, 125　　(8) -7, 28, -35

2 양의 정수 a, b에 대하여 $\gcd(a, b) = 12, \operatorname{lcm}(a, b) = 168$ 일 때, ab를 구하여라.

3 정수 a, b에 대하여 $\gcd(a, b) = \operatorname{lcm}(a, b)$일 필요충분조건은 $|a| = |b|$임을 증명하여라.

4 $\gcd(a, b) = 10$, $\operatorname{lcm}(a, b) = 100$를 만족하는 양의 정수의 쌍 (a, b)를 모두 구하여라. 단, $a \geq b$.

5 양의 정수 n에 대하여 $\gcd(n, n+1)$, $\operatorname{lcm}(n, n+1)$을 구하여라.

6 양의 정수 n에 대하여 $\sqrt{n}$ 이 정수가 아닐 때, $\sqrt{n}$은 무리수임을 증명하여라.

7 양의 정수 a, b에 대하여 $\gcd(a, b) = 1$ 일 때, 다음을 증명하여라.

(1) $\gcd(a+b, ab) = 1$　　(2) $\gcd(a^3, b^3) = 1$

(3) $\gcd(a+b, a-b) = \begin{cases} 2, & (a, b\text{가 모두 홀수일 경우}) \\ 1, & (\text{그 이외의 경우}) \end{cases}$

8 정수 a, b, x, y에 대하여 $ax + by = \gcd(a, b)$일 때, $\gcd(x, y) = 1$임을 증명하여라.

9 a가 홀수일 때, $32 \mid (a^2+3)(a^2+7)$임을 증명하여라.

03 연습문제

E·X·E·R·C·I·S·E·S

10 양의 정수 a, n에 대하여 $\gcd(a, a+n) \mid n$임을 증명하여라.

11 $\gcd(a, 4) = 2$, $\gcd(b, 4) = 2$일 때, $\gcd(a+b, 4) = 4$임을 증명하여라.

12 $\gcd(a, b) = 1$, $c \mid (a+b)$일 때, $\gcd(c, a) = \gcd(c, b) = 1$임을 증명하여라.

13 정수 $a_1, a_2, \cdots, a_n$에 대하여 $\gcd(a_i, b) = 1, (i = 1, 2, \cdots, n)$일 때, $\gcd(a_1 a_2 \cdots a_n, b) = 1$임을 증명하여라.

14 양의 정수 n, g에 대하여 $x + y = n$, $\gcd(x, y) = g$를 만족하는 정수 x, y가 존재할 필요충분조건은 $g \mid n$임을 증명하여라.

15 양의 정수 g, l에 대하여 $\gcd(x, y) = g$, $\operatorname{lcm}(x, y) = l$를 만족하는 정수 x, y가 존재할 필요충분조건은 $g \mid l$임을 증명하여라.

16 정수 b와 양의 정수 g에 대하여 $\gcd(x, y) = g$, $xy = b$를 만족하는 정수 x, y가 존재할 필요충분조건은 $g^2 \mid b$임을 증명하여라.

17 정수 $a_1, a_2, \cdots, a_n$에 대하여 $\gcd(a_1, a_2, \cdots, a_n)$는 $a_1, a_2, \cdots, a_n$의 일차결합 중 최소의 양수임을 증명하여라.

18 정수 a, b, c에 대하여

$$\gcd(a, b) = 1 \Rightarrow \gcd(a, bc) = \gcd(a, c)$$

를 증명하여라.

04 유클리드 알고리즘과 부정방정식

Euclid Algorithm and Diophantine Equations

ENV *Number Theory*

이 **중단원**에서 공부할 **내용**

- 유클리드 알고리즘
- $\gcd(a, b)$를 $ax + by$로 나타내기
- 부정방정식 $ax + by = c$

대표문제

- $\gcd(323, 247)$을 구하고 이를 323, 247 의 일차결합으로 나타내어라.
- $87x + 27y = 634$, $(x \geq 0, y \geq 0)$, 을 만족하는 정수 (x, y)의 쌍을 모두 찾아라.

유클리드 알고리즘

이 중단원에서는 먼저 $(a, b) \neq (0, 0)$인 음이 아닌 두 정수 a, b의 최대공약수를 구하는 알고리즘을 소개한다. 다음 보조정리는 이 알고리즘의 바탕이 될 뿐만 아니라 앞으로 이 책의 여러 가지 논의에서 자주 사용된다.

Euclid(BCE 330?-BCE 275?) 그리스의 수학자 / 기하학의 창시자 / 기하학 원론으로 유명하다.

보조정리 4.1

a, b가 $a \geq b > 0$인 정수일 때, 임의의 정수 q에 대하여,

$$\gcd(a, b) = \gcd(a - bq, b)$$

증명 $(a - bq)x + by \in L(a - bq, b)$에 대하여

$$(a - bq)x + by = ax + b(y - qx) \in L(a, b)$$

이므로 $L(a - bq, b) \subset L(a, b)$이다.

◀ 배일배의 정리

$ax + by \in L(a, b)$에 대하여

$$ax + by = (a - bq)x + b(y + qx) \in L(a - bq, b)$$

이므로 $L(a, b) \subset L(a - bq, b)$이다.

따라서 $L(a, b) = L(a - bq, b)$이고 그러므로 $L^{+}(a, b) = L^{+}(a - bq, b)$이다. 보조정리 3.3에 의하여 $\gcd(a, b) = \gcd(a - bq, b)$이다. ▌

◀ gcd는 최소 양의 일차결합

보기

$\gcd(34, 10) = \gcd(34 - 3 \cdot 10, 10) = \gcd(4, 10) = 2$

예제 4.2

$\gcd(a, b) = 1$일 때, $\gcd(a + b, a - b)$은 1 또는 2임을 보여라.

풀이 $\gcd(a + b, a - b) = g$라고 할 때,

$g = \gcd((a + b) + (a - b), a - b) = \gcd(2a, a - b)$이므로 $g \mid 2a$.

$g = \gcd((a + b) - (a - b), a - b) = \gcd(2b, a - b)$이므로 $g \mid 2b$.

그러므로 $g \mid \gcd(2a, 2b)$이다. $\gcd(2a, 2b) = 2\gcd(a, b) = 2$이므로 $g \mid 2$이고 따라서 $g = 1$ 또는 $g = 2$이다. ■

정리 4.3 (유클리드 알고리즘)

$a \ge b > 0$인 정수 a, b로써 나눗셈 알고리즘에 의하여 오른쪽 표와 같은 과정을 수행한 결과로 얻은 r_n에 대하여

$$\gcd(a, b) = r_n$$

이다.

$$\begin{aligned} a &= b q_1 + r_1, & 0 < r_1 < b \\ b &= r_1 q_2 + r_2, & 0 < r_2 < r_1 \\ r_1 &= r_2 q_3 + r_3, & 0 < r_3 < r_2 \\ &\vdots & \\ r_{n-2} &= r_{n-1} q_n + r_n, & 0 < r_n < r_{n-1} \\ r_{n-1} &= r_n q_{n+1} + 0 & \end{aligned}$$

◀ 나눗셈 알고리즘에 의하여 $r_k,\ q_k,\ (k = 1, 2, \cdots, n)$를 차례로 구할 수 있다.

증명 위의 표에서

$$a - bq_1 = r_1,\quad b - r_1 q_2 = r_2,\quad r_1 - r_2 q_3 = r_3,\ \cdots,$$
$$r_{n-2} - r_{n-1} q_n = r_n,\quad r_{n-1} - r_n q_{n+1} = 0.$$

보조정리 4.1 에 의하여

$$\begin{aligned} \gcd(a, b) &= \gcd(a - bq_1, b) = \gcd(b, r_1) \\ &= \gcd(b - r_1 q_2, r_1) = \gcd(r_1, r_2) \\ &\ \vdots \\ &= \gcd(r_{n-1}, r_n) = \gcd(r_n, 0) = r_n. \end{aligned}$$ ▌

보기

오른쪽 표에서 $\gcd(323, 247) = 19$.

이것은 다음 과정을 거쳐 얻어진 것이다.

$\gcd(323, 247) = \gcd(247, 76)$

$= \gcd(76, 19) = \gcd(19, 0) = 19$

$$\begin{aligned} a &= b \cdot q + r \\ 323 &= 47 \cdot 1 + 76 \\ 247 &= 76 \cdot 3 + 16 \\ 76 &= 19 \cdot 4 + 0 \end{aligned}$$

참고 **컴퓨터 알고리즘** $(a, b) \ne (0,0)$이고 $a \ge b \ge 0$인 정수 a, b에 대하여

❶ $b = 0$일 때, $\gcd = a$를 출력하고 STOP.
　$b > 0$일 때, ❷로 간다.

❷ $a = bq + r,\ 0 \le r < b$를 쓴다.

❸ $a_{\text{new}} \leftarrow b_{\text{old}},\ b_{\text{new}} \leftarrow r_{\text{old}}$
　로 바꾸어 ❶로 간다.

a	b	r
323	247	76
247	76	19
76	19	0
19	0	

◀ 마지막 행은 형식적으로 한 번 더 쓴다.

gcd(a, b)를 $ax + by$로 나타내기

정수 a, b가 주어졌을 때, $\gcd(a, b)$를 a, b의 일차결합으로 나타내는 것은 대단히 중요한 일이다. 이에 대하여 알아 보자. $a \geq b > 0$인 정수 a, b에 대하여

$$a_{-1} = a, \quad a_0 = b$$

로 두고 각 $k \geq 1$에 대하여 a_{k-2}를 a_{k-1}로 나눈 몫을 q_k 나머지를 r_k라 하면 다음 표 ㉮를 얻는다.

㉮
$$\begin{aligned} a_{-1} &= a_0 q_1 + a_1, & 0 < a_1 < a_0 \\ a_0 &= a_1 q_2 + a_2, & 0 < a_2 < a_1 \\ a_1 &= a_2 q_3 + a_3, & 0 < a_3 < a_2 \\ &\vdots & \\ a_{n-2} &= a_{n-1} q_n + a_n, & 0 < a_n < a_{n-1} \\ a_{n-1} &= a_n q_{n+1} + 0 & \end{aligned}$$

이 때, $\gcd(a, b) = a_n$이고,

$$a_k = a_{k-2} - a_{k-1}q_k, \ (k = 1, 2, \cdots, n) \quad \cdots\cdots \ ①$$

이다. 이제 각 $k = -1, 0, 1, 2, \cdots, n$에 대하여

$$a_k = ax_k + by_k$$

를 만족하는 (x_k, y_k)가 존재함을 보인다. 먼저

$$a_{-1} = a = a \cdot 1 + b \cdot 0,$$
$$a_0 = b = a \cdot 0 + b \cdot 1$$

이므로 $(x_{-1}, y_{-1}) = (1, 0)$, $(x_0, y_0) = (0, 1)$로 잡을 수 있다. 각 $k \geq 1$에 대하여

$$a_{k-2} = ax_{k-2} + by_{k-2} \quad \cdots\cdots \ ②$$
$$a_{k-1} = ax_{k-1} + by_{k-1} \quad \cdots\cdots \ ③$$

이라 하고, ③의 양 변에 q_k를 곱하면

$$a_{k-1}q_k = ax_{k-1}q_k + by_{k-1}q_k \quad \cdots\cdots \ ④$$

②에서 ④를 변끼리 빼면 ①에 의하여

$$a_k = a(x_{k-2} - x_{k-1}q_k) + b(y_{k-2} - y_{k-1}q_k)$$

이다.

$$(x_k, y_k) = (x_{k-2} - x_{k-1}q_k, \ y_{k-2} - y_{k-1}q_k)$$

이라 하면

$$a_k = ax_k + by_k$$

를 얻는다.

이상의 논의에서 다음 정리가 증명되었다.

정리 4.4

$a \ge b > 0$인 정수 a, b에 대하여, $a_{-1} = a$, $a_0 = b$로 두고 a, b에 유클리드 알고리즘을 적용하여 앞 쪽의 표 ㉮를 얻었다고 할 때,

$$(x_{-1}, y_{-1}) = (1, 0), \qquad (x_0, y_0) = (0, 1),$$
$$(x_k, y_k) = (x_{k-2} - x_{k-1}q_k,\ y_{k-2} - y_{k-1}q_k),\ (k \ge 1)$$

이라고 하면 각 $k = -1, 0, 1, 2, \cdots, n$에 대하여

$$a_k = ax_k + by_k.$$

특히 $\gcd(a, b) = a_n$이므로

$$\gcd(a, b) = ax_n + by_n.$$

x_k, y_k를 찾는 기계적인 방법 현 단계를 k라 하면 $k-1$은 전 단계, $k-2$는 전전 단계라 할수 있으므로

$$a_k = a_{k-2} - a_{k-1}q_k$$
$$x_k = x_{k-2} - x_{k-1}q_k$$
$$y_k = y_{k-2} - y_{k-1}q_k$$

를

$$a_{\text{현}} = a_{\text{전전}} - a_{\text{전}}q_{\text{현}}$$
$$x_{\text{현}} = x_{\text{전전}} - x_{\text{전}}q_{\text{현}}$$
$$y_{\text{현}} = y_{\text{전전}} - y_{\text{전}}q_{\text{현}}$$

과 같이 쓸 수 있다. 따라서 q_k, a_k, x_k, y_k는 다음 표 ㉮에서 시작하여 ㉯, ㉰과 같이 차례로 기계적으로 구할 수 있다.

㉮

k	-1	0	1	2	3	$\cdots$	n
q_k						$\cdots$	
a_k	a	b					
x_k	1	0					
y_k	0	1					

나

k	-1	0	1	2	3	$\cdots$	n
q_k			q_1				
a_k	a	b	a_1				
x_k	1	0	x_1	$1-0\cdot q_1$			
y_k	0	1	y_1	$0-1\cdot q_1$			

a를 b로 나눈 몫 q_1과 나머지 a_1을 여기 쓴다.

$q_{k-1}, a_{k-1}, x_{k-1}, y_{k-1}$이 결정되었을 때,

다

k	-1	0	$\cdots$	$k-2$	$k-1$	k	$\cdots$
q_k			$\cdots$	q_{k-2}	q_{k-1}	q_k	
a_k	a	b	$\cdots$	a_{k-2}	a_{k-1}	a_k	
x_k	1	0	$\cdots$	x_{k-2}	x_{k-1}	x_k	
y_k	0	1	$\cdots$	y_{k-2}	y_{k-1}	y_k	
				전전	전	현	

a_{k-2}를 a_{k-1}로 나눈 몫 q_k와 나머지 a_k

$x_k = x_{k-2} - x_{k-1}q_k$

$y_k = y_{k-2} - y_{k-1}q_k$

보기

$a = 252$, $b = 198$일 때, q_k, a_k, x_k, y_k를 다음과 같이 계산할 수 있다.

k	-1	0	1	2	3	4
q_k			1	3	1	2
a_k	252	198	54	36	18	0
x_k	1	0	1	-3	4	×
y_k	0	1	-1	4	-5	×

$a_4 = 0$이므로 a_3가 gcd이다.

$$a_{k-2} = a_{k-1}\cdot q_k + a_k$$
$$252 = 198\cdot 1 + 54$$
$$198 = 54\cdot 3 + 36$$
$$54 = 36\cdot 1 + 18$$
$$36 = 18\cdot 2 + 0$$

여기서 $\gcd(252, 198) = 18$이고,

$$18 = 252\cdot 4 + 198\cdot(-5)$$

을 얻는다.

참고 실제로 (x_k, y_k)를 구하는 데는 직전 두 단계만 필요하다. 따라서 컴퓨터를 이용하여 (x_k, y_k)를 구할 때 위의 방법을 쓰면 직전 2단계 앞의 데이터는 버려도 되므로 효과적이다.

참고 $\gcd(a, b) = 1$일 때, $ax + by = 1$을 만족하는 정수 x, y를 찾는 다음과 같은 방법이 있다. 이 방법의 정당성은 제 16중단원에서 다룬다.

$$\frac{8}{5} = 1 + \frac{3}{5} = 1 + \frac{1}{\frac{5}{3}} = 1 + \frac{1}{1 + \frac{2}{3}} = 1 + \frac{1}{1 + \frac{1}{1 + \frac{1}{2}}}$$

◀ $\frac{1}{2}$을 지워 없앤다.

$$\frac{3}{2} = 1 + \frac{1}{1 + \frac{1}{1}}$$

◀ 화살표 방향으로 곱한다.

$\therefore\ 8 \cdot 2 + 5 \cdot (-3) = 1$

◇ 정리 4.4 의 q_k, a_k, x_k, y_k에 대하여

$$Q_k = \begin{bmatrix} 0 & 1 \\ 1 & -q_k \end{bmatrix},\ (k = 1, 2, \cdots, n)$$

$$X_k = \begin{bmatrix} x_{k-1} & x_k \\ y_{k-1} & y_k \end{bmatrix},\ (k = 0, 1, 2, \cdots, n)$$

이라 하면, 각 $k = 1, 2, \cdots, n$에 대하여

$$\begin{aligned} X_{k-1}Q_k &= \begin{bmatrix} x_{k-2} & x_{k-1} \\ y_{k-2} & y_{k-1} \end{bmatrix}\begin{bmatrix} 0 & 1 \\ 1 & -q_k \end{bmatrix} = \begin{bmatrix} x_{k-1} & x_{k-2} - x_{k-1}q_k \\ y_{k-1} & y_{k-2} - y_{k-1}q_k \end{bmatrix} \\ &= \begin{bmatrix} x_{k-1} & x_k \\ y_{k-1} & y_k \end{bmatrix} = X_k \end{aligned}$$

이므로

$$X_0Q_1Q_2 \cdots Q_n = X_1Q_2 \cdots Q_n = X_{n-1}Q_n = X_n$$

이다. $X_0 = \left[\begin{smallmatrix} 1 & 0 \\ 0 & 1 \end{smallmatrix}\right]$이므로 $Q_1Q_2 \cdots Q_n = X_n$이고, 따라서

> $\begin{bmatrix} x_n \\ y_n \end{bmatrix}$은 $Q_1Q_2 \cdots Q_n$의 제 2 열이다.

보기

$a = 252, b = 198$일 때, $\gcd(252, 198) = a_3 = 18$이다

k	-1	0	1	2	3	4
q_k			1	3	1	2
a_k	252	198	54	36	18	0

$q_1 = 1,\ q_2 = 3,\ q_3 = 1$이므로

$$Q_1 = \begin{bmatrix} 0 & 1 \\ 1 & -1 \end{bmatrix},\ Q_2 = \begin{bmatrix} 0 & 1 \\ 1 & -3 \end{bmatrix},\ Q_3 = \begin{bmatrix} 0 & 1 \\ 1 & -1 \end{bmatrix}$$

이고

$$Q_1Q_2Q_3 = \begin{bmatrix} 0 & 1 \\ 1 & -1 \end{bmatrix}\begin{bmatrix} 0 & 1 \\ 1 & -3 \end{bmatrix}\begin{bmatrix} 0 & 1 \\ 1 & -1 \end{bmatrix} = \begin{bmatrix} -3 & 4 \\ 4 & -5 \end{bmatrix}$$

의 제 2 열이 $\begin{bmatrix} 4 \\ -5 \end{bmatrix}$이므로 $x_3 = 4,\ y_3 = -5$이다. 그러므로

$$18 = 252 \cdot 4 + 198 \cdot (-5)$$

$$\begin{aligned} a_{k-2} &= a_{k-1} \cdot q_k + a_k \\ 252 &= 198 \cdot 1 + 54 \\ 198 &= 54 \cdot 3 + 36 \\ 54 &= 36 \cdot 1 + 18 \\ 36 &= 18 \cdot 2 + 0 \end{aligned}$$

DIOPHANTI ALEXANDRINI
ARITHMETICORVM
LIBRI SEX.
ET DE NVMERIS MVLTANGVLIS
LIBER VNVS.
Nunc primum Græcè & Latinè editi, atque absolutissimis Commentariis illustrati.
AVCTORE CLAVDIO GASPARE BACHETO MEZIRIACO SEBVSIANO, V.C.
LVTETIAE PARISIORVM,
Sumptibus SEBASTIANI CRAMOISY, via Iacobæa, sub Ciconiis.
M. DC. XXI.
CVM PRIVILEGIO REGIS.

디오판투스(Diophantus 200 또는 214 - 284 또는 298) 알렉산드리아에 살았던 그리스 수학자 / 사진은 디오판투스의 Arithmetica (1620년 프랑스 Toulouse 출간본)

부정방정식 $ax + by = c$

호두는 1개에 87원, 밤은 1개에 27원이다. 634원어치를 샀을 때, 호두와 밤을 각각 몇개씩 샀을까?

$$x = (\text{호두의 개수}), \qquad y = (\text{밤의 개수})$$

로 두면 주어진 조건으로부터

$$87x + 27y = 634 \quad \cdots\cdots ①$$

를 얻는다. ①을 만족하는 음이 아닌 정수의 쌍 (x, y), 즉, ①의 음이 아닌 **정수해**를 찾으면 원하는 답을 구할 수 있다. 이와 같이 정수해를 목적으로 하는 정수 계수 방정식을 **부정방정식** 또는 **디오판투스 방정식**이라고 한다. 그러므로 부정방정식을 이야기 할 때, 해는 정수해를 뜻하는 것으로 한다.

◂ 定數解 integral solution

◂ 不定方程式 indeterminate equation
디오판투스方程式 Diophantine equation

지금부터 주어진 $a, b, c \in \mathbf{Z}$에 대하여

$$ax + by = c$$

꼴의 일차부정방정식의 풀이법에 대하여 알아본다.

◆ 부정방정식 $9x+15y=100$ 의 좌변은 x, y 의 어떠한 정수값에 대해서도 3 의 배수이지만 우변의 100 은 3 의 배수가아니므로 이 부정방정식은 해를 가지지 않는다.
먼저 일차 부정방정식의 해의 존재성에 대하여 알아보자.

정리 4.5

일차 부정방정식

$$ax+by=c \quad \cdots\cdots \text{①}$$

가 해를 가질 필요충분조건은 $\gcd(a, b) \mid c$ 일 것이다.

증명 $\gcd(a, b)=g$ 라고 하자.
먼저 ①이 해 $(x, y)=(x_0, x_0)$를 가진다고 하면 $ax_0+by_0=c$ 이다.
$g \mid a$ 이고 $g \mid b$ 이므로 $g \mid c$ 이다.
역으로 $g \mid c$ 라고 하면 $c=gc'$, $(c' \in \mathbf{Z})$와 같이 쓸 수 있다.

$$au_0+bv_0=g, (u_0, v_0 \in \mathbf{Z})$$

이므로 $a(u_0c')+b(v_0c')=gc'=c$ 이다. 따라서 $(x, y)=(u_0c', v_0c')$ 이 ①의 한 해이다. ▌

◀ 배일배의 정리

보기

(1) $24x+36y=120$ (2) $24x+36y=13$

에 대하여, $\gcd(24, 36)=12$ 이고, $12 \mid 120$ 이므로 (1)은 해를 가진다. 그러나 $12 \nmid 13$ 이므로 (2)는 해를 가지지 않는다.

◆ 일차 부정방정식 ①의 풀이법에 대하여 알아보자.
정리 4.5 에서

$$\gcd(a, b)=g=au_0+bv_0, (u_0, v_0 \in \mathbf{Z})$$
$$c=gc', (c' \in \mathbf{Z}),$$

일 때, (u_0c', v_0c')이 부정방정식 ①의 한 해임을 알았다. 이러한 하나의 해를 **특수해** 라고 한다. 특수해를 구할 때

$$au_0+bv_0=g \Leftrightarrow a'u_0+a'v_0=1$$

이므로 u_0, v_0는 $au+av=1$ 로부터 구할 수 있음에 유의 하자.

특수해를 바탕으로 모든 해를 찾을 수 있다. (x_0, y_0)이 ①의 특수해라고 하면

$$ax_0 + by_0 = c \quad \cdots\cdots ②$$

여기서,

$$ax_0 + abm + by_0 - abm = c, \forall\, m \in \mathbf{Z}$$

즉,

$$a(x_0 + bm) + b(y_0 - am) = c, \forall\, m \in \mathbf{Z}$$

이므로

$$(x, y) = (x_0 + bm, y_0 - am), \ (m \in \mathbf{Z}) \quad \cdots\cdots ③$$

가 ①의 해임을 알 수 있다.

◀ 실은 이것이 모든 해이다.

이제 ③이 ①의 모든 해임을 보인다.
(x, y)가 ①의 임의의 해라고 하면

$$ax + by = ax_0 + by_0,$$

즉,

$$a(x - x_0) = b(y_0 - y) \quad \cdots\cdots ④$$

$\gcd(a, b) = 1$ 이므로 $a \mid (y_0 - y)$이고, 따라서 어떤 $m \in \mathbf{Z}$가 있어서

$$y_0 - y = ma, \text{ 즉, } y = y_0 - ma$$

◀ 유클리드 Lemma 따름정리 3.9

이다. 이 때 ④로부터 $x = x_0 + mb$를 얻는다. 그러므로 ③은 ①의 모든 해이다. ③을 ①의 일반해 라고 한다.

지금까지 논의한 바를 다음과 같이 정리해 둔다.

정리 4.6

$\gcd(a, b) = 1$ 인 정수 a, b에 대하여, (x_0, y_0)가 부정방정식

$$ax + by = c$$

의 특수해라고 할 때, 일반해는

$$(x, y) = (x_0 + bm, y_0 - am), \quad (m \in \mathbf{Z})$$

이다.

예제 4.7

부정방정식

$$87x + 27y = 624 \quad \cdots\cdots\cdots \text{①}$$
$$(x \geq 0,\ y \geq 0)$$

을 풀어라.

풀 이 $\gcd(87, 27) = 3$ 이고 $3 \mid 624$ 이므로 ①은 해를 가진다. ①의 양변을 3 으로 나누어

$$a'x + b'y = c'$$

꼴로 쓰면

$$29x + 9y = 208.$$

먼저

$$29u + 9v = 1$$

을 만족하는 (u, v)로서 $(u_0, v_0) = (-4, 13)$을 찾을 수 있다. 이로써 특수해

$$x_0 = u_0c' = (-4)\cdot 208 = -832$$
$$y_0 = v_0c' = 13\cdot 208 = 2704$$

를 얻는다. 따라서 일반해는

$$x = x_0 + bm = -832 + 9m$$
$$y = y_0 - am = 2704 - 29m$$
$$(m \in \mathbf{Z})$$

이다. 조건

$$x = -832 + 9m \geq 0 \Rightarrow m \geq 92.4\cdots,$$
$$y = 2704 - 29m \geq 0 \Rightarrow m \leq 93.2\cdots$$

으로부터 $m = 93$ 이다. 그러므로 구하는 해는

$$x = -832 + 9\cdot 93 = 5, \quad y = 2704 - 29\cdot 93 = 7$$

이다. ■

◇ 미지수 x, y, z 에 대한 정수 계수 연립 부정방정식

$$a_1x + b_1y + c_1y = d_1$$
$$a_2x + b_2y + c_2y = d_2$$

는 하나의 변수를 소거하여 $ax + by = c$ 꼴로 변형 한 후 풀 수 있다.

예제 4.8

수탉은 1 마리에 5 전, 암탉은 1 마리에 3 전, 병아리는 3 마리에 1 전이라고 한다. 100 전을 주고 100 마리를 샀는데 가급적 수탉을 많이 샀다. 각각 몇 마리씩 샀는가?

◀ 6세기 전반 중국의 장구건이 쓴 "張邱健算經"이란 책에 나오는 문제

풀이 구하는 수탉, 암탉, 병아리의 마리 수를 각각 x, y, z라고 하면 주어진 조건으로 부터 연립부정방정식

$$5x + 3y + \frac{1}{3}z = 100 \quad \cdots\cdots ①$$

$$x + y + z = 100 \quad \cdots\cdots ②$$

◀ $15x + 9y + z = 300$, $x + y + z = 100$ 에서 $14x + 8y + z = 200$, $7x + 4y = 100$

을 세울 수 있다. ①, ②에서 미지수 z를 소거하면 하나의 부정방정식

$$7x + 4y = 100 \quad \cdots\cdots ③$$

◀ $\gcd(7, 4) = 1$

을 얻는다. $4 \cdot 25 = 100$이므로 $(x_0, y_0) = (0, 25)$는 ③의 한 특수해이다. 따라서 일반해는

$$x = x_0 + bm = 0 + 4m = 4m,$$
$$y = y_0 - am = 25 - 7m$$
$$(m \in \mathbf{Z})$$

이 때, $x + y = 4m + (25 - 7m) = 25 - 3m$이므로

$$z = 100 - (x + y) = 75 + 3m.$$

그러므로 ①, ②의 일반해는

$$x = 4m,$$
$$y = 25 - 7m$$
$$z = 75 + 3m$$
$$(m \in \mathbf{Z}).$$

$x \geq 0, y \geq 0$이므로

$$x = 4m \geq 0 \Rightarrow m \geq 0,$$
$$(\text{이 때, } z = 75 + 3m \geq 0)$$
$$y = 25 - 7m \geq 0 \Rightarrow m \leq 3$$

이고, 따라서 $m = 0, 1, 2, 3$이다.

이제 오른쪽 표와 같이 m의 각 값에 대응하는 x, y, z의 값을 구할 수 있다.

m	0	1	2	3
x	0	4	8	12
y	25	18	11	4
z	75	78	81	84

그 중 x값이 가장 큰 x, y, z는 $x = 12, y = 4, z = 84$이다. ■

연습문제 04 EXERCISES

1 다음 수의 최대공약수를 구하여라.

(1) 2409, 2466 (2) 684, 1121

(3) 242, 165, 616 (4) 187, 221, 510

2 다음 수의 최대공약수를 구하고 그 최대공약수를 이들 수의 일차결합으로 나타내어라.

(1) 189, 358 (2) 32, 108, 144

3 정수 a, b에 대하여 $\gcd(a, b) = ax + by$ 를 만족하는 정수의 쌍 x, y는 무수히 많음을 증명하여라.

4 양의 정수 a, n에 대하여 다음이 성립함을 증명하여라.

$$\gcd(a^n + 1, a^n - 1) = \begin{cases} 1, & (n\text{이 짝수일 때}) \\ 2, & (n\text{이 홀수일 때}) \end{cases}$$

◀ $(a^n + 1) - (a^n - 1) = 2$

5 양의 정수 $m > n$과 a에 대하여 다음을 증명하여라.

(1) $(a^{2^n} + 1) \mid (a^{2^m} - 1)$

(2) $\gcd(a^{2^n} + 1, a^{2^m} + 1) = \begin{cases} 1, & (n\text{이 짝수일 때}) \\ 2, & (n\text{이 홀수일 때}) \end{cases}$

6 부정방정식 $ax + by + cz = d$의 해 x, y, z가 존재할 필요충분조건은 $\gcd(a, b, c) \mid d$임을 증명하여라.

7 $\gcd(a, b) = 1$일 때, 다음을 증명하여라.

(1) $\gcd(2a + b, a + 2b)$는 1 또는 3이다.

(2) $\gcd(a + b, a^2 - ab + b^2)$은 1 또는 3이다.

(3) $\gcd(a + b, a^2 + b^2) = \begin{cases} 2, & (a, b\text{가 모두 홀수일 때}) \\ 1, & (\text{그 이외의 경우}) \end{cases}$

8 $\gcd(a, b) = 1$일 때, 임의의 양의 정수 n에 대하여

$\gcd\left(\dfrac{a^n - b^n}{a - b}, a - b\right) = \gcd(n, a - b)$임을 증명하여라.

◀ 03 연습문제 18 참조

04 연습문제

E·X·E·R·C·I·S·E·S

9 양의 정수 m, n과 정수 $a > 1$에 대하여

$$\gcd(a^{m-1}, a^{n-1}) = a^{\gcd(m, n)} - 1$$

을 증명하여라.

10 다음 부정방정식을 풀어라.

(1) $43x + 64y = 15$　　(2) $71x - 50y = 1$

(3) $243x + 198y = 9$　　(4) $93x - 81y = 3$

11 다음 부정방정식을 풀어라.

(1) $2x + 3y + 4z = 5$　　(2) $15x + 12y + 30z = 24$

12 부정방정식 $172x + 20y = 1000$, $x > 0$, $y > 0$의 해를 구하여라.

13 정수 c와 $\gcd(a, b) = 1$인 양의 정수 a, b에 대하여 $ax - by = c$를 만족하는 양의 정수의 쌍 x, y는 무수히 많음을 증명하여라.

14 $\gcd(a, b) = 1$인 양의 정수 a, b와 양의 정수 n에 대하여 $n \geq (a-1)(b-1)$일 때, $ax + by = n$을 만족하는 음이 아닌 정수 x, y가 존재함을 증명하여라.

05

소수

Prime Number

이 **중단원**에서 공부할 **내용**

- 소수의 판정
- 소수 존재의 무한성과 크기
- 특별한 꼴의 소수
- 소수의 분포

ENV *Number Theory*

대표문제

- 1231 이 소수인지 아닌지를 판정하여라.
- 소수는 유한 개일까 무수히 많을까 ? 무수히 많다면 그 이유를 어떻게 설명할까 ?
- 소수를 작은 것부터 차례로 나열할 때, n번 째 소수는 n과 어떤 관계에 있을까 ?
- 임의의 자연수 n에 대하여 $f(n)$이 소수인 함수 $f(x)$가 존재할까 ?
- 수직선 상에 소수를 표시할 때, 그 분포에는 어떤 규칙이 있을까 ?

이 중단원에서는 소수의 여러 가지 성질에 대하여 알아 본다.

1과 자기 자신만을 양의 약수로 가지는 자연수를 **소수**라고 하고 소수가 아닌 2이상의 자연수를 **합성수**라고 한다. 따라서

합성수란 자기 자신보다 작은 두 자연수의 곱으로 표현되는 수

이다.

◂ 素數 prime number
合成數 composite number

자연수 a의 약수 중 소수를 a의 **소인수**라고한다.

◂ 素因數 prime factor 또는 prime divisor

정리 5.1

1이 아닌 모든 자연수 n은 소인수를 가진다.

증명 n에 관한 귀납법으로 증명한다.
2는 소수이므로 자기 자신의 소인수이다.
$k < n$인 모든 자연수 k가 소인수를 가진다고 가정하자.
n이 소수라면 n은 자신의 소인수이다. n이 합성수라면

$$n = ab, \quad 1 < a \leq b < n$$

을 만족하는 자연수 a, b가 존재한다. 귀납법 가정에서 a는 소인수 p를 가진다. 이 때 p는 n의 소인수이다. 따라서 정리 5.1이 성립한다. ▌

◂ 소수는 2이상의 자연수

소수의 판정 (제곱근 판정법)

주어진 자연수가 소수인지 아닌지 어떻게 알 수 있을까? 소수가 아닐 경우 소인수를 어떻게 찾을 수 있을까? 자연수 n이 합성수라고 하면

$$n = ab, \quad 1 < a \leq b < n$$

인 자연수 a, b가 존재한다. 여기서 $a > \sqrt{n}$이라고 하면

$$n = ab > \sqrt{n}\sqrt{n} = n$$

과 같은 모순이 생긴다. 따라서 $a \leq \sqrt{n}$이다. a의 소인수는 n의 소인수이므로 임의의 합성수 n은 $\sqrt{n}$ 이하의 소인수를 가짐을 알 수 있다. 이로부터

$\sqrt{n}$ 이하의 소인수를 가지지 않는 자연수 n은 소수

라는 사실을 또한 알 수 있다. 소수를 판정하는 이 방법을 **제곱근 판정법**이라고 한다.

보기

103 이 소수인지 아닌지를 판정하여 보자.
$10 < \sqrt{103} < 11$ 이므로 103 이하의 소수는 이하의 소수 2, 3, 5, 7 이다.
2, 3, 5, 7 중 어느 것도 103 의 약수가 아니므로 103 은 소수이다.

참고 제곱근 판정법을 이용하여 주어진 자연수 이하의 모든 소수를 찾는 다음과 같은 방법이 있다.

에라토스테네스의 체 라고 하는 다음 방법으로 50이하의 소수를 모두 찾을 수 있다.
$\sqrt{50} = 7.071\cdots$ 이하의 소수는 2, 3, 5, 7이다. 따라서 50이하의 합성수는 2, 3, 5, 7이 아닌 2, 3, 5, 7의 배수이다. 아래 표에서 2이외의 2의 배수, 3이외의 3의 배수, 5이외의 5의 배수, 7이외의 7의 배수를 차례로 지워 나가면 50이하의 모든 소수

2, 3, 5, 7, 11, 13, 17,19, 23, 29, 31, 37, 41, 43, 47

이 남는다.

	2	3	~~4~~	5	~~6~~	7	~~8~~	~~9~~	~~10~~
11	~~12~~	13	~~14~~	~~15~~	~~16~~	17	~~18~~	19	~~20~~
~~21~~	~~22~~	23	~~24~~	~~25~~	~~26~~	~~27~~	~~28~~	29	~~30~~
31	~~32~~	~~33~~	~~34~~	~~35~~	~~36~~	37	~~38~~	~~39~~	~~40~~
41	~~42~~	43	~~44~~	~~45~~	~~46~~	47	~~48~~	~~49~~	~~50~~

◀ 이 방법은 고안자인 그리스의 수학자 에라토스테네스 (Eratosthenes, BC 276-194)의 이름을 따서 **에라토스테네스의 체**라고한다.

소수 존재의 무한성과 크기

소수는 유한 개일까 아니면 무수히 많은 소수가 있을까? 이 질문에 대한 답을 최초로 제시한 사람은 유클리드이다.

정리 5.2

소수는 무한히 많다.

증명 *유클리드의 증명* 소수가 유한 개로서 $p_1, p_2, \cdots, p_n$만이 존재한다고 가정하자. $N = p_1 p_2 \cdots p_n + 1$로 두면 N은 2 이상의 자연수이므로 소인수 p를 가진다. 이 때, $p \mid N$이다. 한편 $p \in \{p_1, p_2, \cdots, p_n\}$이므로 $p \mid p_1 p_2 \cdots p_n$이다. 그러므로 $p \mid (N - p_1 p_2 \cdots p_n)$, 즉, $p \mid 1$이다. 이는 p가 소수라는 사실에 위배된다. ∎

참고

- 소수를 크기 순으로 나열한 수열

$$2, 3, 5, 7, 11, 13, \cdots$$

의 제 n 항, 즉, n번 째 소수를 p_n이라 하고,

$$q_n = p_1 p_2 \cdots p_n + 1, \ (n = 1, 2, \cdots)$$

이라 할 때, $q_1, q_2, \cdots$ 이 모두 소수인 것은 아니다.

n	1	2	3	4	5	6
p_n	2	3	5	7	11	13
q_n	3	7	31	211	2311	30031

$q_1 = 3, q_2 = 7, q_3 = 31, q_4 = 211, q_5 = 2311$은 소수이지만

$$q_6 = 30031 = 59 \cdot 509$$

는 소수가 아니다.

- n이하의 소수의 개수를 $\pi(n)$이라고 할 때,

$$\lim_{n \to \infty} \frac{\pi(n)}{n / \log n} = 1$$

이 성립함이 알려져 있다. 이 사실은 1792년에 가우스(Gauss, 독일)가 15세 때 추측했으며, 1896년 에 아다마르(Hadamard, 프랑스)와 푸신(Poussin, 벨기에)이 독립적으로 동시에 증명하였다.

이 사실로 부터 소수는 무한히 많음을 알 수 있다.

◀ $\lim_{n \to \infty} \frac{n}{\log n} = \infty$

◆ n 번 째 소수를 p_n이라 할 때, p_n은 어느 정도까지 커질 수 있을까? 다음에 p_n의 상계 에 대하여 알아 보자.

◀ 上界 upper bound

정리 5.3

n 번째 소수를 p_n이라 하면, $p_n \le 2^{2^{n-1}}$이다.

증명 먼저

$$p_{n+1} \le p_1 p_2 \cdots p_n + 1 \cdots\cdots ①$$

을 보인다. $N = p_1 p_2 \cdots p_n + 1$의 한 소인수를 q라고 하면

$$q \ne p_i, \ \forall i = 1, 2, \cdots, n$$

◀ $p_1, p_2, \cdots, p_n$중 어느 것도 N의 소인수가 아니다.

이므로 $q \in \{p_{n+1}, p_{n+2}, \cdots\}$이다. 그러므로 $p_{n+1} \le q \le N$이고 따라서 ①이성립한다.

이제 수학적 귀납법을 이용하여 정리의 부등식을 증명한다.

$$p_1 = 2 = 2^1 = 2^{2^0} = 2^{2^{1-1}}$$

이다. 모든 $k \le n$에 대하여 부등식 $p_k \le 2^{2^{k-1}}$이 성립한다고 하면,

$$\begin{aligned} p_{n+1} &\le p_1 p_2 \cdots p_n + 1 \\ &\le 2^{2^0} \cdot 2^{2^1} \cdot \cdots \cdot 2^{2^{n-1}} + 1 \\ &\le 2^{2^0 + 2^1 + \cdots + 2^{n-1}} + 1 \\ &\le 2^{2^n - 1} + 1 < 2^{2^n} \end{aligned}$$

이므로 증명이 완료되었다. ▌

◀ $1 + 2 + 2^2 + \cdots + 2^{n-1} = 2^n - 1$

$$\begin{aligned} 2^{2^n-1} + 1 &< 2^{2^n-1} + 2^{2^n-1} \\ &= 2 \cdot 2^{2^n-1} \\ &= 2^{(2^n-1)+1} \\ &= 2^{2^n} \end{aligned}$$

정리 5.3으로부터 2^{2^n}보다 작은 소수가 최소한 $n+1$개 존재함을 알 수 있다. (따라서 소수는 무한히 많다.)

◀ 소수 존재의 무한성에 대한 또 다른 증명

◆ 실제로 **버트란드의 가설** 이라고 하는 다음 사실이 성립한다.

각 자연수 $n > 1$에 대하여, $n < p < 2n$인 소수 p가 존재한다.

◀ Bertrand's postulate
버트란드의 가설은 버트란드(Bertrand)가 증명 없이 주장하였고(1845), 후에(1852) 체비세프(Tchebychev)가 증명하였다. 증명은 어려워서 여기서는 생략한다.

버트란드의 가설에 의하면, 임의의 자연수 $n > 1$ 에 대하여

$$p_n < 2^n$$

이 성립한다.

∵ $p_2 = 3 < 2^2$이다. $n > 2$에 대하여 $p_n < 2^n$을 가정한다. 버트란드의 가설에 의하여 $p_n < p < 2p_n$ 인 소수 p가 존재한다. 이 때,

$$p_n < p < 2p_n = 2 \cdot 2^n = 2^{n+1}$$

$$\therefore p_{n+1} < 2^{n+1} \quad ∎$$

특별한 꼴의 소수

모든 소수를 생성하는 함수가 존재할까? 아니면 소수만 생성하는 함수가 존재할까? 소수만 생성하는 함수를 **소수 생성 함수**라고 한다.

오른쪽 표에서 알 수 있듯이 함수

$$f(n) = n^2 + n + 41$$

에 대하여 $f(0), f(1), f(2), \cdots, f(11)$은 모두 소수이다. 여기서 $f(n)$이 소수 생성 함수처럼 보이지만 $f(n) = n(n+1) + 41$ 이므로

$$f(40) = 40 \cdot 41 + 41 = 41^2$$

$$f(41) = 41 \cdot 42 + 41 = 41 \cdot 43$$

이고, 따라서 $f(n)$은 소수 생성 함수가 아니다.

$f(n) = n^2 + n + 41$

n	$f(n)$	n	$f(n)$
0	41	6	83
1	43	7	97
2	47	8	113
3	53	9	131
4	61	10	151
5	71	11	173

실제로, **상수 함수가 아닌 어떤 다항 함수도 소수 생성 함수가 될 수 없다.**

∵ 만약 $f(n) = \sum_{i=0}^{k} a_i x^i$, $(a_k \neq 0, k > 0)$, 이 소수 생성 함수라고 하면 $p = f(1)$이 소수이다. $x \in \mathbf{Z}$에 대하여

$$f(1+xp) = f(1) + pQ(x) = p + pQ(x) = p(1 + Q(x))$$

이므로 $p \mid f(1+xp)$, $(\forall x \in \mathbf{Z})$이다. $f(1+xp)$가 소수이므로 $p = f(1+xp)$, $(\forall x \in \mathbf{Z})$이고, 이 것은 $f(n)$이 상수함수일 때만 가능하다.

그러나, 구체적으로 그 것이 무엇인지는 모르지만, **소수 생성 함수가 존재한다**는 사실은 알려져 있다.

◀ 모든 자연수 n에 대하여

$$f(n) = [r^{3^n}]$$

이 소수인 자연수 r이 존재한다. (Mills, 1947)

◇ $f(n)=n^2+n+41$ 이 소수 생성 함수는 아니지만 n^2+n+41 꼴의 소수는 존재한다. 이제 특별한 함수 꼴의 소수에 대하여 알아보자.

■ ***an + b* 꼴의 소수**

각 자연수는 $4n$, $4n+1$, $4n+2$, $4n+3$ 중 하나의 꼴을 하고 있다. 이 중 소수가 가질 수 있는 꼴은 $4n+1$, $4n+3$ 중 하나이다. $4n+1$ 꼴의 수끼리의 곱은 $4n+1$ 꼴이다.

◂ $(4n+1)(4m+1)$
$=4(4mn+m+n)+1$

정리 5.4

$4n+3$ 꼴의 소수는 무수히 많다.

◂ $4n+1$ 꼴의 소수도 무수히 많이 존재한다. 그 증명은 제 13 중단원 끝 부분에서 다시 다룬다.

증명 $4n+3$ 꼴의 소수가 유한개로서 $q_1, q_2, \cdots, q_r$ 뿐이라고 하자.

$$N=4q_1q_2\cdots p_r-1$$

로 두면

(i) N은 $4n+3$ 꼴이다.

◂ N은 (4 의 배수) − 1 의 꼴

(ii) 「$q_j \nmid N$, $\forall j$」이므로 N은 $4n+3$ 꼴의 소인수를 가지지 않는다. N의 소인수는 모두 $4n+1$ 꼴이다. N의 소인수분해를

$$N=p_1p_2\cdots p_k$$

라 하면 N은 $4n+1$ 꼴의 수의 곱이므로 $4n+1$ 꼴이다.

◂ $4n+1$ 꼴의 수끼리의 곱은 $4n+1$ 꼴

(i), (ii)는 서로 모순이므로 정리가 성립한다. ▌

$an+b$ 꼴의 수가 소수이기 위해서는 $\gcd(a, b)=1$ 이어야 한다. 일반적으로 다음 정리가 성립한다.

정리 5.5 (디리클레)

서로 소인 자연수 a, b에 대하여, $4a+b$ 꼴의 소수는 무수히 많다.

◂ 이 정리의 증명은 이 책에서 다루기에는 너무 어려우므로 생략한다.
Dirichlet (1805-1859)
독일 수학자

보기

$\gcd(1000, 999)=1$ 이므로 $1000n+99$ 꼴의 소수는 무수히 많다. 예를 들어 1999, 100999, 1000999 는 소수이다.

◂ $10999=17\cdot 647$

■ $2^n - 1$ 꼴의 소수 : 메르센 소수

$$M_n = 2^n - 1, \quad (n \geq 1)$$

꼴의 수를 **메르센 수**라고 하고 소수인 메르센 수를 **메르센 소수**라고 한다. 아를테면 $2^4 - 1 = 15$는 메르센 수이고 $2^3 - 1 = 7$은 메르센 소수이다. 메르센 소수의 성질에 대하여 알아 보자. 이 논의 및 다른 곳에서 다음 보조정리가 활용된다.

◂ Mersenne number
Mersenne prime
메르센 (Mersenne, 1588-1648)은 프랑스 수도사

n	M_n
1	1
2	3
3	7
4	15
5	31
6	63
7	127

보조정리 5.6

$n \geq k$인 자연수 k, n에 대하여,

$$k \mid n \Rightarrow (2^k - 1) \mid (2^n - 1)$$

증명 $\frac{n}{k} = q$라 하면, $n = kq$이다. $q = 1$일 때는 명백히 보조정리가 성립한다. $q > 1$일 때,

$$x^q - 1 = (x-1)(x^{q-1} + x^{q-2} + \cdots + x + 1).$$

이 등식에 $x = 2^k$을 대입하면

$$2^{kq} - 1 = (2^k - 1)(2^{k(q-1)} + 2^{k(q-2)} + \cdots + 2^k + 1)$$

이므로 $(2^k - 1) \mid (2^n - 1)$이다. ▌

정리 5.7

메르센 수 $M_n = 2^n - 1$이 소수이면, n도 소수이다.

증명 n이 합성수이면 $k \mid n,\ 1 < k < n$인 자연수 k가 존재한다. 보조정리 5.6에 의하여 $M_k \mid M_n$이다. $1 < k < n$이므로 $1 < M_k < M_n$이고, 따라서 M_n은 합성수이다. ▌

$M_{11} = 2^{11} - 1 = 23 \cdot 89$이므로 정리 5.7의 역은 성립하지 않는다.

메르센 수소가 무수히 많은지 아닌지를 밝히는 것은 아직도 미해결 문제로 남아 있다.

◂ 2012.2 현재까지 발견된 메르센 소수는 50개 미만이다.

정리 5.8

자연수 m, n에 대하여, $\gcd(M_m, M_n) = M_{\gcd(m,n)}$이다.

증명 $m \geq n$이라고 가정해도 좋다.
$m = n$ 또는 $n = 1$ 때는 명백하므로, $m > n > 1$이라고 가정한다.

(i) $m = nq$일 때 : $\gcd(m, n) = n$이다. 보조정리 5.6에 의하여 $M_n \mid M_m$이므로 $\gcd(M_m, M_n) = M_n = M_{\gcd(m,n)}$이다.

(ii) $m = nq + r$, $(0 < r < n)$, 일 때 :

$$2^m - 1 = 2^{nq}2^r - 1 = 2^{nq}2^r - 2^r + 2^r - 1 = (2^{nq} - 1)2^r + 2^r - 1$$

보조정리 5.6에 의하여 $2^{nq} - 1$은 $2^n - 1$의 배수이므로, $(2^{nq} - 1)2^r$도 $2^n - 1$의 배수이다. 그러므로 어떤 자연수 b가 존재하여

$$2^m - 1 = (2^n - 1)b + 2^r - 1,\ 즉,\ M_m = M_n b + M_r$$

이다. 따라서

$$\gcd(M_m, M_n) = \gcd(M_n, M_r) \quad \cdots\cdots \text{①}$$

이다. 이제 $k_0 = m$, $k_1 = n$로 두고

$$\begin{aligned} k_0 &= k_1 q_1 + k_2, & 0 < k_2 < k_1 \\ k_1 &= k_2 q_2 + k_3, & 0 < k_3 < k_2 \\ &\vdots \\ k_{s-2} &= k_{s-1} k_{s-1} + k_s, & 0 < k_s < k_{s-1} \\ k_{s-1} &= k_s q_s \end{aligned}$$

◀ 유클리드 알고리즘

라고 하면 $\gcd(m, n) = k_s$이다. ①을 반복 적용하면

$$\begin{aligned} \gcd(M_m, M_n) &= \gcd(M_{k_0}, M_{k_1}) = \gcd(M_{k_1}, M_{k_2}) = \cdots \\ &= \gcd(M_{k_{s-1}}, M_{k_s}) \underset{㉮}{=} M_{k_s} = M_{\gcd(m,n)} \quad \blacksquare \end{aligned}$$

◀ ㉮ : (i)에 의함

자연수 m, n에 대하여, $\gcd(m, n) = g$라고 하면

$$\gcd(M_m, M_n) = M_g = 2^g - 1$$

이다. $2^g - 1 = 1 \Leftrightarrow g = 1$이므로

$$\gcd(M_m, M_n) = 1 \Leftrightarrow \gcd(m, n) = 1$$

임을 알 수 있다.

■ 2^m+1 꼴의 소수 : 페르마 소수

2^m+1 이 소수이면 m은 2의 거듭제곱이다.

∵ m을 $m=2^n k$, (k는 홀수), 와 같이 나타낼 수 있다. 이 때,

$$2^m+1 = 2^{2^n k}+1 = (2^{2^n}+1)(2^{2^n(k-1)} - 2^{n(k-2)} + \cdots - 2^{2^n}+1)$$

여기서 $2^{2^n}+1>1$이다. 따라서 2^m+1이 소수일 때 $2^m+1=2^{2^n}+1$이어야 한다. 이 때, $m=2^n$이다. ▮

$$F_n = 2^{2^n}+1, \quad (n \geq 0)$$

꼴의 수를 **페르마 수**라고 하고 소수인 페르마 수를 **페르마 소수**라고 한다. 오른쪽 표에서 나타나듯이 $n=0, 1, 2, 3, 4$ 일 때는 F_n이 소수이다. 그러나

$$F_5 = 2^{32}+1 = 641 \cdot 6700417$$

는 소수가 아니다.

◂ Fermat number
Fermat prime

n	F_n
0	3
1	5
2	17
3	257
4	65537
5	$2^{32}+1$

2011년까지 발견된 페르마 소수는 F_0, F_1, F_2, F_3, F_4 밖에 없다.

◇ 모든 페르마 수는 다음 점화식으로도 구할 수 있다.

$$F_n = F_0 F_1 \cdots F_{n-1}+2, \quad (n \geq 1) \quad \cdots\cdots ①$$

∵ $F_1=5, F_0=3$이므로 $n=1$일 때 ①이 성립한다.
$n=k$일 때, ①이 성립한다고 하면,

$$F_0 F_1 \cdots F_{k-1} F_k = (F_k-2)F_k = (2^{2^k}-1)(2^{2^k}+1) = 2^{2^{k+1}}-1 = F_{k+1}-2$$

따라서 ①은 모든 자연수 n에 대하여 성립한다. ▮

참고 **작도 가능한 도형** 컴퍼스와 눈금 없는 자만을 사용하여 작도할 수 있는 도형을 작도 가능한 도형이라고 한다. 정 n각형이 작도 가능하면 n은 페르마 소수들과 2의 거듭제곱의 곱으로 표현되는 수라는 사실이 알려져 있다.(그 역이 성립하는 것은 아니다.) 따라서 페르마 소수가 유한하다면 작도가능한 도형도 유한하다.

◂ 가우스는 19세 대 세 때 정 17각형을 작도 하였다. 그는 자기의 묘비에 정 17각형을 새겨 달라고 유언하였으나 괴팅겐에 있는 그의 묘의 묘비에는 새겨져 있지 않고 브런스윅(그의 출생지)의 박물관 기념비에는 새겨져 있다.

정리 5.9 (골드바흐)

자연수 m, n에 대하여, $m \neq n \Rightarrow \gcd(F_m, F_n) = 1$

◀ C. Goldbach (1690-1764) 독일 수학자

증명 $m < n$이라 하고 $\gcd(F_m, F_n) = g$라고 하면,

$g \mid F_m$, $g \mid F_n$

$g \mid F_m \Rightarrow g \mid F_0 F_1 \cdots F_m \cdots F_{n-1} \Rightarrow g \mid (F_n - 2)$

◀ 앞 쪽의 점화식 ①

따라서 $g \mid (F_n - (F_n - 2))$, 즉, $g \mid 2$이다. 그러므로 $g = 1$ 또는 $g = 2$
모든 페르마 수는 홀수이므로 $g \neq 2$이다. 따라서 $g = 1$이다.

◀ g는 홀수 F_n의 약수

다른증명 페르마 수는 홀수이므로 g는 홀수이다.
$x = 2^{2^m}$, $k = 2^{n-m}$으로 두면

$$\frac{F_n - 2}{F_m} = \frac{(2^{2^m})^{2^{n-m}} - 1}{2^{2^m} + 1} = \frac{x^k - 1}{x + 1} = x^{k-1} - x^{k-2} + \cdots - 1$$

이므로 $F_m \mid (F_n - 2)$이다. $g \mid F_m$이고 $F_m \mid F_n$이므로 $g \mid F_n$이다. 따라서 $g \mid (F_n - (F_n - 2))$ 이다. 이하는 앞의 증명과 같다. ▌

F_n, $(n = 0, 1, 2, \cdots)$, 의 소인수 q_n을 하나씩 잡으면 정리 5.9에 의하여 $\{q_0, q_1, q_2, \cdots\}$은 무한집합이다. 따라서 소수는 무한히 많다.

◀ 소수 존재의 무한성에 대한 또 다른 증명

$q_n \leq F_n = 2^{2^n} + 1$이고 F_5는 소수가 아니므로 $n > 5$일 때 n번 째 소수 p_n은 $p_n \leq 2^{2^n}$을 만족한다.

소수의 분포

소수는 무한히 많다. 그런데 그 분포는 미스테리이다. 소수의 분포에 대하여 알아 보자.

차가 2인 한 쌍의 소수를 **쌍둥이 소수**라고 한다. 이를테면 5와 7, 11과 13이 쌍둥이 소수이다.

◀ 쌍둥이 소수 twin primes
쌍둥이 소수가 무한히 많은지는 아직 밝혀지지 않은 가운데 2011 년 12 월에 200700 자리의 쌍둥이 소수 $3756801695685 \cdot 2^{666669} \pm 1$이 발견되었다.

■ 인접한 두 소수의 차는 얼마나 작을 수 있으며 얼마나 클 수 있을까? 가장 작을 때는 쌍둥이 소수일 경우이다. 그러나 가장 큰 경우는 없다.

∵ 임의의 자연수 n에 대하여

$$(n+1)!+2,\ (n+1)!+3,\ \cdots,\ (n+1)!+(n+1)$$

은 n개의 연속된 합성수이다. ▮

◀ $2 \le k \le (n+1)$일 때, $(n+1)!+k$는 k의 배수

■ 모든 항이 소수인 등차 수열은 존재하지 않는다.

◀ 수열은 무한수열을 뜻한다.

∵ 등차수열 $p, p+d, p+2d, \cdots$ 의 각 항이 소수라고 하자. 먼저 첫째 항 p는 소수이다. $n_k = kp, (k=1, 2, \cdots)$, 이라고 할 때, 이 수열의 제 n_k+1항은 $p+n_kd = p+kpd = p(1+kd)$로서 합성수이다. ▮

그렇다면, 어떤 자연수 n에 대하여 항수 n인 모든 항이 소수인 유한 등차수열이 존재할까? $n=3$ 일 때는 3, 5, 7 이 그러한 수열 중 하나이다. 이 문제에 대해서는 아직 답이 없는 가운데, 알려진 가장 긴 수열로는 항수 22 인 것이 있다. 이에 대한 증명은 다음 사실에 바탕을 둔다.

■ 항수 n인 등차수열

$$p, p+d, p+2d, \cdots, p+(n-1)d$$

의 모든 항이 소수이면 임의의 소수 $q<n$에 대하여 $q \mid n$이다.

∵ 우선 $p \ge n$이다. ($p<n$이면 합성수 $p+pd$는 수열의 한 항이므로) $q<n$, $q \nmid n$인 소수 q가 존재한다고 하자. 이 때 수열의 첫 q개의 항

$$p, p+d, p+2d, \cdots, p+(q-1)d$$

을 q로 나눈 나머지는 모두 다르다. 왜냐하면 $0 \le i < j \le q-1$인 i, j에 대하여 $p+id, p+jd$를 q로 나눈 나머지가 같다고 하면 $q \mid (j-i)d$이다. $q \nmid d$이므로 $q \mid (j-i)$이다. 그런데 $1 \le j-i \le q-1$이므로 이는 불가능하다.

그러므로 그 나머지 중 하나는 0이고, 따라서 어떤 $k, (1 \le k < q)$에 대하여 $q \mid (p+kd)$ 이다. $q<n \le p<p+kd$ 이므로 $p+kd$는 합성수이고, 이는 주어진 수열의 항이 모두 소수는 사실에 위배된다. ▮

연습문제 05

EXERCISES

1 다음 수가 소수인지 합성수인지를 판정하여라.

(1) 311 (2) 361 (3) 1111 (4) 2267

2 $3k+1$ 꼴의 소수는 $6k+1$ 꼴임을 증명하여라.

3 $6k+5$ 꼴의 소수는 무수히 많음을 증명하여라.

4 완전제곱수 보다 2만큼 작은 소수 $p>2$는 $8k+7$ 꼴임을 증명하여라.

5 「임의의 양의 정수는 n^2+p, (단, p는 1 또는 소수)꼴로 표현될 수 있다.」라는 추측이 있다. 이 추측을 증명 또는 반증하여라.

6 $p \neq 2, 5$가 소수일 때, p^2-1, p^2+1 둘 중 하나는 10의 배수임을 증명하여라.

7 $6k+3$ 꼴이 아닌 양의 정수 n에 대하여, n^2+2^n은 합성수임을 증명하여라.

8 애러토스테네스의 체를 이용하여 2093의 소인수를 구하여라.

9 모든 자리의 숫자가 1인 n자리의 자연수를 R_n으로 나타낼 때, 다음을 증명하여라.

(1) R_n이 소수일 때, n은 소수이다.

(2) $n \mid m$일 때, $R_n \mid R_m$이다.

(3) $\gcd(R_m, R_n) \mid R_{m+n}$

(4) $\gcd(m, n)=1$일 때, $\gcd(R_m, R_n)=1$이다.

10 문제 9를 이용하여 R_{10}을 소인수분해 하여라.

05 연습문제

E·X·E·R·C·I·S·E·S

11 양의 정수 $n>1$의 최소의 소인수 p가 $\sqrt[3]{n}$보다 크다고 할 때, $\frac{n}{p}$은 1 또는 소수임을 증명하여라.

12 $Q_n = n!+1$을 이용하여 각 양의 정수 n에 대하여 n보다 큰 소수가 존재함을 증명하여라.

13 양의 정수 $n>2$에 대하여 $n<p<n!$을 만족하는 소수 p가 존재함을 증명하여라.

14 p_n을 n번 째 소수라고 할 때, 다음을 증명하여라.

(1) $P_n = p_1 p_2 \cdots p_n + 1$이라고 할 때, $P_1, P_2, \cdots$ 중 어느 것도 어떤 정수의 제곱이 될 수 없다.

◀ P_n은 $4k+3$ 꼴

(2) 소수가 유한개 $p_1, p_2, \cdots, p_n$뿐이라고 가정하고 $N = p_1 + p_2 p_3 \cdots p_n$을 이용하여 모순을 도출하여라.

15 임의의 양의 정수 k에 대하여 수열

$$a+b,\ a+2b,\ a+3b,\ \cdots$$

에는 합성수로 된 연속된 k개의 항이 있음을 증명하여라.

◀ 첫 k개의 항의 곱을 n이라 하고 $n+1$번째 항부터 연이은 k개의 항을 관찰한다.

16 임의의 양의 짝수는 (소수 + 소수) 또는 (소수 + 1) 꼴로 표현된다는 것은 골드바흐의 예상이다. 다음 각 수는 골드바흐의 예상을 만족함을 보여라.

(1) 50 (2) 98 (3) 102 (4) 144

06

소인수분해

Prime Factorization

이 중단원에서 공부할 내용

- 산술의 기본정리 (소인수분해의 존재성과 유일성)
- 약수의 개수와 약수의 합
- 완전수

ENV *Number Theory*

대표문제

- $6=2\cdot 3$, $30=2\cdot 3\cdot 5$ 와같이 6, 30은 소수의 곱으로 표현된다. 그렇다면 임의의 자연수도 소수의 곱으로 표시될까? 된다면 그 표현은 유일할까?
- 자연수 x, y에 대하여 xy의 약수와 x의 약수 y의 약수 사이의 관계는 무엇인가?
- 6보다 작은 6의 약수 전체의 합은 6이다. 이러한 성질을 갖는 수의 특징은 무엇일까?

산술의 기본정리

양의 정수 30은

$$2\cdot3\cdot5,\quad 2\cdot5\cdot3,\quad 3\cdot2\cdot5,\quad 3\cdot5\cdot2,\quad 5\cdot2\cdot3,\quad 5\cdot3\cdot2$$

와 같이 소인수들의 곱으로 표현된다. 이들 각각은 $2\cdot3\cdot5$에서 곱하는 순서를 바꿔 놓은 것에 불과하므로 같은 것이다. 그렇다면 임의의 양의 정수도 소인수의 곱으로 표현될 수 있을 까? 있다면 그 표현 방법은, 곱하는 순서를 무시한다면, 한 가지 밖에 없을까? 그렇다. 그러나 이 쉬운 질문에 대한 답은 그리 단순하지 않다.이 중단원의 첫 번째 논의에서는 임의의 자연수는 소수들의 곱으로 유일하게 표현된다고 하는 산술의 기본정리에 대하여 알아 본다.

정리 6.1

임의의 양의 정수 $n>1$은 소수의 곱

$$n=p_1p_2\cdots p_r,\ (p_1,p_2,\cdots,p_r\text{은 소수})$$

으로 표현된다. (여기서 $r=1$일 수 있다.)

증명 소수들의 곱으로 표현되지 않는 양의 정수가 존재한다고 하고, 그러한 수 전체의 집합을 S라고 하면, $S\neq\varnothing$이므로 S는 최소원 n을 가진다. 소수는 S에 속하지 않으므로 n은 합성수이다. 따라서 $1<a$, $b<n$인 정수 a,b가 존재하여

$$n=ab$$

이다. n의 최소성에 의하여 $a,b\notin S$이므로 a,b는 각각

$$a=q_1q_2\cdots q_t,\quad b=r_1r_2\cdots r_s$$

와 같이 소수의 곱으로 표현된다다. 이 때

$$n=q_1q_2\cdots q_tr_1r_2\cdots r_s$$

이고, 이것이 n이 S에 속한다는 사실에 위배된다. ▌

정리 6.1의

$$n=p_1p_2\cdots p_r,\ (p_1,p_2,\cdots,p_r\text{은 소수})$$

와 같이 양의 정수 n을 소수의 곱으로 나타낸 것을 n의 **소인수분해** 라고 한다. 이제 각 양의 정수의 소인수분해는 한가지 뿐이라는 사실에 대하여 알아 본다.

◀ 素因數分解
prime factorization

보조정리 6.2

정수 a, b와 소수 p에 대하여

$$p \mid ab \Rightarrow p \mid a \text{ 또는 } p \mid b$$

증명 p가 소수이므로 $p \nmid a$이면 $\gcd(p, a) = 1$이다.
$p \mid ab$이고 $\gcd(p, a) = 1$이면, 유클리드 Lemma (따름정리 3.9)에 의하여 $p \mid b$이다. ▌

따름정리 6.3

양의 정수 $a_1, a_2, \cdots, a_r$과 소수 p에 대하여 $p \mid a_1 a_2 \cdots a_r$이면 어떤 i에 대하여 $p \mid a_i$이다.

증명 $p \mid a_1(a_2 \cdots a_r)$이므로 보조정리 6.2에 의하여

$$p \mid a_1 \text{ 또는 } p \mid a_2 \cdots a_r$$

이다. $p \mid a_2 \cdots a_r$이면, r에 관한 귀납법에 의하여, $p \mid a_i$인 어떤 $i \in \{2, 3, \cdots, r\}$가 존재하고, 따름정리가 증명되었다. ▌

산술의 기본정리란 임의의 양의 정수 $n > 1$은 유일한 소인수분해를 가진다는 것이다. n의 소인수분해

$$n = p_1 p_2 \cdots p_r, (p_1 \le p_2 \le \cdots \le p_r \text{은 소수})$$
$$n = q_1 q_2 \cdots q_s, (q_1 \le q_2 \le \cdots \le q_s \text{은 소수})$$

가 서로 같다는 것은

(i) $r = s$,

(ii) $p_i = q_i$, $\forall\, i = 1, 2, \cdots, r$

임을 뜻한다.

◀ 算術의 基本定理 Fundamental theorem of arithmetic

이제 산술의 기본정리를 증명한다. 존재성은 정리 6.1에서 증명되었으므로 유일성만 증명하면 충분하다.

정리 6.4

임의의 양의 정수 $n>1$ 의 소인수분해는 유일하다.

증명 2 개의 서로 다른 소인수분해

$$n=p_1p_2\cdots p_r, \quad n=q_1q_2\cdots q_s$$

를 가지는 양의 정수 $n>1$ 이 있다고 하면

$$p_1p_2\cdots p_r=q_1q_2\cdots q_s \quad \cdots\cdots\cdots ①$$

이다. 양변에서 같은 소인수를 모두 소거함으로써 ①에서

$$\{p_1,p_2,\cdots,p_r\}\cap\{q_1,q_2,\cdots,q_s\}=\varnothing, \quad r,s>1$$

이라고 가정할 수 있다. 그러나 이것은 불가능하다. 왜냐하면 ①에서 $p_1 \mid q_1q_2\cdots q_s$ 이므로 따름정리 6.3 에 의하여 $p_1 \mid q_j$ 인 j 가 존재하고, 이 때 $p_1=q_j$ 이다.

제 2 증명 정리가 성립하지 않는다고 하고 n 이 서로 다른 소인수분해

$$n=p_1p_2\cdots p_r, \quad n=q_1q_2\cdots q_s$$

를 가지는 최소의 수라고 하자. 명백히 $r,s>1$ 이다. 어떤 i,j 에 대하여 $p_i=q_j$ 라면 ①의 양변을 p_i 로 나눔으로써 $\frac{n}{p_i}$ 의 서로 다른 소인수분해를 얻을 수 있고 이는 n 의 선택에 위배된다. 따라서

$$\{p_1,p_2,\cdots,p_r\}\cap\{q_1,q_2,\cdots,q_s\}=\varnothing \quad \cdots\cdots\cdots ②$$

이고, 그러므로 $p_1<q_1$ 이라고 가정해도 좋다.

$$N=(q_1-p_1)q_2\cdots q_s$$

라고 하면 $N<n$ 이므로 N 의 소인수분해는 유일하다.

$$(q_1-p_1)q_2\cdots q_s=p_1(p_2\cdots p_r-q_2\cdots q_s)$$

이므로 N 의 소인수분해의 유일성에 의하여

$$p_1 \mid (q_1-p_1) \text{ 또는 } p_1\in\{q_2,\cdots,q_s\}$$

이어야 한다. 그러나 이는 ②에 위배된다. ∎

◀ 제 2 증명은 다른 정리를 사용하지 않은 독립적인 증명이다.

◀ $$\begin{aligned}&(q_1-p_1)q_2\cdots q_s\\&=q_1q_2\cdots q_s-p_1q_2\cdots q_s\\&=p_1p_2\cdots p_r-p_1q_2\cdots q_s\\&=p_1(p_2\cdots p_r-q_2\cdots q_s)\end{aligned}$$

소인수분해에서 같은 소인수의 곱을 거듭제곱으로 나타내면 2 이상의 임의의 자연수 n 의 소인수분해는 다음과 같은 유일한 **표준형**으로 나타낼 수 있다.

$$n=p_1^{e_1}p_2^{e_2}\cdots p_r^{e_r}$$
$$(p_1<p_2<\cdots<p_r \text{은 소수}, e_1,e_2,\cdots,e_r \text{은 자연수})$$

◀ 標準形 canonical form

참고 양의 짝수 전체의 집합 E는 덧셈과 곱셈에 관하여 닫혀 있다. 모든 수를 E의 범위 내에서만 생각한다고 하자. 이 때, $8 = 2 \cdot 4$는 "합성수"이다. 그러나 10은 두 "수"의 곱이 될 수 없으므로 "소수"이다. E에서 $2, 6, 10, 14 \cdots$ 은 "소수"이고, $4, 8, 12 \cdots$ 은 "합성수"이다.
60은 $60 = 2 \cdot 30 = 6 \cdot 10$과 같이 서로 다른 소인수분해를 가진다.
그러므로 E에서는 산술의 기본정리가 성립하지 않는다.

소인수분해의 응용

소수 p와 양의 정수 n에 대하여

$$p^r \mid n, \quad p^{r+1} \nmid n$$

일 때, p^r를 n의 **p 성분**이라고 한다. 이를테면 12의 2성분은 2^2이고, 5성분은 $5^0 = 1$이다. 일반적으로 $p \nmid n$일 때 n의 p성분은 $p^0 = 1$이다. 또 n의 p성분이 p^r일 때, $n = p^r a$라고 하면 $p \nmid a$이다.
이에 관하여, 산술의 기본정리로 부터, 다음이 성립함을 알 수 있다.

◀ p component

- 양의 정수 n의 서로 다른 모든 소인수를 $p_1, p_2, \cdots, p_r$이라 하고 n의 p_i성분을 $p_i^{e_i}$ 라고 하면 $n = p_1^{e_1} p_2^{e_2} \cdots p_r^{e_r}$이다.
- 양의 정수 m, n이 서로 같을 필요충분조건은 임의의 소수 p에 대하여 m의 p성분이 n의 p성분과 같을 것이다.

양의 정수 n의 p성분 p^r의 지수 r을

$$\varepsilon_p(n)$$

으로 나타낸다. 이를테면 $360 = 2^3 \cdot 3^2 \cdot 5$이므로

$$\varepsilon_2(360) = 3, \quad \varepsilon_3(360) = 2, \quad \varepsilon_5(360) = 1$$

이고, 2, 3, 5 이외의 임의의 소수 p에 대해서는 $\varepsilon_p(360) = 0$이다.
$\varepsilon_p(n)$에 대하여 다음 정리가 성립함은 명백하다.

정리 6.5

m, n이 양의 정수일 때, 임의의 소수 p에 대하여

$$\varepsilon_p(mn) = \varepsilon_p(m) + \varepsilon_p(n)$$

예제 6.6

다음 등식이 성립함을 보여라.

$$\varepsilon_2(20!) = \left[\frac{20}{2}\right] + \left[\frac{20}{2^2}\right] + \left[\frac{20}{2^3}\right] + \cdots$$

풀이 다음 표와 같이 20 이하의 자연수를 일렬로 배열하고 그러한 각 자연수 k 의 아래에 $\varepsilon_2(k)$개의 점을 찍는다.

	1	2	3	4	5	6	7	8	9	10	11	12	13	14	15	16	17	18	19	20
1행		●		●		●		●		●		●		●		●		●		●
2행				●				●				●				●				●
3행								●								●				
4행																●				

◀ $2^5 > 20$ 이므로 20 이하의 자연수 중 2 성분이 2^4을 넘는 수는 없다.

이 표에 찍힌 점의 개수를 P 라고 하면, 정리 6.5 에 의하여

$$P = \varepsilon_2(1) + \varepsilon_2(2) + \cdots + \varepsilon_2(20) \underset{\text{㉮}}{=} \varepsilon_2(20!).$$

◀ ㉮ : 정리 6.5

제 i 행에 있는 점의 개수를 a_i 라고 하면 a_i는 20 이하의 자연수 중 2^i 의 배수의 개수이므로 $a_i = \left[\frac{20}{2^i}\right]$이다.

$$P = a_1 + a_2 + a_3 + a_4$$

이므로

$$\varepsilon_2(20!) = \left[\frac{20}{2}\right] + \left[\frac{20}{2^2}\right] + \left[\frac{20}{2^3}\right] + \left[\frac{20}{2^4}\right]$$

$i > 4$ 일 때, $\left[\frac{20}{2^i}\right] = 0$ 이므로

$$\left[\frac{20}{2}\right] + \left[\frac{20}{2^2}\right] + \left[\frac{20}{2^3}\right] + \cdots = \left[\frac{20}{2}\right] + \left[\frac{20}{2^2}\right] + \left[\frac{20}{2^3}\right] + \left[\frac{20}{2^4}\right]$$

이고 따라서

$$\varepsilon_2(20!) = \left[\frac{20}{2}\right] + \left[\frac{20}{2^2}\right] + \left[\frac{20}{2^3}\right] + \cdots \quad ■$$

예제 6.6 에서와 같이 생각하면 일반적으로 다음 정리가 성립함을 알 수 있다.

정리 6.7

소수 p 와 양의 정수 n 에 대하여

$$\varepsilon_p(n!) = \left[\frac{n}{p}\right] + \left[\frac{n}{p^2}\right] + \left[\frac{n}{p^3}\right] + \cdots$$

보기

100!을 계산하여

$$100! = ** \cdots *00 \cdots 0$$

으로 나타내었을 때, 끝 부분에 연속되게 나타나는 0의 개수를 구하여 보자. 구하는 수 k는

$$100! = 10^k m, \quad 10 \nmid m \quad \cdots\cdots ①$$

을 만족하는 자연수이다. 그런데 100!의 소인수분해에는 충분히 많은 2가 있으므로 ①은

$$100! = 5^k m, \quad 5 \nmid m$$

과 동치이다. 5는 소수이므로 $k = \varepsilon_5(100!)$이다. 따라서

$$k = \left[\frac{100}{5}\right] + \left[\frac{100}{5^2}\right] + \left[\frac{100}{5^3}\right] + \cdots = 20 + 4 + 0 + \cdots = 24.$$

그러므로 끝 부분에 나타나는 연속된 0의 개수는 24이다.

◇ 4, 9, 16, 25, ⋯ 과 같이 2 이상의 정수의 제곱인 수를 **완전제곱수** 또는 간단히 **제곱수**라고 한다. 정리 6.5로부터 다음을 쉽게 알 수 있다. ◂ perfect square

- 양의 정수 n이 완전제곱수일 필요충분조건은 임의의 소수 p에 대하여 $\varepsilon_p(n)$이 짝수일 것이다.

예제 6.8

$n > 1$이 완전제곱수가 아닐 때, $\sqrt{n}$은 무리수임을 증명하여라.

풀이 $\sqrt{n}$이 유리수라고 하면, 양의 정수 a, b가 있어서 $\sqrt{n} = \frac{a}{b}$이고 이 때, $a^2 = b^2 n$이다. n이 완전제곱수가 아니므로 $\varepsilon_p(n)$이 홀수인 소수 p가 존재한다. 이 소수 p에 대하여

$$\varepsilon_p(a^2) = \varepsilon_p(b^2 n) = \varepsilon_p(b^2) + \varepsilon_p(n)$$

이므로

$$2\varepsilon_p(a) = 2\varepsilon_p(b) + \varepsilon_p(n)$$

이다. 이 등식은 좌변이 짝수이고 우변은 홀수이므로 모순이다. ■

약수 배수 다시보기

소인수분해를 이용하여 두 수의 공약수와 공배수를 관찰하기 위해서는 소인수의 지수로 0을 허용하는 변형된 표준형 소인수분해를 사용하면 편리하다. 지금부터 2개 이상의 수를 한꺼번에 생각할 때 소인수분해는 그들 수 중 적어도 하나의 소인수는 모두 사용하여 나타낸다. 이를테면 $72 = 2^3 \cdot 3^2$, $45 = 3^2 \cdot 5$의 소인수분해를

$$72 = 2^3 \cdot 3^2 \cdot 5^0$$
$$405 = 2^0 \cdot 3^4 \cdot 5^1$$

와 같이 나타낸다. 이러한 표현을 **확장된 표준형 소인수분해** 라고 한다.

확장된 표준형 소인수분해를 이용하여 2 개 이상의 양의 정수의 최대공약수와 최소 공배수를 구하는 방법에 대하여 알아 보자.

보조정리 6.9

양의 정수 n, m에 대하여, $n \mid m$일 필요충분조건은 임의의 소수 p에 대하여 $\varepsilon_p(n) \le \varepsilon_p(m)$일 것이다.

증명 $n \mid m$이면 어떤 정수 a가 존재하여 $m = an$이다. 이 때, 임의의 소수 p에 대하여

$$\varepsilon_p(m) = \varepsilon_p(an) = \varepsilon_p(a) + \varepsilon_p(n) \ge \varepsilon_p(n).$$

역으로, 임의의 소수 p에 대하여 $\varepsilon_p(m) \ge \varepsilon_p(n)$이라 하고, m, n의 확장된 표준형 소인수분해를 각각

$$m = p_1^{e_1} p_2^{e_2} \cdots p_r^{e_r}, \quad n = p_1^{f_1} p_2^{f_2} \cdots p_r^{f_r}$$

이라고 하면, 각 $i = 1, 2, \cdots, r$에 대하여 $e_i \ge f_i$ 이므로 $e_i - f_i \ge 0$이다. $a = p_1^{e_1 - f_1} p_2^{e_2 - f_2} \cdots p_r^{e_r - f_r}$로 두면 $m = an$이 되어 $n \mid m$이다. ∎

보조정리 6.9로부터, 양의 정수 a, b, n에 대하여 다음이 성립한다.

(i) n이 a, b의 공약수일 필요충분조건은
임의의 소수 p에 대하여 $\varepsilon_p(n) \le \min\{\varepsilon_p(a), \varepsilon_p(b)\}$,

(ii) n이 a, b의 공배수일 필요충분조건은
임의의 소수 p에 대하여 $\varepsilon_p(n) \ge \max\{\varepsilon_p(a), \varepsilon_p(b)\}$.

이로써 다음 정리를 얻는다.

정리 6.10

양의 정수 a, b 의 확장된 표준형 소인수분해가 각각

$$a = p_1^{e_1} p_2^{e_2} \cdots p_r^{e_r},\ (e_1, e_2, \cdots, e_r \geq 0)$$
$$b = p_1^{f_1} p_2^{f_2} \cdots p_r^{f_r},\ (f_1, f_2, \cdots, f_r \geq 0)$$

일 때,

$$\gcd(a, b) = p_1^{\min\{e_1, f_1\}} p_2^{\min\{e_2, f_2\}} \cdots p_r^{\min\{e_r, f_r\}}$$
$$\text{lcm}(a, b) = p_1^{\max\{e_1, f_1\}} p_2^{\max\{e_2, f_2\}} \cdots p_r^{\max\{e_r, f_r\}}$$

보기

(1) $\gcd(72, 405) = \gcd(2^0 \cdot 3^2 \cdot 5^1, 2^3 \cdot 3^4 \cdot 5^0) = 2^0 \cdot 3^2 \cdot 5^0 = 9$

(2) $\text{lcm}(72, 405) = \text{lcm}(2^0 \cdot 3^2 \cdot 5^1, 2^3 \cdot 3^4 \cdot 5^0) = 2^3 \cdot 3^4 \cdot 5^1 = 3240$

다음 보조정리는 앞으로 자주 사용된다.

보조정리 6.11

$\gcd(m, n) = 1$ 인 자연수 m, n 의 약수 전체의 집합을 각각 $\{x_1, x_2, \cdots, x_r\}$, $\{y_1, y_2, \cdots, y_s\}$라고 하면, mn 의 약수 전체는 다음 행렬의 성분 전체이다.

$$\begin{bmatrix} x_1y_1 & x_1y_2 & \cdots & x_1y_s \\ x_2y_1 & x_2y_2 & \cdots & x_2y_s \\ \vdots & \vdots & \ddots & \vdots \\ x_ry_1 & x_ry_2 & \cdots & x_ry_s \end{bmatrix}$$

더욱이 이 행렬의 성분은 모두 서로 다르다.

증명 m, n 의 표준형 소인수분해를 각각

$$m = p_1^{m_1} p_2^{m_2} \cdots p_r^{m_r}, \quad n = q_1^{n_1} q_2^{n_2} \cdots q_s^{n_s}$$

이라고 하면, 보조정리 6.9 에 의하여 m, n 의 약수 전체의 집합은 각각

$$X = \{p_1^{e_1} p_2^{e_2} \cdots p_r^{e_r} \mid 0 \leq e_i \leq m_i,\ 1 \leq i \leq r\}$$
$$Y = \{q_1^{f_1} q_2^{f_2} \cdots q_s^{f_s} \mid 0 \leq f_j \leq n_j,\ 1 \leq j \leq s\}$$

이고, 산술의 기본정리에 의하여, m, n 의 표준형 소인수분해는

$$mn = p_1^{m_1} p_2^{m_2} \cdots p_r^{m_r} q_1^{n_1} q_2^{n_2} \cdots q_s^{n_s}$$

이다. 따라서, 다시 보조정리 6.9 에 의하여 mn 의 약수 전체의 집합은

$$\begin{aligned} Z &= \{p_1^{e_1} p_2^{e_2} \cdots p_r^{e_r} q_1^{f_1} q_2^{f_2} \cdots q_s^{f_s} \mid 0 \le e_i \le m_i, 0 \le f_j \le n_j\} \\ &= \{xy \mid x \in X, y \in Y\}. \end{aligned}$$

이다.

$$x = p_1^{a_1} p_2^{a_2} \cdots p_r^{a_r}, \quad u = p_1^{b_1} p_2^{b_2} \cdots p_r^{b_r} \in X$$
$$y = q_1^{c_1} q_2^{c_2} \cdots q_s^{c_s}, \quad v = q_1^{d_1} q_2^{d_2} \cdots q_s^{d_s} \in Y$$

에 대하여 $xy = uv$ 라고 하면

$$p_1^{a_1} p_2^{a_2} \cdots p_r^{a_r} q_1^{c_1} q_2^{c_2} \cdots q_s^{c_s} = p_1^{b_1} p_2^{b_2} \cdots p_r^{b_r} q_1^{d_1} q_2^{d_2} \cdots q_s^{d_s}$$

이고, 산술의 기본정리에 의하여

$$a_i = b_i, (1 \le i \le r), \quad c_j = d_j, (1 \le j \le s)$$

이므로 $x = u, y = v$ 이다. 그러므로 $(x, u) \ne (y, v)$이면 $xu \ne yv$ 이고 따라서, 보조정리 6.11 이 증명되었다. ▌

보기

$100 = 2^2 \cdot 5^2$ 의 약수는

$1 \cdot 1 = 1, \quad 1 \cdot 5 = 5, \quad 1 \cdot 5^2 = 25,$

$2 \cdot 1 = 2, \quad 2 \cdot 5 = 10, \quad 2 \cdot 5^2 = 50$

$2^2 \cdot 1 = 4, \quad 2^2 \cdot 5 = 20, \quad 2^2 \cdot 5^2 = 100$

이다.

×	1	5	5^2
1	$1 \cdot 1$	$1 \cdot 5$	$1 \cdot 5^2$
2	$2 \cdot 1$	$2 \cdot 5$	$2 \cdot 5^2$
2^2	$2^2 \cdot 1$	$2^2 \cdot 5$	$2^2 \cdot 5^2$

약수의 개수와 약수의 합

자연수 전체의 집합을 정의역으로 하고 실수전체의 집합을 공역으로 하는 함수를 **정수론적 함수**라고 한다. 여기에서는 자연수의 약수에 관련된 2 가지의 정수론적 함수와 그 응용에 대하여 알아 본다. 지금부터 이 중 단원에서는 약수 배수를 자연수의 범위에서만 생각한다.

◀ 定數論的 函數 number theoretic function

■ **약수의 개수** 자연수 n 의 양의 약수의 개수를

$$\tau(n)$$

으로 나타낸다. 이를테면 6 의 양의 약수는 1, 2, 3, 6 의 4 개이므로 $\tau(6) = 4$ 이다. 명백히 τ 는 정수론적 함수이다.

정수론적 함수 f가 조건

$$\gcd(m, n) = 1 \Rightarrow f(mn) = f(m)f(n)$$

을 만족할 때, f는 **승법적**이라고 한다.

◀ 乘法的 multiplicative

정리 6.12

함수 τ는 승법적이다.

증명 $\gcd(m, n) = 1$인 자연수 m, n에 대하여, $\tau(m) = r, \tau(n) = s$ 라고 하면, 보조정리6.11에 의하여 $\tau(mn) = rs = \tau(m)\tau(n)$ ▌

◇ 소수 p와 자연수 e에 대하여, p^e의 약수는 $1, p, p^2, \cdots, p^e$의 $e+1$개이므로

$$\tau(p^e) = e + 1.$$

τ가 승법적이므로 자연수 n의 표준형 인수분해가

$$n = p_1^{e_1} p_2^{e_2} \cdots p_r^{e_r}$$

일 때,

$$\begin{aligned}\tau(n) &= \tau(p_1^{e_1})\tau(p_1^{e_1}) \cdots \tau(p_r^{e_r}) \\ &= (e_1 + 1)(e_1 + 1) \cdots (e_r + 1).\end{aligned}$$

보기

$\tau(504) = \tau(2^3 \cdot 3^2 \cdot 7) = (3+1)(2+1)(1+1) = 24$

예제 6.13

양의 정수 n에 대하여 다음 등식을 증명하여라.

$$\tau(1) + \tau(2) + \cdots + \tau(n) = \left[\frac{n}{1}\right] + \left[\frac{n}{2}\right] + \cdots + \left[\frac{n}{n}\right]$$

풀이 $i, j = 1, 2, \cdots, n$에 대하여

$$a_{ij} = \begin{cases} 1, & (i \mid j \text{일 때}), \\ 0, & (i \nmid j \text{일 때}) \end{cases}$$

를 (i, j) 성분으로 하는 $n \times n$ 행렬을 A라고 하자.

다음 쪽에 이어짐

←앞 쪽에서 계속

이를테면 $n = 9$ 일 때, A 는 다음과 같은 행렬이다.

$$\begin{array}{c|ccccccccc} & 1 & 2 & 3 & 4 & 5 & 6 & 7 & 8 & 9 \\ \hline 1 & 1 & 1 & 1 & 1 & 1 & 1 & 1 & 1 & 1 \\ 2 & 0 & 1 & 0 & 1 & 0 & 1 & 0 & 1 & 0 \\ 3 & 0 & 0 & 1 & 0 & 0 & 1 & 0 & 0 & 1 \\ 4 & 0 & 0 & 0 & 1 & 0 & 0 & 0 & 1 & 0 \\ 5 & 0 & 0 & 0 & 0 & 1 & 0 & 0 & 0 & 0 \\ 6 & 0 & 0 & 0 & 0 & 0 & 1 & 0 & 0 & 0 \\ 7 & 0 & 0 & 0 & 0 & 0 & 0 & 1 & 0 & 0 \\ 8 & 0 & 0 & 0 & 0 & 0 & 0 & 0 & 1 & 0 \\ 9 & 0 & 0 & 0 & 0 & 0 & 0 & 0 & 0 & 1 \end{array}$$

각 $k = 1, 2, \cdots, n$에 대하여 A 의 제 k 열의 성분의 합을 s_k, 제 k 행의 성분의 합을 r_k라고 하면 $s_k = \tau(k)$, $r_k = \left[\frac{n}{k}\right]$이다.

$$s_1 + s_2 + \cdots + s_n = (A \text{ 의 모든 성분의 합}) = r_1 + r_2 + \cdots + r_n$$

이므로 예제 6.13 의 등식이 성립한다. ■

정리 6.14

$T(n) = \tau(1) + \tau(2) + \cdots + \tau(n)$이라고 할 때, $\lim_{n\to\infty} \frac{T(n)}{n \log n} = 1$ 이다.

증명 $\left[\frac{n}{k}\right] \le \frac{n}{k} < \left[\frac{n}{k}\right] + 1, (k = 1, 2, \cdots, n)$, 이므로 예제 6.13 에 의하여 $T(n) \le n\left(1 + \frac{1}{2} + \cdots + \frac{1}{n}\right) < T(n) + n$ 이고, 따라서

$$\frac{T(n)}{n \log n} \le \frac{1}{\log n}\left(1 + \frac{1}{2} + \cdots + \frac{1}{n}\right) < \frac{T(n)}{n \log n} + \frac{1}{\log n} \quad \cdots \text{①}$$

각 $k = 1, 2, \cdots, n-1$ 에 대하여

$$\frac{1}{k+1} < \int_k^{k+1} \frac{1}{x}\,dx < \frac{1}{k}, \quad \int_k^{k+1} \frac{1}{x}\,dx = \log(k+1) - \log k$$

이므로

$$\frac{1}{2} + \cdots + \frac{1}{n} < \log n < 1 + \frac{1}{2} + \cdots + \frac{1}{n-1}$$

$$\therefore\ 1 + \frac{1}{n \log n} < \frac{1}{\log n}\left(1 + \frac{1}{2} + \cdots + \frac{1}{n}\right) < 1 + \frac{1}{\log n}$$

$$\therefore\ \lim_{n\to\infty} \frac{1}{\log n}\left(1 + \frac{1}{2} + \cdots + \frac{1}{n}\right) = 1$$

그러므로 ①에 의하여 $\lim_{n\to\infty} \frac{T(n)}{n \log n} = 1$ 이 성립한다. ■

■ **약수의 합** 자연수 n의 양의 약수의 합을

$$\sigma(n)$$

으로 나타낸다. 이를테면 6의 양의 약수는 1, 2, 3, 6이므로 $\sigma(6) = 1 + 2 + 3 + 6 = 12$이다. 명백히 σ는 정수론적 함수이다

정리 6.15

함수 σ는 승법적이다.

증명 $\gcd(m, n) = 1$인 자연수 m, n에 대하여, m, n의 약수 전체의 집합을 각각 $\{x_1, x_2, \cdots, x_{\tau(m)}\}$, $\{y_1, y_2, \cdots, y_{\tau(n)}\}$이라고 하면,

$$\sigma(m) = x_1 + x_2 + \cdots + x_{\tau(m)}, \quad \sigma(n) = y_1 + y_2 + \cdots + y_{\tau(n)}$$

이고 또 보조정리 6.11에 의하여 $\sigma(mn)$은 행렬

$$A = \begin{bmatrix} x_1y_1 & x_1y_2 & \cdots & x_1y_{\tau(n)} \\ x_2y_1 & x_2y_2 & \cdots & x_2y_{\tau(n)} \\ \vdots & \vdots & \ddots & \vdots \\ x_{\tau(m)}y_1 & x_{\tau(m)}y_2 & \cdots & x_{\tau(m)}y_{\tau(n)} \end{bmatrix}$$

의 모든 성분의 합이다. 한편 행렬 A의 성분의 합은

$$(x_1 + x_2 + \cdots + x_{\tau(m)})(y_1 + y_2 + \cdots + y_{\tau(n)}) = \sigma(m)\sigma(n)$$

이므로 $\sigma(mn) = \sigma(m)\sigma(n)$ ▌

◇ 소수 p와 자연수 e에 대하여, p^e의 약수는 $1, p, p^2, \cdots, p^e$이므로

$$\sigma(p^e) = 1 + p + p^2 + \cdots + p^e = \frac{p^{e+1} - 1}{p - 1}$$

τ가 승법적이므로 자연수 n의 표준형 인수분해가

$$n = p_1^{e_1} p_2^{e_2} \cdots p_r^{e_r}$$

일 때,

$$\begin{aligned} \sigma(n) &= \sigma(p_1^{e_1})\sigma(p_1^{e_1}) \cdots \sigma(p_r^{e_r}) \\ &= \frac{p_1^{e_1+1} - 1}{p_1 - 1} \frac{p_2^{e_2+1} - 1}{p_2 - 1} \cdots \frac{p_r^{e_r+1} - 1}{p_r - 1} \end{aligned}$$

보기

$$\sigma(100000) = \sigma(2^6 5^6) = \sigma(2^6)\sigma(5^6) = \frac{2^7 - 1}{1} \frac{5^7 - 1}{4} = 2480437$$

완전수

6 의 양의 약수는 1, 2, 3, 6 이다. 이 중 6 이외의 약수의 합

$$1 + 2 + 3$$

은 6과 같다. 이와 같이 어떤 자연수가 자기 자신 이외의 양의 약수의 합과 같을 때, 그 수를 **완전수**라고 한다.

◀ 完全數 perfect number

보기

$28 = 2^2 7$ 의 양의 약수는 1, 2, 4, 7, 14, 28 이고 이 중 이고 28 이외의 약수의 합은 $1 + 2 + 4 + 7 + 14 = 28$ 이다. 그러므로 28 은 완전수이다.

자연수 n 에 대하여, n 이외의 양의 약수의 합은 $\sigma(n) - n$ 이므로

> n 이 완전수일 필요충분조건은 $\sigma(n) = 2n$ 이다.

보기

(1) $496 = 2^4 \cdot 31$ 의 양의 약수의 합은

$$\sigma(496) = \sigma(2^4 \cdot 31) = \frac{2^5 - 1}{2 - 1}(31 + 1) = 31 \cdot 32 = 2^5 31$$
$$= 2(2^4 \cdot 31) = 2 \cdot 496$$

이므로 496 은 완전수이다.

(2) $8128 = 2^6 \cdot 127$ 의 양의 약수의 합은

$$\sigma(8128) = \sigma(2^6 \cdot 127) = \frac{2^7 - 1}{2 - 1}(127 + 1) = 127 \cdot 128 = 2^7 \cdot 127$$
$$= 2 \cdot 2^6 \cdot 127 = 2 \cdot 8128$$

이므로 8128 은 완전수이다.

◆ 지금까지 알아 본 완전수는 모두 짝수이고

$$2^{p-1}(2^p - 1)$$

꼴인데, p 와 $2^p - 1$ 은 모두 소수이다.

$$6 = 2^1 \cdot 3 = 2^1(2^2 - 1)$$
$$28 = 2^2 \cdot 7 = 2^2(2^3 - 1)$$
$$496 = 2^4 \cdot 31 = 2^4(2^5 - 1)$$
$$8128 = 2^6 \cdot 127 = 2^6(2^7 - 1)$$

정리 6.16

짝수 n이 완전수일 필요충분조건은 어떤 정수 $r \ge 2$이 존재하여

$$n = 2^{r-1}(2^r - 1),\ \ 2^r - 1 \text{은 소수}$$

일 것이다.

증명 **충분성** $n = 2^{r-1}(2^r - 1), r \ge 2,$ 이고 $2^r - 1$이 소수라면

$$\sigma(n) = \sigma(2^{r-1})\sigma(2^r - 1) = \frac{2^r - 1}{2 - 1}((2^r - 1) + 1) = (2^r - 1)2^r = 2n$$

따라서 n은 완전수이다.

필요성 n이 짝수인 완전수라고 하면, n이 짝수이므로 $\varepsilon_2(n) \ge 1$이다. n의 2성분을 2^{r-1}로 두고, $n = 2^{r-1}k$ 라 하면 $r \ge 2,\ \gcd(k, 2) = 1.$

$$2^r k = 2n = \sigma(n) = \sigma(2^{r-1})\sigma(k) = (2^r - 1)\sigma(k)$$

$\gcd(2^r, 2^r - 1) = 1$이므로 $(2^r - 1) \mid k$이고 따라서 어떤 정수 q가 있어서 $k = (2^r - 1)q$이다. 이 때,

◀ $2^r k = (2^r - 1)\sigma(k)$

$$2^r(2^r - 1)q = 2^r k = (2^r - 1)\sigma(k)$$

이므로

$$\sigma(k) = 2^r q = (2^r - 1)q + q = k + q$$

이다. k, q는 k의 양의 약수인데 $\sigma(k) = k + q$라는 것은 k의 양의 약수는 k, q의 2개 뿐이라는 뜻이다. 따라서

$$k\text{는 소수},\ \ q = 1,\ \ k = 2^r - 1$$

이다. ▮

$n = 2^{r-1}(2^r - 1)$이 완전수일 때, $2^r - 1$은 소수이므로 메르센 소수이다. 따라서 정리 6.16을 보다 정확히 다음과 같이 말할 수 있다.
짝수 n이 완전수일 필요충분조건은 메르센 소수 M_r이 존재하여

$$n = 2^{r-1}M_r$$

일 것이다. 이 때, 정리 5.7에 의하여 r도 소수이다.

홀수인 완전수의 존재성에 대해서는 아직 알려진 바가 없다.

연습문제 06

E·X·E·R·C·I·S·E·S

1 다음 수를 소인수분해 하여라.
(1) 1275 (2) 15435 (3) 26568 (4) 88445

2 p가 소수일 때, $1 < r < p$인 임의의 r에 대하여 $p \mid \binom{p}{r}$임을 증명하여라.

◂ $p(p-1)\cdots(p-r+1) = r!\binom{p}{r}$

3 $S = \{a + b\sqrt{6}i \mid a, b \in \mathbf{Z}\}$, (단, i는 허수 단위)라고 할 때, 다음을 증명하여라.
(1) $z = a + b\sqrt{6}i \in S$에 대하여 $b \neq 0$일 때, $|z|^2 \geq 6$ 이다.
(2) $2, 5, 2 + \sqrt{6}i, 2 - \sqrt{6}i$ 는 어느 것도 S의 1이 아닌 두 원소의 곱이 아니다.
(3) S에서는 산술의 기본정리가 성립하지 않는다.

◂ $p(p-1)\cdots(p-r+1) = r!\binom{p}{r}$

◂ $|z|^2$을 생각한다.

4 산술의 기본정리를 이용하여 보조정리 6.2를 증명하여라.

5 다음 수를 a라고 할 때, $\varepsilon_2(a)$, $\varepsilon_3(a)$를 각각 찾아라.
(1) 72 (2) 405 (3) 3200

6 정리 6.5, 정리 6.10을 이용하여 $\gcd(a, b)\operatorname{lcm}(a, b) = ab$를 증명하여라.

7 소수 p와 정수 a, b에 대하여, $\gcd(a, p^2) = p$, $\gcd(a, p^3) = p^2$일 때, $\gcd(ab, p^4)$, $\gcd(a + b, p^4)$을 구하여라.

8 양의 정수 a, b에 대하여 $a \mid b^2$, $b^2 \mid a^3$, $b^3 \mid a^4$, $\cdots$ 이 성립할 때, a, b 사이의 관계를 찾고 증명하여라.

9 10!를 소인수분해 하여라.

10 1000!를 $** \cdots *00 \cdots 0$으로 나타내었을 때, 끝 부분에 나타나는 0의 개수를 구하여라.

06 연습문제

E·X·E·R·C·I·S·E·S

11 양의 정수 a, b, c에 대하여 다음을 증명하여라.

(1) $\gcd(a, b, c)\text{lcm}(a, b, c) = abc$ 일 때, $\gcd(a, b) = \gcd(a, c) = \gcd(b, c) = 1$ 이다.

(2) $\gcd(ab, bc, ac)\text{lcm}(a, b, c) = abc$

12 다음을 증명하여라.

(1) 양의 정수 a에 대하여 $\sqrt[n]{a}$가 유리수이면 $\sqrt[n]{a}$는 정수이다.

(2) 정수 $n > 1$에 대하여 $\sqrt[n]{n}$은 무리수이다.

◂ 산술의 기본정리

◂ $k \geq 2$ 일 때, $k^n \geq 2^n$

13 $\gcd(a, b) = 1, \gcd(c, d) = 1$ 인 양의 정수 a, b, c, d에 대하여, $\frac{a}{b} + \frac{c}{d} = 1$ 이면, $b = d$ 임을 증명하여라.

◂ $ad + bc = bd$일 때
$ad = b(d - c)$
$bc = d(b - a)$

14 다음 각 경우에 $a^2 + b^2$은 완전제곱수가 아님을 증명하여라.

(1) a, b는 홀수이다. (2) a, b는 3의 배수가 아니다.

15 $(\sum_{k=1}^{n} k) \mid (\prod_{k=1}^{n} k)$을 만족하는 n은 어떤 수인가?

16 $\sum_{k=1}^{n} \frac{1}{k}$은 정수가 아님을 증명하여라.

◂ $\sum_{k=1}^{n} \frac{1}{k} = \frac{m_1 + m_2 + \cdots + m_n}{n!}$ 으로 나타내고 n의 최대의 소인수 p를 생각한다.

17 $\tau(180), \sigma(180)$을 구하여라.

18 양의 정수 n에 대하여, 다음을 증명하여라.

(1) $n^{\tau(n)/2} = \prod_{d \mid n} d$

(2) $\tau(n)$이 홀수일 때, n은 완전제곱수이다.

19 $\sigma(n)$이 홀수일 때, n은 완전제곱수 또는 완전제곱수의 2배임을 증명하여라.

◂ p가 홀수인 소수일 때, $\sum_{i=0}^{k} p^i$가 홀수가 되는 것은 k가 짝수일 때 한한다.

20 정수론적 함수 f가 승법적일 때, $F(n) = \sum_{d \mid n} f(n)$으로 정의되는 함수 F는 승법적임을 증명하여라.

06 연습문제

E·X·E·R·C·I·S·E·S

21 문제 20을 이용하여 τ, σ가 승법적임을 증명하여라.

◀ $\tau(n) = \sum_{d|n} f(n)$,
$\sigma(n) = \sum_{d|n} g(n)$
을 만족하는 승법적인 함수 f, g를 찾는다.

22 양의 정수 a, b의 확장된 표준형 소인수분해를 각각

$$a = p_1^{e_1} p_2^{e_2} \cdots p_r^{e_r}, \quad b = p_1^{f_1} p_2^{f_2} \cdots p_r^{f_r}$$

라고 할 때, $\gcd(a, b) = 1$일 필요충분조건은 $e_i f_i = 0, (i = 1, 2, \cdots, r)$임을 증명하여라.

23 양의 정수 n에 대하여 $\tau(n) \le 2\sqrt{n}$임을 증명하여라.

◀ $d|n$일 때, $d, \frac{n}{d}$ 중 하나는 $\sqrt{n}$이하

24 양의 정수 n에 대하여다음을 증명하여라.

(1) $\sum_{d|n} \frac{1}{d} = \frac{\sigma(n)}{n}$

(2) $\frac{\sigma(n)!}{n!} > 1 + \frac{1}{2} + \cdots + \frac{1}{n}$

25 양의 정수 n에 대하여 다음을 증명하여라.

(1) $\sum_{d|n} \sigma(n) = \sum_{d|n} \frac{n}{d}\tau(n)$

(2) $\sum_{d|n} \frac{n}{d}\sigma(n) = \sum_{d|n} d\tau(n)$

26 양의 정수 n에 대하여 다음을 증명하여라.

$\sum_{k=1}^{n} \sigma(k) = \sum_{k=1}^{n} k \left[\frac{n}{k}\right]$

27 양의 정수 n에 대하여

$$\mu(n) = \begin{cases} 1, & (n = 1\text{일 때}) \\ 0, & (p^2 \mid n\text{인 소수 } p\text{가 존재할 때}) \\ (-1)^r, & (n = p_1 p_2 \cdots p_r, (p_i\text{는 서로 다른 소수}), \text{일 때}) \end{cases}$$

로 정의된 함수 μ를 **뫼비우스 함수**라고 한다. 뫼비우스 함수는 승법적임을 증명하여라.

28 정수론적 함수 F, f에 대하여 다음이 성립함을 증명하여라.

$F(n) = \sum_{d|n} f(d) \Rightarrow f(n) = \sum_{d|n} \mu(d) F(\frac{n}{d})$

II

둘째 대단원

Easy / New / Visual

합동식과 원시근

Congruences and Primitive Roots

07 합동식
08 일차합동식
09 페르마의 정리
10 오일러의 정리
11 원시근과 이산로그
12 원시근의 존재

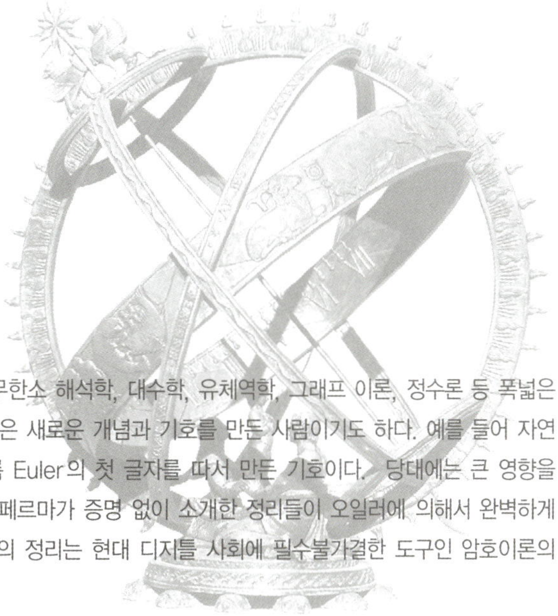

오일러는 스위스의 수학자이며 물리학자이다. 그는 기하학, 무한소 해석학, 대수학, 유체역학, 그래프 이론, 정수론 등 폭넓은 수학 분야에 있어서 많은 새로운 발견을 하였으며, 아울러 많은 새로운 개념과 기호를 만든 사람이기도 하다. 예를 들어 자연로그의 밑 e도 오일러에 의하여 소개된 것으로서 그의 이름 Euler의 첫 글자를 따서 만든 기호이다. 당대에는 큰 영향을 끼치지는 못했지만 후세 수학자들에게 영향을 끼친 바가 큰 페르마가 증명 없이 소개한 정리들이 오일러에 의해서 완벽하게 증명되고 완성된 것이 많다. 페르마의 정리를 확장한 오일러의 정리는 현대 디지틀 사회에 필수불가결한 도구인 암호이론의 바탕이 되고 있다.

07

합동식

Congurences

ENV *Number Theory*

이 중단원에서 공부할 내용

- 합동의 뜻과 기본 성질
- 배수 판정법
- 완전잉여계

대표문제

- $2^{2012}\cdot 3^{100}$을 7로 나눈 나머지를 구하여라.
- 주어진 자연수가 7, 9, 11, 13의 배수인지를 어떻게 판정할까 ?
- 집합 $\{0, 1, 2\}$, $\{3, 4, 5\}$, $\{-3, 1, 5\}$, $\{12, 16, 32\}$의 공통적인 성질은 무엇일까 ?

합동의 뜻과 기본 성질

수의 크기나 부호 등 수 자체 보다는 어떤 일정한 수 (이를테면 4) 로 나눈 나머지 만에 의존하는 특성이 있다. 지금부터 공부할 합동식은 이러한 경우의 고찰에 중요한 도구 역할을 한다.

고정된 자연수 n과 정수 a, b에 대하여 $n \mid (a-b)$일 때, a와 b는 법 n에 관하여 **합동**이라고 하고

$$a \equiv b \pmod{n}$$

과 같이 나타낸다. 또, $a \equiv b \pmod{n}$이 아닐 때, 이를

$$a \not\equiv b \pmod{n}$$

과 같이 나타낸다. 합동을 나타내는 기호 ≡ 이 들어 있는 식을 **합동식**이라고 한다.

◀ 法 n에 관한 合同 congruent modulo n

◀ 合同式 congruence

보기

법 4에 관한 합동

(1) $93-13=80$은 4의 배수이므로 93과 13은 법 4에 관한여 합동이다. 즉, $93 \equiv 13 \pmod{4}$.

(2) $83-13=70$은 4의 배수가 아니므로 83과 13은 법 4에 관한여 합동이 아니다. 즉, $83 \not\equiv 13 \pmod{4}$.

정리 7.1

고정된 양의 정수 n과 정수 a, b에 대하여 $a \equiv b \pmod{n}$일 필요충분조건은 어떤 정수 k가 있어서 $a = b + kn$일 것이다.

증명 (⇒) $a \equiv b \pmod{n} \Rightarrow n \mid (a-b)$

$$\Rightarrow a-b = kn, \ (k\text{는 정수})$$

이 때, $a = b + kn$이다.

(⇐) 정수 k에 대하여

$$a = b + kn \Rightarrow a-b = kn \Rightarrow n \mid (a-b) \Rightarrow a \equiv b \pmod{n}) \ ▌$$

$a = b + kn$을 만족하는 정수 k가 존재할 필 필요충분조건은 a, b를 n으로 나눈 나머지가 같을 것이므로 다음을 얻는다.

따름정리 7.2

고정된 자연수 n과 정수 a, b에 대하여 $a \equiv b \pmod{n}$일 필요충분조건은 a, b를 n으로 나눈 나머지가 같을 것이다.

합동에 관한 다음 성질은 명백하다.

❶ $a \equiv a \pmod{n}$

❷ $a \equiv b \pmod{n} \Rightarrow b \equiv a \pmod{n}$

❸ $a \equiv b \pmod{n},\ b \equiv c \pmod{n} \Rightarrow a \equiv c \pmod{n}$

◀ $a = b + kn, b = c + ln$이면 $a = c + (k + l)n$

고정된 자연수 n과 정수 a, b에 대하여 $a \equiv b \pmod{n}$인 것을 $a \sim b$로 나타내면 ❶, ❷, ❸은 각각 $\sim$이 반사적, 대칭적, 추이적이라는 것을 나타내므로 $\sim$는 동치관계이다.

정리 7.3

$a \equiv b \pmod{n},\ c \equiv d \pmod{n}$일 때,

(1) $a + c \equiv b + d \pmod{n}$ (2) $ac \equiv bd \pmod{n}$

증명 가정에서 $a = b + kn,\ c = d + ln,\ (k, l$은 정수$)$, 이다.

(1) $a + c = b + d + (k + l)n$ 이므로 $a + b \equiv c + d \pmod{n}$

(2) $ac = bd + (bl + dk + kln)n$ 이므로 $ac \equiv bd \pmod{n}$ ▌

정리 7.3으로 부터, $a \equiv b \pmod{n}$일 때, 다음이 성립함을 알 수 있다. (단, c는 임의의 정수)

- $a + c \equiv b + c \pmod{n}$
- $ac \equiv bc \pmod{n}$
- $a^k \equiv b^k \pmod{n}$, (단, k는 임의의 자연수).

$f(x) = c_k x^k + \cdots + c_1 x + c_0$가 정수 계수 다항식이라고 하자.
$a \equiv b \pmod{n}$이라고 할 때,

$$a^i \equiv b^i \pmod{n}, \ (i = 0, 1, 2, \cdots, k)$$

$$c_i a^i \equiv c_i b^i \pmod{n}, \ (i = 0, 1, 2, \cdots, k)$$

이므로

$$f(a) = c_k a^k + \cdots + c_1 a + c_0 \equiv c_k b^k + \cdots + c_1 b + c_0 = f(b) \pmod{n}.$$

이 사실을 다음과 같이 정리해 둔다.

정리 7.4

정수 계수 다항식 $f(x)$에 대하여,

$$a \equiv b \pmod{n} \Rightarrow f(a) \equiv f(b) \pmod{n}$$

보기

1234^{100}을 3으로 나눈 나머지를 구하여 보자. $f(x) = x^{100}$이라고 하면
$1234 \equiv 1 \pmod{3}$이므로

$$1234^{100} = f(1234) \equiv f(1) = 1^{100} = 1 \pmod{3}.$$

따라서 구하는 나머지는 1이다.

$a \equiv b \pmod{n}$일 때, $ca \equiv cb \pmod{n}$이지만 그 역은 성립하지 않는다. 어떤 경우에 역이 성립하는지 알아 보자.

◀ $10 \equiv 2 \pmod{8}$이지만 $5 \not\equiv 1 \pmod{8}$

정리 7.5

$\gcd(c, n) = 1$일 때, $ca \equiv cb \pmod{n} \Rightarrow a \equiv b \pmod{n}$

증명

$$ax \equiv ay \pmod{n} \Rightarrow n \mid (ax - ay)$$
$$\Rightarrow n \mid a(x - y) \underset{㉮}{\Rightarrow} n \mid (x - y) \Rightarrow x \equiv y \pmod{n} \ \blacksquare$$

◀ ㉮ : $\gcd(a, n) = 1$

정리 7.5를 **법 n에 관한 소거율**이고 한다.

◀ 法n에 관한 消去律 modulo n cancellation law

따름정리 7.6

p가 소수이고 $p \nmid c$일 때, $ca \equiv cb \pmod{p} \Rightarrow a \equiv b \pmod{p}$

따름정리 7.7

$ca \equiv cb \pmod{n} \Rightarrow a \equiv b \pmod{\frac{n}{\gcd(c, n)}}$

증명 $\gcd(c, n) = g$, $c = gc'$, $n = gn'$ 라고 하면,

$$ca \equiv cb \pmod{n} \Rightarrow ca = cb + nk$$

$$\Rightarrow c'a = c'b + n'k \Rightarrow c'a \equiv c'b \pmod{n'}.$$

$\gcd(c', n') = 1$이므로 정리 7.5에 의하여 $a \equiv b \pmod{n'}$을 얻는다. ▌

보기

$80 \equiv 30 \pmod{50}$이다. $\gcd(80, 50) = 10$이므로 $8 \equiv 3 \pmod{5}$

정리 7.8

$a \equiv b \pmod{n}$일 때, $\gcd(a, n) = \gcd(b, n)$이다.

증명 $a \equiv b \pmod{n}$일 때, $a = b + kn$, (k는 정수), 이다.

$\gcd(a, n) = \gcd(b + kn, n) = \gcd(b, n)$ ▌

◇ 자연수 n과 정수 x에 대하여 x를 n으로 나눈 나머지를

$$[x]_n$$

으로 나타내기로 한다. 또, 정수 a, b에 대하여, $a \equiv b \pmod{n}$일 때와 $a \not\equiv b \pmod{n}$일 때를 각각 간단히

$$a \equiv_n b, \quad a \not\equiv_n b$$

와 같이 나타내기도 한다. 이를테면 $6 \equiv 1 \pmod{5}$, $6 \not\equiv 2 \pmod{5}$를 각각 $6 \equiv_5 1$, $6 \not\equiv_5 2$와 같이 쓴다. 기호 $\equiv_n$을 사용하면 정리 7.3은 다음과 같이 표현된다.

$$a \equiv_n b,\ c \equiv_n d \Rightarrow a + c \equiv_n b + d,\ ac \equiv_n bd$$

예제 7.9

$2^{2012} \cdot 3^{100}$을 7로 나눈 나머지를 구하여라.

풀이 ■ $[2^{2012}]_7$ 을 구한다.

우선 $2^2, 2^3, \cdots$ 을 차례로 계산하여 7로 나눈 나머지가 1이 되는 2의 거듭제곱을 찾는다.

$$2^3 = 8 \equiv_7 1$$

이제 지수 2012를 $3k + r, (0 \le r < 3)$ 꼴로 나타낸다. 직관적으로 2010이 3의 배수임에 유의하면 $2012 = 3k + 2$, (k는 자연수), 이다.

$$2^{2012} = (2^3)^k \cdot 2^2 \equiv_7 1^k \cdot 4 = 4$$

$$\therefore \ [2^{2012}]_7 = 4$$

■ $[3^{100}]_7$ 을 구한다.

$$3^2 = 9 \equiv_7 2, \quad 3^3 = 3^2 \cdot 3 \equiv_7 2 \cdot 3 = 6 \equiv_7 -1$$

$$\therefore \ 3^6 = (3^3)^2 \equiv_7 (-1)^2 = 1$$

$100 = 6 \cdot 16 + 4$ 이므로

$$3^{100} = (3^6)^{16} \cdot 3^4 \equiv_7 1^{16} \cdot 81 = 81 \equiv_7 11 \equiv_7 4$$

$$\therefore \ [3^{100}]_7 = 4$$

◀ 다른 방법 : $3^3 \equiv_7 -1$을 이용

$100 = 3 \cdot 33 + 1$이므로

$3^{100} = (3^3)^{33} \cdot 3^1$

$\equiv_7 (-1)^{33} \cdot 3$

$= (-1) \cdot 3 = -3 \equiv_7 4$

$\therefore \ [3^{100}]_7 = 4$

■ 이제 $[2^{2012} \cdot 3^{100}]_7$을 구한다.

$$[2^{2012} \cdot 3^{100}]_7 = [[2^{2012}]_7 \cdot [3^{100}]_7]_7 = [4 \cdot 4]_7 = [16]_7 = 2$$

그러므로 $2^{2012} \cdot 3^{100}$을 7로 나눈 나머지는 2이다. ■

배수 판정법

합동의 개념은 배수의 판정에 이용될 수 있다. 다음 곱셈을 관찰하여 보자.

	자리 숫자의 합 →	자리 숫자의 합 →
3325	$3+3+2+5=13$	$1+3=5$
× 182	$1+8+2=11$	$1+1=2$
426790	$6+0+5+1+5+0=17$	$1+7=8$

(5와 2를 곱하면(×) 8)

계산이 틀렸다면 $4 \cdot 2 = 8$ 을 얻지 못한다. 그 이유는 다음과 같다.

$10 \equiv_9 100 \equiv_9 1000 \equiv_9 1$ 이므로

$$3000 \equiv_9 3,\ \ 300 \equiv_9 3,\ \ 20 \equiv_9 2$$

이고 따라서

$$3325 = 3000 + 300 + 20 + 5 \equiv_9 3 + 3 + 2 + 5$$
$$= 13 \equiv_9 1 + 3 = 4$$

같은 이유로 $182 \equiv_9 2$, $615150 \equiv_9 8$ 이다.

$$\therefore\ \ 3325 = 9k + 4,\ \ 182 = 9l + 2,\ (k, l \text{은 정수})$$

따라서 $3325 \cdot 182 = (9k + 4)(9k + 2) = 9m + 8$, ($m$은 정수), 이다.

이 방법을 "9 버리기"라고 한다.

"9 버리기"를 이용하여 9 의 배수를 판정하여 보자.

■ 자연수 N의 십진법의 전개식이

$$N = a_n 10^n + \cdots + a_2 10^2 + a_1 10 + a_0$$

이라고 하자. 임의의 자연수 k에 대하여 $10^k \equiv_9 1$ 이므로 정리 7.3 에 의하여

$$N \equiv_9 a_n 1^n + \cdots + a_2 1^2 + a_1 1 + a_0$$
$$= a_n + \cdots + a_2 + a_1 + a_0$$

$$\therefore\ \ 9 \mid N \Leftrightarrow 9 \mid (a_n + \cdots + a_2 + a_1 + a_0)$$

여기에서

$$3 \mid N \Leftrightarrow 3 \mid (a_n + \cdots + a_2 + a_1 + a_0)$$

임을 또한 알 수 있다.

■ $10 \equiv_{11} -1$ 이므로 $10^k \equiv_{11} (-1)^k$ 이다. 따라서

$$N \equiv_{11} a_n(-1)^n + \cdots + a_2(-1)^2 + a_1(-1) + a_0$$
$$= (-1)^n a_n + \cdots + a_2 - a_1 + a_0$$

$$\therefore\ \ 11 \mid N \Leftrightarrow 9 \mid (-1)^n a_n + \cdots + a_2 - a_1 + a_0$$

■ N을 1000 진법으로 나타내어

$$N = B_m 1000^m + \cdots + B_2 1000^2 + B_1 1000 + B_0$$

과 같이 쓰자.

$7 \cdot 11 \cdot 13 = 1000 + 1$ 이므로

$$1000 + 1 \equiv_k (-1), (k = 7, 11, 13)$$

이고, 따라서 $k = 7, 11, 13$ 일 때,

$$\begin{aligned} N &\equiv_k B_m(-1)^m + \cdots + B_2(-1)^2 + B_1(-1) + B_0 \\ &= (-1)^m B_m + \cdots + B_2 - B_1 + B_0 \end{aligned}$$

$$\therefore \quad k \mid N \Leftrightarrow k \mid ((-1)^m B_m + \cdots + B_2 - B_1 + B_0)$$

이상에서 논의한 바를 다음과 같이 정리해 둔다.

정리 7.10

십진법의 표현이 $N = (a_n a_{n-1} \cdots a_2 a_1 a_0)_{(10)}$인 자연수 N에 대하여,

(1) $\sum_{i=0}^{n} a_i$가 9 (또는 3)의 배수이면 N은 9 (또는 3)의 배수

(2) $\sum_{i=0}^{n} (-1)^i a_i$가 11 의 배수이면 N은 11 의 배수

(2) $N = B_m 1000^m + \cdots + B_1 1000 + B_0$ 이고 $k \in \{7, 11, 13\}$일 때,
$\sum_{i=0}^{n} (-1)^i a_i$가 k의 배수이면 N은 k의 배수

예제 7.11

$N = 23{,}456{,}789$를 9, 11, 13 으로 나눈 나머지를 각각 구하여라.

풀이 $a_7 = 2,\ a_6 = 3,\ a_5 = 4,\ a_4 = 5,\ a_3 = 6,\ a_2 = 7,\ a_1 = 8,\ a_0 = 9$

(1) $a_7 + a_6 + \cdots + a_1 + a_0 = 2 + 3 + 4 + 5 + 6 + 7 + 8 + 9 = 54 \equiv_9 0$

$\therefore [N]_9 = 0.$

(2) $-a_7 + a_6 + \cdots - a_1 + a_0 = -2 + 3 - 4 + 5 - 6 + 7 - 8 + 9 = 4$

$\therefore [N]_{11} = 4.$

(2) $B_2 = 23,\ B_1 = 456,\ B_0 = 789$ 로 두면

$B_2 - B_1 + B_0 = 23 - 456 + 789 \equiv_{13} -3 - (-4) + 9 = 10$

$\therefore [N]_{13} = 10.$ ■

◇ 합동의 개념을 이용하여 짝수인 완전수의 한 특징을 알아보자.

예제 7.12

짝수인 완전수의 일의 자리의 숫자는 6또는 8임을 증명하여라.

풀이 n이 짝수인 완전수라고 하면 $n = 2^{k-1}(2^k - 1)$꼴로 표현되고 여기서 $2^k - 1$은 소수이다. 그러므로 k도 소수이다.

$k = 2$이면 $n = 2^{2-1}(2^2 - 1) = 6$이므로 정리가 성립한다.

$k > 2$라고 하자. 이 때 k는 $4m + 1$꼴, $4m + 3$꼴 중 하나이다.

■ $k = 4m + 1$꼴일 때 :

$$n = 2^{4m}(2^{4m+1} - 1) = 2^{8m+1} - 2^{4m} = 2(16^{2m}) - 16^m$$

모든 자연수 r에 대하여 $16^r \equiv_{10} 6$이므로 $n \equiv_{10} 2 \cdot 6 - 6 = 6$

■ $k = 4m + 3$꼴일 때 :

$$\begin{aligned} n &= 2^{4m+2}(2^{4m+3} - 1) = 2^{8m+5} - 2^{4m+2} \\ &= 2 \cdot 16^{2m+1} - 4 \cdot 16^m \equiv_{10} 2 \cdot 6 - 4 \cdot 6 = -12 \equiv_{10} 8 \end{aligned}$$ ■

완전잉여계

고정된 자연수 n에 대하여, 정수 a를 n으로 나눈 나머지는 $0, 1, 2, \cdots, n-1$ 중 오직 하나이다. 각 $r = 0, 1, 2, \cdots, n-1$에 대하여 n으로 나눈 나머지가 r인 정수 전체의 집합을 $\mathcal{C}_r$로 나타내면,

$$\begin{aligned} \mathcal{C}_r &= \{r + nk \mid k \in \mathbf{Z}\} \\ &= \{\cdots, r-2n, r-n, r, r+n, r+2n, \cdots\} \end{aligned}$$

이고, 명백히 $\{\mathcal{C}_0, \mathcal{C}_1, \mathcal{C}_2, \cdots, \mathcal{C}_{n-1}\}$은 정수 전체의 집합 $\mathbf{Z}$의 분할이다. 즉,

$$\mathbf{Z} = \mathcal{C}_0 \cup \mathcal{C}_1 \cup \mathcal{C}_2 \cup \cdots \cup \mathcal{C}_{n-1}$$

$$i \neq j \text{일 때 } \mathcal{C}_i \cap \mathcal{C}_j = \varnothing.$$

따라서 임의의 한 정수는 $\mathcal{C}_0, \mathcal{C}_1, \mathcal{C}_2, \cdots, \mathcal{C}_{n-1}$ 중 어느 하나에 속하고 꼭 하나에만 속한다. 정수 a에 대하여

$$a \in \mathcal{C}_r \Leftrightarrow a \equiv r \pmod{n}$$

이므로, a가 $\mathcal{C}_0, \mathcal{C}_1, \mathcal{C}_2, \cdots, \mathcal{C}_{n-1}$ 중 오직 하나에 속한다는 것은 a가 0, 1, 2, $\cdots$, $n-1$ 중 오직 하나의 수와 법 n에 관하여 합동이란 뜻이다.

$\mathcal{C}_0, \mathcal{C}_1, \mathcal{C}_2, \cdots, \mathcal{C}_{n-1}$을 **법 n에 관한 잉여류**라고 한다. 이를테면 $n=3$일 때의 잉여류는 다음과 같다.

◀ 剩餘類 residue class modulo n

$$\mathcal{C}_0 = \{\cdots, -9, -6, -3, 0, 3, 6, 9, 12, \cdots\}$$
$$\mathcal{C}_1 = \{\cdots, -8, -5, -2, 1, 4, 7, 10, 13, \cdots\}$$
$$\mathcal{C}_2 = \{\cdots, -7, -4, -1, 2, 5, 8, 11, 14, \cdots\}$$

여기서 각 정수는 0, 1, 2 중 오직 하나의 수 (r이라고 하자.) 와 법 3에 관하여 합동이고 $\mathcal{C}_0, \mathcal{C}_1, \mathcal{C}_2$ 중 오직 하나 ($\mathcal{C}_r$)에만 속함을 확인할 수 있다.

법 n에 관한 n개의 잉여류 $\mathcal{C}_0, \mathcal{C}_1, \mathcal{C}_2, \cdots, \mathcal{C}_{n-1}$ 각각에서 하나씩의 원소를 택하여 만든 집합

$$\{a_0, a_1, a_2, \cdots, a_{n-1}\},\ (a_k \in \mathcal{C}_k,\ k=0, 1, 2, \cdots, n-1)$$

를 **법 n에 관한 완전잉여계**라고 한다. 이를테면 0, 1, 2, $\cdots$, $n-1$은 법 n에 관한 완전잉여계이다.

◀ 完全剩餘系 complete system of residues modulo n

집합 $\{0, 1, 2, \cdots, n-1\}$을 법 n에 관한 **최소 양의 잉여계**라고 하고 보통

◀ least positive residues modulo n

$$\mathbf{Z}_n$$

으로 나타낸다.

> $S=\{a_0, a_1, a_2, \cdots, a_{n-1}\}, (a_k \in \mathcal{C}_k, k=0, 1, 2, \cdots, n-1)$, 가 법 n에 관한 완전잉여계일 때, 임의의 정수는 $a_0, a_1, a_2, \cdots, a_{n-1}$ 중 오직 하나와 법 n에 관하여 합동이다.

∵ $m \in \mathbf{Z}$라 하자. $\{\mathcal{C}_0, \mathcal{C}_1, \mathcal{C}_2, \cdots, \mathcal{C}_{n-1}\}$이 $\mathbf{Z}$의 분할이므로 어떤 j에 대하여 $m \in \mathcal{C}_j$이다. 이때 $a_j \in \mathcal{C}_j$이므로 $m \equiv a_j \pmod{n}$이다. $k \neq j$인 k에 대하여 $m \equiv a_k \pmod{n}$ 이라면, $m \in \mathcal{C}_k$이고, 이때 $m \in \mathcal{C}_j \cap \mathcal{C}_k = \varnothing$이다. 이것은 모순이다. ▌

◀ $\mathcal{C}_j$는 j를 포함하는 동치류

정리 7.13

정수 $a_0, a_1, a_2, \cdots, a_{n-1}$에 대하여 다음은 동치이다

(1) $\{a_0, a_1, a_2, \cdots, a_{n-1}\}$은 법 n에 관한 완전잉여계이다.

(2) 각 $k = 0, 1, 2, \cdots, n-1$에 대하여 a_k를 n으로 나눈 나머지를 r_k라고 하면 $\{r_0, r_1, r_2, \cdots, r_{n-1}\} = \mathbf{Z}_n$이다.

(3) $a_0, a_1, a_2, \cdots, a_{n-1}$ 중 어느 2개도 법 n에 관하여 합동이 아니다.

증명 (1) ⇒ (2) $a_k \in \mathcal{C}_k$, $(k = 0, 1, 2, \cdots, n-1)$, 이라고 가정해도 좋다. 이 때, 각 $k = 0, 1, 2, \cdots, n-1$에 대하여 $r_k = [a_k]_k = k$이다. 따라서 $\{r_0, r_1, r_2, \cdots, r_{n-1}\} = \mathbf{Z}_n$이다.

(2) ⇒ (3) $\{r_0, r_1, r_2, \cdots, r_{n-1}\} = \mathbf{Z}_n$이면 $a_0, a_1, a_2, \cdots, a_{n-1}$을 n으로 나머지가 모두 다르다. 따라서 이들 중 어느 2개도 법 n에 관하여 합동이 아니다.

(3) ⇒ (1) $i \neq j$인 i, j에 대하여 a_i, a_j가 같은 잉여류 $\mathcal{C}_k$에 속한다면 $a_i \equiv k \equiv a_j \pmod{n}$ 이 되어 (3)에 위배된다. 그러므로 $a_0, a_1, a_2, \cdots, a_{n-1}$은 서로 다른 잉여류에 속한다. ▌

보기

$\{0, 1, 2, \cdots, n-1\}$, $\{1, 2, \cdots, n\}$은 모두 법 n에 관한 완전잉여계이다.

◇ 완전잉여계라고 하자. 임의의 정수 c에 대하여

$$a_i + c \equiv a_i + c \pmod{n} \Leftrightarrow a_i \equiv a_j \pmod{n}$$

이므로 $a_0 + c, a_1 + c, a_2 + c, \cdots, a_{n-1} + c$ 중 어느 2개도 법 n에 관하여 합동이 아니다. 또, $\gcd(c, n) = 1$일 때,

$$ca_i \equiv ca_j \pmod{n} \Leftrightarrow a_i \equiv a_j \pmod{n}$$

이므로 $ca_0, ca_1, \cdots, ca_{n-1}$중 어느 2개도 법 n에 관하여 합동이 아니다. 러므로 정리 7.13으로 부터 다음 따름정리를 얻는다.

정리 7.14

$\{a_0, a_1, a_2, \cdots, a_{n-1}\}$이 법 n에 관한 완전잉여계이고 c가 정수일 때,

(1) $\{a_0+c, a_1+c, a_2+c, \cdots, a_{n-1}+c\}$는 법 n에 관한 완전잉여계이다.

(2) $\gcd(c, n)=1$이면, $\{ca_0, ca_1, \cdots, ca_{n-1}\}$은 법 n에 관한 완전잉여계이다.

보기

$\{0, 1, 2, 3, 4, 5\}$는 법 6에 관한 완전잉여계이다. 따라서

(1) $\{0-2, 1-2, 2-2, 3-2, 4-2, 5-2\}=\{-2, -1, 0, 1, 2, 3\}$도 법 6에 관한 완전잉여계이다.

(2) $\gcd(5, 6)=1$이므로 $\{0\cdot5, 1\cdot5, 2\cdot5, 3\cdot5, 4\cdot5, 5\cdot5\}=\{0, 5, 10, 15, 20, 25\}$도 법 6에 관한 완전잉여계이다.

정리 7.15

임의의 양의 정수 $n>1$에 대하여, 각 원소의 절대값이 $[\frac{n}{2}]$을 넘지 않는 법 n에 관한 완전잉여계를 잡을 수 있다.

증명 ■ n이 홀수일 때 : $n=2k+1$

$$\{-k, -k+1, \cdots, -1, 0, 1, 2, \cdots, k-1, k\}$$

가 조건을 만족하는 완전잉여계이다.

■ n이 짝수일 때 : $n=2k$

$$\{-k, -k+1, \cdots, -1, 0, 1, 2, \cdots, k-1\},$$
$$\{-k+1, \cdots, -1, 0, 1, 2, \cdots, k-1, k\}$$

가 조건을 만족하는 완전잉여계이다. ▌

정리 7.15와 같은 완전잉여계를 절대최소잉여계라고 한다. 이를테면, 법 5에 관한 절대최소잉여계는 $\{-1, -1, 0, 1, 2\}$이고 법 6에 관한 절대최소잉여계는 $\{-3, -2, -1, 0, 1, 2\}$ 또는 $\{-2, -1, 0, 1, 2, 3\}$이다.

◀ absolute least residues modulo n

연습문제 07

EXERCISES

1 임의의 홀수는 법 4에 관하여 1 또는 3과 합동임을 보여라.

2 양의 정수 n에 대하여 $5^n \equiv 1 + 4n \pmod{16}$임을 보여라.

3 소수 p와 정수 a, b 대하여 $a^2 \equiv b^2 \pmod{p}$이면 $a \equiv b \pmod{p}$ 또는 $a \equiv -b \pmod{p}$임을 보여라.

4 $a \equiv b \pmod{m}$, $a \equiv b \pmod{n}$, $\gcd(m, n) = 1$이면 $a \equiv b \pmod{mn}$임을 보여라.

5 $n < p < 2n$을 만족하는 소수 p와 정수 n에 대하여 $\binom{2n}{n} \equiv 0 \pmod{p}$임을 증명하여라.

6 $\sum_{k=1}^{n} k^5$을 4로 나눈 나머지를 구하여라.

7 n이 홀수이거나 4의 배수일 때,

$$1^3 + 2^3 + \cdots + (n-1)^3 \equiv 0 \pmod{n}$$

을 증명하여라.

8 임의의 양의 정수 n에 대하여 다음이 성립함을 증명하여라.

(1) $5^{2n} + 3 \cdot 2^{5n-2} \equiv 0 \pmod{7}$

(2) $3^{n+2} + 4^{2n+1} \equiv 0 \pmod{13}$

(3) $2^{5n+1} + 5^{n+2} \equiv 0 \pmod{27}$

9 a가 홀수이고 n이 양의 정수일 때, $a^{2^n} \equiv 1 \pmod{2^{n+2}}$임을 보여라.

10 4444^{555}를 9로 나눈 나머지를 구하여라.

11 9^{9^9}의 끝 두 자리의 수를 구하여라.

07 연습문제

E·X·E·R·C·I·S·E·S

12 384384가 33의 배수인지 아닌지를 판정하여라.

13 1,010,908,930를 7, 11, 13으로 나눈 나머지를 각각 구하여라.

14 자연수 N의 q진법의 전개식이

$$N = a_m q^m + a_{m-1} q^{m-1} + \cdots + a_1 q + a_0,\ (0 \le a_k < q)$$

일 때,

$$(q-1) \mid N \Leftrightarrow (q-1) \mid (a_m + a_{m-1} + \cdots + a_1 + a_0)$$

를 증명하여라.

15 $n+1$ 개의 정수는 법 n에 관한 완전잉여계가 될 수 없음을 보여라.

16 법 9, 10에 관한 절대최소잉여계를 각각 구하여라.

17 법 100에 관하여 23456과 합동인 수 중에서 절대값이 최소인 수를 구하여라.

18 다음을 구하여라.

(1) 법 11에 관한 최소 양의잉여계의 원소 중 3^{10}과 합동인 수

(2) 법 13에 관한 최소 양의잉여계의 원소 중 3^{12}과 합동인 수

(3) 법 17에 관한 최소 양의잉여계의 원소 중 5^{16}과 합동인 수

19 다음을 구하여라.

(1) 법 7에 관한 절대최소잉여계의 원소 중 $6!$과 합동인 수

(2) 법 11에 관한 절대최소잉여계의 원소 중 $10!$과 합동인 수

(3) 법 13에 관한 절대최소잉여계의 원소 중 $12!$과 합동인 수

08

일차합동식

Linear Congruences

ENV Number Theory

대표문제

- $3x \equiv 4 \pmod{5}$ 를 만족하는 모든 정수 x를 어떻게 표현할 수 있을까 ?
- $3x \equiv 4 \pmod{5}$, $9x \equiv 12 \pmod{15}$를 만족하는 정수 전체의 집합은 같다. 이 집합의 원소를 법 5, 법 15에 관하여 나타내는 방법 상의 차이점은 무엇일까 ?
- $3b \equiv 1 \pmod{10}$을 만족하는 정수 b를 찾고, 그 정수 b를 이용하여 $3x \equiv 4 \pmod{10}$을 만족하는 정수 x를 찾아라.
- 3, 5, 7로 나눈 나머지가 각각 2, 3, 2인 하나의 정수를 찾아라.

합동식과 그 해

고정된 양의 정수 n과 x에 관한 정수 계수 다항식 $f(x)$, $g(x)$에 대하여 합동식

$$f(x) \equiv g(x) \pmod{n} \quad \cdots\cdots ①$$

을 만족하는 x의 정수값을 **합동식 ①의 해** 또는 **근**이라고 하고, 해 전체를 구하는 것을 합동식 ①을 푼다고 한다. 또 해 전체의 집합을 **해집합**이라고 한다.

◀ 解 solution / 根 root

예제 8.1

합동식 $2x \equiv 1 \pmod{3}$을 풀어라.

풀이 $2x \equiv -x \pmod{3}$이므로 주어진 합동식은 $-x \equiv 1 \pmod{3}$으로 변형 될 수 있고 따라서 $x \equiv -1 \pmod{3}$, 즉, $x \equiv 2 \pmod{3}$이다. 역으로 $x \equiv 2 \pmod{3}$이면 $2x \equiv 4 \pmod{3}$, 즉, $x \equiv 2 \pmod{3}$이므로 법 3에 관하여 2와 합동인 수 전체가 해이다. 그러므로 해집합은 2를 포함하는 법 3에 관한 잉여류 $\{\cdots, -4, -1, 2, 5, 8, \cdots\}$이다. 이 때, 해는

$$x \equiv 2 \pmod{3}$$

으로 나타낸다. ■

예제 8.2

합동식 $x^2 \equiv x \pmod{7}$을 풀어라.

풀이 주어진 합동식으로 부터 $x^2 - x \equiv 0 \pmod{7}$, 즉,

$$x(x-1) \equiv 0 \pmod{7}$$

을 얻는다. 따라서 x 또는 $x-1$이 7의 배수이다. 그러므로

$$x \equiv 0 \pmod{7},\ x \equiv 1 \pmod{7} \quad \cdots\cdots ②$$

역으로 ②를 만족하는 임의의 x는 $x^2 - x \equiv 0 \pmod{7}$을 만족하므로 주어진 합동식의 해는 ②이다. ■

해집합이 같은 두 합동식은 **동치**라고 한다. 이를테면 $x^2 \equiv x \pmod{7}$과 $x^2 - x \equiv 0 \pmod{7}$은 동치인 합동식이다.

◀ 동치 equivalent

앞 쪽의 합동식 ①의 우변을 좌변으로 이항하면 ①과 동치인 합동식 $f(x) - g(x) \equiv 0 \pmod{n}$을 얻는다. 그러므로 합동식을 생각할 때는

$$f(x) \equiv 0 \pmod{n} \quad \cdots\cdots ②$$

꼴의 합동식만 생각하면 충분하다. 여기서 $f(x)$의 차수가 m이고 최고차 항의 계수가 n의 배수가 아닐 때, ②를 **m차 합동식**이라고 한다. 이를테면 $2x-1 \equiv 0 \pmod{3}$, $x^2 - x \equiv 0 \pmod{7}$은 각각 1차 합동식, 2차 합동식이다. 그러나 $5x^2 + 2x + 1 \equiv 2x + 1 \pmod{5}$이므로 $5x^2 + 2x + 1 \equiv 0 \pmod{5}$은 1차 합동식이다. 1차 합동식, 2차 합동식, $\cdots$ 을 통틀어서 **다항 합동식**이라고 한다.

정리 8.3

$x = a$가 합동식 $f(x) \equiv 0 \pmod{n}$의 해일 때, $a \equiv b \pmod{n}$인 모든 정수 b도 $f(x) \equiv 0 \pmod{n}$의 해이다.

증명 $x = a$가 $f(x) \equiv 0 \pmod{n}$의 해이면 $f(a) \equiv 0 \pmod{n}$. $a \equiv b \pmod{n}$일 때, 정리 7.4에 의하여, $f(b) \equiv f(a) \equiv 0 \pmod{n}$이므로 b도 $f(x) \equiv 0 \pmod{n}$의 해이다. ∎

정리 8.3으로 부터 $x = a$가 합동식 $f(x) \equiv 0 \pmod{n}$의 해일 때, a를 포함하는 잉여류의 모든 원소 또한 $f(x) \equiv 0 \pmod{n}$의 해이다. 따라서, 법 n에 관한 하나의 완전 잉여계의 원소 중에서 $f(x) \equiv 0$의 해가 $b_1, b_2, \cdots, b_r$일 때, $f(x) \equiv 0 \pmod{n}$의 해집합은 $b_1, b_2, \cdots, b_r$을 포함하는 잉여류의 합집합임을 알 수 있다. 합동식의 해를 포함하는 완전 잉여류의 개수를 그 합동식의 **법 n에 관한 해의 개수**라고 한다.

예제 8.4

$x^3 - x \equiv 1 \pmod{5}$를 풀어라.

풀이 법 5에 관한 완전잉여계 $\{-2, -1, 0, 1, 2\}$의 원소 중에서 주어진 합동식의 해는 $x = 2$뿐이다. 따라서 해는 $x \equiv 2 \pmod{5}$이고, 법 5에 관한 해의 개수는 1이다. ∎

일차합동식

일차합동식 중에는 해가 없는 것도 있다. 예를 들어

$$2x \equiv 3 \pmod 4$$

를 만족하는 정수는 없다. 왜냐하면 $2x \equiv 3 \pmod 4$일 때,

$$2x + 4k = 3, \ (k\text{는 정수})$$

이 등식의 좌변은 임의의 x값에 대하여 짝수이므로 우변의 홀수인 3과 같을 수 없다. 일차합동식은 어떤 경우에 해를 가지는지 알아 보자.

정리 8.5

일차합동식 $ax \equiv b \pmod n$이 해를 가질 필요충분조건은

$$\gcd(a, n) \mid b$$

증명 $ax \equiv b \pmod n \Leftrightarrow ax = kn + b \Leftrightarrow ax - kn = b$, ($k$는 정수) 이므로, 일차합동식 $ax \equiv b \pmod n$이 해를 가질 필요충분조건은 부정방정식 $ax + ny = b$가 해를 가지는 것이다. 부정방정식 $ax + ny = b$가 해를 가질 필요충분조건은 $\gcd(a, n) \mid b$ 이다. ▌

◀ 정리 4.5

◇ $\gcd(a, n) = g$이고 $g \mid b$일 때 $ax_0 + ny_0 = b$를 만족하는 x_0은 $ax \equiv b \pmod n$의 한 해이다. 이러한 특별한 한 해, 즉, **특수해**를 바탕으로 모든 해를 구하는 방법에 대하여 알아보자.

자연수 n과 정수 a, b에 대하여, $\gcd(a, n) = g$라고 할 때, $a = ga'$, $n = gn'$, $b = gb'$ 이라고 하면, $\gcd(a', n') = 1$이고, 또 정리 7.5에 의하여 두 일차합동식

$$ax \equiv b \pmod n,$$
$$a'x \equiv b' \pmod{n'}$$

은 동치이다. 그러므로 이들 두 일차합동식은 같은 해집합을 가진다.

보기

일차합동식 $2x \equiv 1 \pmod 3$과 $10x \equiv 5 \pmod{15}$의 해집합은 $\{\cdots, -4, -1, 2, 5, 8, \cdots\}$로서 같다.

보조정리 8.6

$\gcd(a, n) = 1$ 일 때, 일차합동식 $ax \equiv b \pmod{n}$는 법 n에 관하여 유일한 해를 가진다.

증명 정리 8.5에 의하여 $ax \equiv b \pmod{n}$는 해를 가진다.
$x = x_0$, $x = x_1$이 $ax \equiv b \pmod{n}$의 해라면,
$ax_0 \equiv b \pmod{n}$, $ax_1 \equiv b \pmod{n}$ 이므로 $ax_0 \equiv ax_1 \pmod{n}$이다.

$$ax_0 \equiv ax_1 \pmod{n} \Rightarrow a(x_0 - x_1) \equiv 0 \pmod{n}$$
$$\Rightarrow n \mid a(x_0 - x_1) \underset{㉮}{\Rightarrow} n \mid (x_0 - x_1) \Rightarrow x_0 \equiv x_1 \pmod{n} \quad ▌$$

◂ ㉮ : 유클리드 Lemma

일차합동식

$$\overset{a}{9}x \equiv \overset{b}{12} \pmod{\overset{n}{15}} \quad \cdots\cdots \text{①}$$

◂ ① $ax \equiv b \pmod{n}$꼴

이 주어졌다고 하자. ①의 $a = 9$, $b = 12$, $n = 15$를 $g = \gcd(a, n) = 3$으로 나누면 동치인 일차합동식

$$\underset{a'}{3}x \equiv \underset{b'}{4} \pmod{\underset{n'}{5}} \quad \cdots\cdots \text{②}$$

◂ ② $a'x \equiv b' \pmod{n'}$꼴

를 얻는다.

①, ②는 동치이므로 같은 해집합을 가진다.
$3 \cdot 3 \equiv 4 \pmod{5}$이므로 $x = 3$은 ② 한 해이다. 그러므로 법 $n' = 5$에 관하여 유일한 해이다. 따라서 모든 해는 다음 배열 ㉮에서 큰 글씨로 표시된 수 전체, 즉, $3 + 5k$꼴의 수 전체로서

$$x \equiv 3 \pmod{5}$$

와 같이 쓸 수 있다.

◂ $3 \cdot 1 = 3 \not\equiv 4 \pmod{5}$,
$3 \cdot 2 = 6 \equiv 1 \not\equiv 4 \pmod{5}$,
$3 \cdot 3 = 9 \equiv 4 \pmod{5}$,
$3 \cdot 4 = 12 \equiv 2 \not\equiv 4 \pmod{5}$

← n'개 →

⋮

㉮

−9	−8	**−7**	−6	−5
−4	−3	**−2**	−1	0
1	2	**3**	4	5
6	7	**8**	9	10
11	12	**13**	14	15
16	17	**18**	19	20
21	22	**23**	24	25

⋮

↑ $3+5k$꼴

원래 문제가 법 $n = 15$ 에 관하여 주어졌으므로 모든 해를 법 $n = 15$ 에 관하여 나타내어 보자. 배열 ㉮의 한 행을 한 블락으로 하여 $g = 3$ 개씩의 블락이 한 행을 이루도록 다음과 같이 재 배열한다. 이 때 한 행에 들어 있는 수의 개수는 $n'g = n = 15$ 이다.

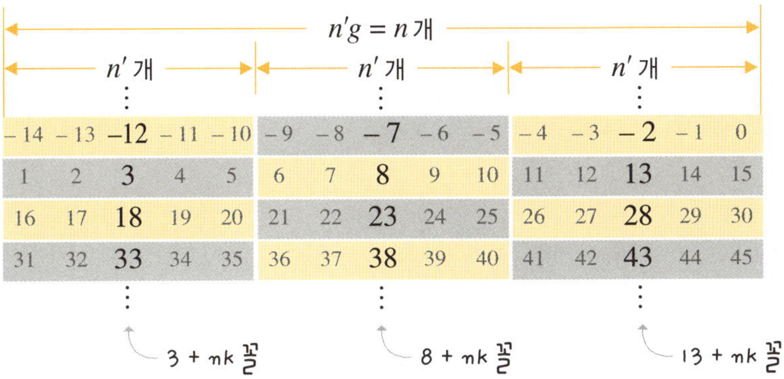

따라서 모든 해는

$$x \equiv 3 \pmod{15}, \quad x \equiv 3+5 \pmod{15}, \quad x \equiv 3+10 \pmod{15}$$

이다.

◀ $x \equiv 3 \pmod{15}$
$x \equiv 3 + n' \pmod{15}$
$x \equiv 3 + 2n' \pmod{15}$

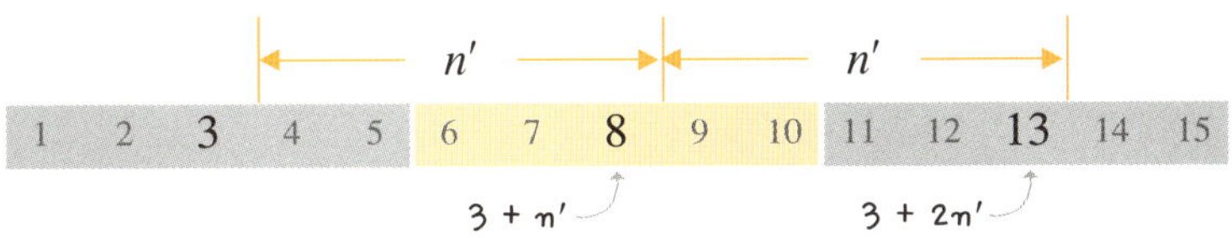

일반적으로 $1 \le x_0 \le n$ 인 x_0 이

$$ax \equiv b \pmod{n}, \text{ 즉, } a'x \equiv b' \pmod{n'}$$

의 특수해일 때, n' 개의 수를 한 블락으로 하여 g 개의 블락을 한 행이 되도록 정수를 배열하면 $1, 2, \cdots, n$ 중 $ax \equiv b \pmod{n}$의 해는

$$x_0, \ x_0 + n', \quad x_0 + 2n', \quad x_0 + (g-1)n'$$

임을 알 수있다.

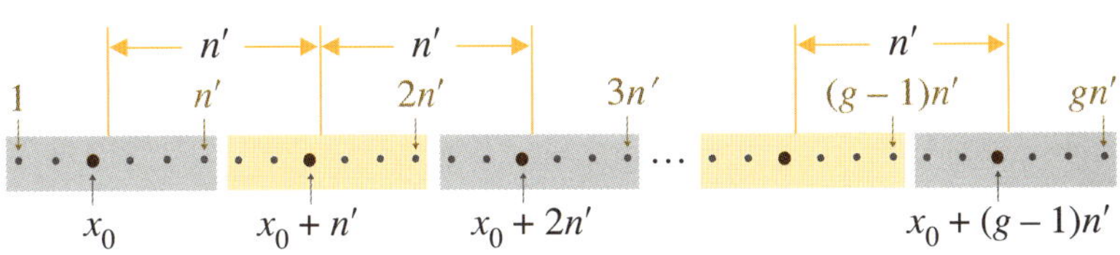

이상의 논의에서 우리는 사실상 다음 정리를 증명하였다. 그러나 이 정리에 대한 독립적인 증명을 기술한다.

정리 8.7

$\gcd(a, n) = g$ 이고, $g \mid b$ 일 때, 일차합동식

$$ax \equiv b \pmod{n} \quad \cdots\cdots ①$$

은 g 개의 법 n 에 관하여 합동이 아닌 해를 가진다. x_0 이 ①의 특수해라고 하면 그러한 g 개의 해로 다음을 잡을 수 있다.

$$x_0 + k\frac{n}{g}, \ (k = 0, 1, 2, \cdots, g-1)$$

증명 $n = n'g, a = a'g$ 로 쓰면, ① 은

$$a'x \equiv b' \pmod{n'} \quad \cdots\cdots ②$$

와 동치이다. x_0 이 ①의 특수해라고 할 때

(i) $$x_0, \ x_0 + n', \ x_0 + 2n', \cdots, \ x_0 + (g-1)n' \quad \cdots\cdots ③$$

은 ①의 해이다.

∵ 각 $k = 0, 1, 2, \cdots, g-1$ 에 대하여

$$\begin{aligned} a(x_0 + kn') &= ax_0 + kan' = b + ka'gn' \\ &= b + ka'n \equiv b \pmod{n} \end{aligned}$$ ▮

(ii) ①의 각 해는 ③의 어느 수와 법 n 에 관하여 합동이다.

∵ x 가 ①의 해라고 하면 x 는 ②의 해이다. 그러므로

$$x = x_0 + kn', \ (k\text{는 정수})$$

에서 k 를 g 로 나눈 몫을 q_k, 나머지를 r_k 라 하면

$$k = gq_k + r_k, \ \ 0 \le r_k < g$$

이다. 이 때,

$$\begin{aligned} x = x_0 + kn' &= x_0 + (gq_k + r_k)n' = x_0 + gn'q_k + r_k n' \\ &= x_0 + nq_k + r_k n' \equiv x_0 + r_k n' \pmod{n} \end{aligned}$$ ▮

(iii) ③의 어느 두 수도 법 n 에 관하여 합동이 아니다.

∵ $$x_0 + in' \equiv x_0 + jn' \pmod{n}, \ \ (0 \le i < j \le g-1)$$

이라고 하면 $in' \equiv jn' \pmod{n}$ 이다.

$$\begin{aligned} in' \equiv jn' \pmod{n} &\Rightarrow n \mid (j-i)n' \\ &\Rightarrow gn' \mid (j-i)n' \\ &\Rightarrow g \mid (j-i) \end{aligned}$$

이므로 $g \mid (j-i)$ 이다. 이것은 $0 \le i < j \le g-1$ 이란 사실에 위배된다. ▮

이제, (i), (ii), (iii)에 의하여 증명이 완료 되었다. ▮

예제 8.8

다음 일차합동식을 풀어라.

$$9x \equiv 21 \pmod{30} \quad \cdots\cdots ①$$

풀이 $\gcd(9, 30) = 3$ 이고 $3 \mid 21$ 이므로 이 일차합동식은 해를 가진다.
주어진 합동식에서 9, 21, 30을 3으로 나누어

$$3x \equiv 7 \pmod{10} \quad \cdots\cdots ②$$

을 얻는다.

②의 x에 $\mathbf{Z}_{10} = \{0, 1, 2, \cdots, 9\}$의 원소를 차례로 대입하여 보면 $x_0 = 9$가 한 해임을 알 수 있다. 따라서 ②의 모든 해, 곧 ①의 모든 해는

$$x \equiv 9 \pmod{10}. \quad \cdots\cdots ③$$

③을 법 30에 관하여 나타내어 보자.
법 30에 관하여 합동이 아닌 해의 개수는 $\gcd(9, 30) = 3$ 이고 $\mathbf{Z}_{30}$에서 그 해는 9, $9 + 10 = 19$, $9 + 20 = 29$ 이다. 따라서 ③은

$$x \equiv 9 \pmod{30},\ x \equiv 19 \pmod{30},\ x \equiv 29 \pmod{30} \quad \cdots\cdots ④$$

와 같이 쓸 수 있다.

다른 방법 $\gcd(c, n) = 1$ 일 때,

$$ax \equiv b \pmod{n} \Leftrightarrow cax \equiv cb \pmod{n}$$

임을이용한다.

◀ 「⇒」 방향은 $\gcd(c, n) = 1$ 이 아닌 일반적인 경우에도 성립한다.

$\gcd(7, 10) = 1$ 이다. ②의 양 변에 7을 곱하면

$$21x \equiv 49 \pmod{10}$$

을 얻는다. 이것은

$$x \equiv 9 \pmod{10}$$

와 같다. 따라서 ②의 한 해 $x_0 = 9$를 바로 얻는다.

또 다른 방법 $\gcd(9, 30) = 3$을 9와 30의 일차결합으로 나타낸다.

$$9 \cdot (-3) + 30 \cdot 1 = 3$$

$$9 \cdot (-3) \cdot 7 + 30 \cdot 1 \cdot 7 = 21$$

◀ 복잡한 경우 유클리드 알고리듬을 사용할 수 있다.

로부터 $x_0 = (-3) \cdot 7 = -21$을 얻는다. 따라서 ①의 해는

$$x \equiv -21 \pmod{30},\ x \equiv -11 \pmod{30},\ x \equiv -1 \pmod{30}$$

이다. 이 것은 ④와 같다. ■

법 n에 관한 역원

양의 정수 n과 정수 a에 대하여

$$ac \equiv 1 \pmod{n}$$

을 만족하는 정수 c를 **법 n에 관한 a의 역원**이라고 한다. 이를테면 $3 \cdot 2 \equiv 1 \pmod{5}$이므로 법 5에 관하여 2는 3의 역원이고 3은 2의 역원이다.

◂ inverse of a modulo n

정리 8.9

양의 정수 n과 정수 a에 대하여 다음이 성립한다.

(1) 법 n에 관한 a의 역원이 존재할 필요충분조건은 $\gcd(a, n) = 1$

(2) 법 n에 관한 a의 역원이 존재할 때, 그 존재성은 법 n에 관하여 유일하다.

(3) c가 법 n에 관한 a의 역원이라고 할 때, $\gcd(c, n) = 1$이다.

증명 (1) $\gcd(a, n) = 1$일 때, 보조정리 8.6에 의하여 $ax \equiv 1 \pmod{n}$은 법 n에 관하여 (유일한) 해를 가진다. 따라서 법 n에 관한 a의 역원이 존재한다.

역으로 c가 법 n에 관한 a의 역원이라고 하면 $ac \equiv 1 \pmod{n}$이므로

$$acr + ns = 1, \ (r, s\text{는 정수}) \quad \cdots\cdots\cdots ③$$

◂ 정리 7.1

③의 좌변이 a와 n의 일차결합이므로 $\gcd(a, n) = 1$

(2) 법 n에 관하여 b, c가 a의 역원이라면

$$b = 1 \cdot b \equiv (ca)b \equiv c(ab) \equiv c \cdot 1 = c \pmod{n}$$

(3) 법 n에 관하여 c가 a의 역원이면 a는 c의 역원이다. 따라서 (1)에 의하여 $\gcd(c, n) = 1$이다. ▌

◇ $\mathbf{Z}_n$은 법 n에 관한 완전잉여계이므로 법 n에 관한 a의 역원이 있다면 $\mathbf{Z}_n$ 내에도 있다. 법 n에 관한 역원은 법 n에 관하여 유일하므로 $\mathbf{Z}_n$에 속하는 법 n에 관한 역원은 유일하게 존재한다. 이를테면 $3 \cdot 2 \equiv 1 \pmod{5}$이므로 2는 $\mathbf{Z}_5$에 속하는 법 5에 관한 3의 유일한 역원이다.

◂ $3 \cdot 1 = 3 \pmod{5}$,
$3 \cdot 2 = 6 \equiv 1 \pmod{5}$,
$3 \cdot 3 = 9 \equiv 4 \pmod{5}$,
$3 \cdot 4 = 12 \equiv 2 \pmod{5}$

법 n에 관한 역원을 구하는 방법 부정방정식 $ax + ny = 1$의 한 해를 (x_0, y_0)라고 할 때, $ax_0 + ny_0 = 1$이다. 이 때,

$$ax_0 \equiv ax_0 + ny_0 = 1 \pmod{n}$$

이므로 x_0이 법 n에 관한 a의 역원 중 하나이다. $[x_0]_n = r$이라고 하면 r은 $\mathbf{Z}_n$에 속하는 법 n에 관한 a의 유일한 역원이다.

보기

법 9에 관한 29의 역원을 구하여 보자. 예제 4.7의 풀이 중에서

$$29 \cdot (-4) + 9 \cdot 13 = 1$$

그러므로 -4는 법 9에 관한 29의 역원이다. $-4 \equiv 5 \pmod{9}$이므로 $\mathbf{Z}_9$에 속하는 법 9에 관한 29의 역원은 5이다.

◇ $\gcd(a, n) = 1$일 때, c가 법 n에 관한 a의 역원이라고 하면 $ac \equiv 1 \pmod{n}$이므로

- $ax \equiv b \pmod{n} \Rightarrow acx \equiv bc \pmod{n} \Rightarrow x \equiv bc \pmod{n}$
- $x \equiv bc \pmod{n} \Rightarrow ax \equiv bca \pmod{n} \Rightarrow ax \equiv b \pmod{n}$

따라서

$$ax \equiv b \pmod{n} \Leftrightarrow x \equiv bc \pmod{n}$$

보기

$3x \equiv 4 \pmod{5}$를 풀어 보자. 법 5에 관한 3의 역원은 2이다. 그러므로

$$3x \equiv 4 \pmod{5} \Leftrightarrow 2 \cdot 3x \equiv 2 \cdot 4 \pmod{5} \Leftrightarrow x \equiv 8 \pmod{5}$$

$$\therefore 3x \equiv 4 \pmod{5}\text{의 해는 } x \equiv 3 \pmod{5}$$

연립일차합동식

지금부터 연립 일차합동식

$$a_i x \equiv b_i \pmod{m_i}, \quad (i = 1, 2, \cdots, r) \qquad \text{①}$$

(단, $\gcd(a_i, m_i) \mid b_i, \forall i, \quad i \neq j$일 때, $\gcd(m_i, m_j) = 1$)

의 풀이법에 대하여 알아보자. 지금까지의 논의에서 ①은

$$x \equiv b_i \pmod{n_i}, \quad (i = 1, 2, \cdots, r)$$

$$(\text{단, } i \neq j \text{ 일 때, } \gcd(n_i, n_j) = 1)$$

꼴의 연립 일차합동식과 동치임을 알 수 있다. 고대 중국의 수학책 구장산술에는 3, 5, 7 로 나눈 나머지가 각각 2, 3, 2 인 수를 찾으라는 문제가 실려 있다. 이 문제는 곧 연립 일차합동식

$$x \equiv 2 \pmod 3, \quad x \equiv 3 \pmod 5, \quad x \equiv 2 \pmod 7$$

의 해를 찾는 문제이다. 그러한 뜻에서 연립 일차합동식의 일반적인 풀이법을 제시하는 다음 정리를 **중국인의 나머지정리**라고 부른다.

◂ Chinese remainder theorem

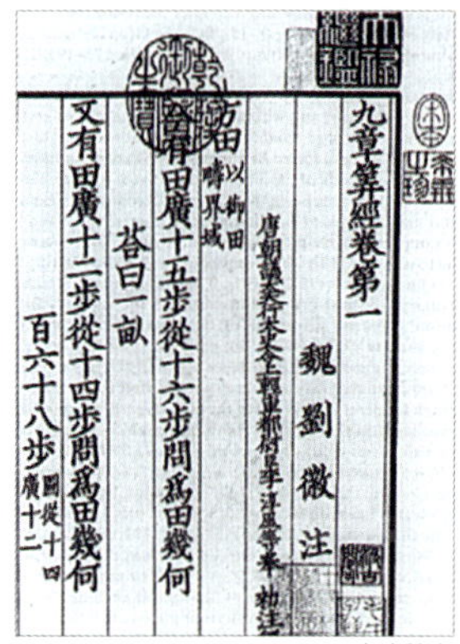
九章算經卷第一
魏 劉 徽 注
方田 以御田疇界域
今有田廣十五步從十六步問爲田幾何
荅曰一畝
又有田廣十二步從十四步問爲田幾何
荅曰一百六十八步

九章算術

정리 8.10 (중국인의 나머지정리)

쌍마다 서로 소인 양의 정수 $n_1, n_2, , \cdots, n_r$에 대하여, 연립일차합동식

$$x \equiv a_1 \pmod{n_1}, \ x \equiv a_2 \pmod{n_2}, \cdots, x \equiv a_r \pmod{n_r} \ \cdots\cdots \text{①}$$

은 해를 가진다. 더욱이 그 해는 법 $n_1 n_2 \cdots n_r$에 관하여 유일하다.

증명 *존재성* 각 $i = 1, 2, \cdots, r$에 대하여

$$N_i = \frac{n_1 n_2 \cdots n_r}{n_i}$$

로 두면, $\gcd(N_i, n_i) = 1$이고, $j \neq i$일 때 $N_i \equiv 0 \pmod{n_j}$이다. x_i를 법 n_i에 관한 N_i의 역원이라 하면 $x_i N_i \equiv 1 \pmod{n_i}$이다.

$$\delta_{ij} = \begin{cases} 1, & (i = j \text{ 일 때}), \\ 0, & (i \neq j \text{ 일 때}) \end{cases}$$

라고 하면 $x_i N_i \equiv \delta_{ij} \pmod{n_j}$이다.

$$x = x_1 N_1 a_1 + x_2 N_2 a_2 + \cdots + x_r N_r a_r$$

로 두면, 각 $j = 1, 2, \cdots, r$에 대하여,

$$\begin{aligned} x &\equiv \delta_{1j} a_1 + \cdots + \delta_{jj} a_j + \cdots + \delta_{rj} a_r \\ &= 0 + \cdots + 0 + a_j + 0 + \cdots + 0 = a_j \pmod{n_j} \end{aligned}$$

이므로 x는 ①의 해이다.

◂ $i = 1$인 경우를 보자.
$n_1 N_1 \equiv 1 \pmod{n_1}$
$N_1 \equiv 0 \pmod{n_j}, \forall j > 1$이므로
$n_1 N_1 \equiv 0 \pmod{n_j}, \forall j > 1$

유일성 y가 ①의 해라고 하면, 각 $i = 1, 2, \cdots, r$에 대하여 $x \equiv a_i \equiv y \pmod{n_i}$이므로 $n_i \mid (x - y)$이다. $i \neq j$일 때, $\gcd(n_i, n_j) = 1$이므로 $(n_1 n_2 \cdots n_r) \mid (x - y)$, 즉, $x \equiv y \pmod{n_1 n_2 \cdots n_r}$이다. 그러므로 ①의 해는 법 $n_1 n_2 \cdots n_r$에 관하여 유일하다. ▮

예제 8.11

다음 연립 일차합동식을 풀어라.

$$x \equiv 2 \pmod 3),\ x \equiv 3 \pmod 5),\ x \equiv 2 \pmod 7), \quad \cdots\cdots ①$$

풀 이 먼저 N_3, N_5, N_7을 찾으면

$$N_3 = 5 \cdot 7 = 35, \quad N_5 = 3 \cdot 7 = 21, \quad N_7 = 3 \cdot 5 = 15$$

$xN_3 \equiv_3 1$ 에서 $35x \equiv_3 1 \quad \therefore 2x \equiv_3 1 \quad \therefore x \equiv_3 2$

$xN_5 \equiv_5 1$ 에서 $21x \equiv_5 1 \quad \therefore x \equiv_5 1$

$xN_3 \equiv_7 1$ 에서 $15x \equiv_7 1 \quad \therefore x \equiv_7 1$

그러므로 $x_3 = 2, x_5 = 1, x_7 = 1$을 $N_3 = 35,\ N_5 = 21,\ N_7 = 15$의 법 3, 법 5, 법 7에 관한 역원으로 각각 잡을 수 있다.

$$a_3 = 2, \quad a_5 = 3, \quad a_7 = 2$$

이므로

$$\begin{aligned} x &= x_3N_3a_3 + x_5N_5a_5 + x_7N_7a_7 \\ &= 2 \cdot 35 \cdot 2 + 1 \cdot 21 \cdot 3 + 1 \cdot 15 \cdot 2 = 140 + 63 + 30 = 233 \end{aligned}$$

따라서 법 105 $(= 3 \cdot 5 \cdot 7)$에 관하여 유일한 해

$$x = 233 \equiv 23 \pmod{105}$$

를 얻는다.

다른 방법 다음을 만족하는 u, v, w를 구한다.

$$\begin{array}{lll} u \equiv 1 \pmod 3 & u \equiv 0 \pmod 5 & u \equiv 0 \pmod 7 \\ v \equiv 0 \pmod 3 & v \equiv 1 \pmod 5 & v \equiv 0 \pmod 7 \\ w \equiv 0 \pmod 3 & w \equiv 0 \pmod 5 & w \equiv 1 \pmod 7 \end{array}$$

그러한 u, v, w에 대하여

$$x = 2u + 3v + 2w$$

라고 하면 x는 ①의 한 해이다.

u는 3으로 나눈 나머지가 1인 35의 배수이다.

35의 배수 35, 70, 105, 140, ⋯ 중 $u = 70$을 택한다.

v는 5으로 나눈 나머지가 1인 21의 배수이다.

21의 배수 21, 42, 63, 84, ⋯ 중 $v = 21$을 택한다.

w는 7로 나눈 나머지가 1인 15의 배수이다.

15의 배수 15, 40, 45, 60, ⋯ 중 $v = 15$를 택한다.

이 때

$$x = 2u + 3v + 2w = 2 \cdot 70 + 3 \cdot 21 + 2 \cdot 15 = 233$$ ■

예제 8.12

다음 일차합동식을 풀어라.

$$17x \equiv 9 \pmod{276} \quad \cdots\cdots ①$$

풀 이 $276 = 3 \cdot 4 \cdot 23$ 이므로 ①의 한 해를 구하는 것은

$$17x \equiv 9 \pmod 3, \quad 17x \equiv 9 \pmod 4, \quad 17x \equiv 9 \pmod{23}$$

즉,

$$x \equiv 0 \pmod 3 \quad \cdots\cdots ②$$

$$x \equiv 1 \pmod 4 \quad \cdots\cdots ③$$

$$17x \equiv 9 \pmod{23} \quad \cdots\cdots ④$$

의 한 해를 구하는 것과 같다.

②에서 $x = 3k$, (k는 정수)이다. 이 것을 ③에 대입하면

$$3k \equiv 1 \pmod 4$$

양변에 3을 곱하면

$$k \equiv 9k \equiv 3 \pmod 4$$

따라서 $k = 3 + 4j$, (j는 정수)이다. 이 때,

$$x = 3k = 3(3 + 4j) = 9 + 12j$$

이 x를 ④에 대입하면 $17(9 + 12j) \equiv 9 \pmod{23}$

$$17(9 + 12j) \equiv 9 \pmod{23} \Leftrightarrow 204j \equiv -144 \pmod{23}$$

$$\Leftrightarrow 3j \equiv 6 \pmod{23} \Leftrightarrow j \equiv 2 \pmod{23}$$

$$\Leftrightarrow j = 2 + 23t, \ (t\text{는 정수})$$

따라서

$$x = 9 + 12(2 + 23t) = 33 + 276t \equiv 33 \pmod{276}$$

그러므로 $x \equiv 33 \pmod{276}$이 ①의 해이다. ■

연습문제 08

E·X·E·R·C·I·S·E·S

1 다음 일차합동식을 풀어라.

(1) $26x \equiv 1 \pmod{57}$ (2) $28x \equiv 8 \pmod{44}$

(3) $103x \equiv 57 \pmod{211}$ (4) $121x \equiv 87 \pmod{257}$

2 이차합동식 $x^2 + x \equiv 1 \pmod{7}$의 해의 존재성을 판정하여라.

3 4, 5, 7, 16 의 법 17 에 관한 역수를 각각 구하여라.

4 다음 연립일차합동식을 풀어라.

(1) $x \equiv 1 \pmod{3}$ $x \equiv 2 \pmod{5}$ $x \equiv 6 \pmod{11}$

(2) $3x \equiv 1 \pmod{8}$ $4x \equiv 3 \pmod{11}$

5 다음 일차합동식의 법 35 에 관하여 합동이 아닌 해의 개수를 구하여라.

(1) $15x \equiv 25 \pmod{35}$ (2) $15x \equiv 24 \pmod{35}$

(3) $15x \equiv 0 \pmod{35}$

6 다음 수를 구하여라.

(1) 3, 5, 7 로 나눈 나머지가 각각 2, 3, 6 인 500 이하의 자연수

(2) 2, 3, 5, 7 로 나눈 나머지가 1 인 11 의 배수

7 임의의 양의 정수 n에 대하여, 완전제곱수의 배수인 n개의 연속된 정수가 존재함을 증명하여라.

8 $\gcd(a, n) = 1$, $ax_1 \equiv 1 \pmod{n}$이라 할 때, 임의의 양의 정수 k에 대하여, $x_k = \dfrac{1-(1-ax_1)^k}{a}$는 정수이고 $ax \equiv 1 \pmod{n^k}$의 해임을 보여라.

◀ $1 - ax_1 \equiv 1 \pmod{a}$
$(1 - ax_1)^k \equiv 0 \pmod{n^k}$

9 $x \equiv a \pmod{m}$, $x \equiv b \pmod{n}$이 해를 가질 필요충분조건은 $\gcd(m, n) \mid (a-b)$ 임을 보여라. 또 해가 있을 경우 그 해는 법 $\mathrm{lcm}(m, n)$에 관하여 유일함을 보여라.

09

페르마의 정리

Fermat's Theorem

ENV

이 중단원에서 공부할 내용

- 페르마의 정리
- 페르마 정리의 응용 (소수가 아닌 수의 판정법)
- 윌슨의 정리

ENV Number Theory

대표문제

- 5^{1234}을 11로 나눈 나머지를 구하여라.
- $2^{n-1}-1$이 n의 배수가 아닐 때, 무엇을 말할 수 있을까 ?
- 20!을 23으로 나눈 나머지를 구하여라.

페르마의 정리

이 중단원에서 먼저 소개할 이른 바 페르마의 정리는 1640 년 페르마가 그의 친구 Frénicle 에 보낸 편지에 적힌 내용으로 오늘날 통신 보안, 전자상거래 등에 필수적인 암호화 기법의 바탕이 되어 있다.

페르마 (Fermat, 1601-1665)는 프랑스 법률가로서 직업수학자는 아니었지만 정수론, 해석기하, 확률론 등 수학 전반에 광범위한 업적을 남겼다. 그는 특히 소위 「페르마의 최후 문제 (Fermat's last problem)」의 제안자로 유명하다.

정리 9.1 (페르마의 정리)

소수 p와 정수 a에 대하여,

$$\gcd(a, p) = 1 \Rightarrow a^{p-1} \equiv 1 \pmod{p}$$

증명 $\mathbf{Z}_p = \{0, 1, 2, \cdots, p-1\}$이 법 p에 관한 완전잉여계이므로 정리 7.14 의 (2)에 의하여 $\{0, a, 2a, \cdots, (p-1)a\}$도 법 p에 관한 완전잉여계이다. 각 $k \in \{1, 2, \cdots, p-1\}$에 대하여 ka를 n으로 나눈 나머지를 r_k라고 하면 $ka \equiv r_k \pmod{p}$이고

$$\{r_1, r_2, \cdots, r_{p-1}\} = \{1, 2, \cdots, p-1\}$$

이다. 따라서

$$a \cdot 2a \cdot \cdots \cdot (p-1)a \equiv r_1 r_2 \cdots r_{p-1} = 1 \cdot 2 \cdot \cdots \cdot (p-1) \pmod{p}$$

즉,

$$(p-1)!\, a^{p-1} \equiv (p-1)! \pmod{p}$$

여기서 $\gcd((p-1)!, p) = 1$ 이므로

$$a^{p-1} \equiv 1 \pmod{p} \quad ▌$$

보기

$p = 5$, $a = 4$일 때, 위 증명의 내용은 다음과 같다.

$$\mathbf{Z}_5 = \{0, 1, 2, 3, 4\},$$

$$\{3 \cdot 0,\ 3 \cdot 1,\ 3 \cdot 2,\ 3 \cdot 3,\ 3 \cdot 4)\} = \{0, 3, 6, 9, 12\}$$

이므로

$$3 \cdot 6 \cdot 9 \cdot 12 = (3 \cdot 1)(3 \cdot 2)(3 \cdot 3)(3 \cdot 4) = 3^4 \cdot 1 \cdot 2 \cdot 3 \cdot 4 = 3^4 \cdot 4!$$

한편 $3 = 3$, $6 \equiv 1 \pmod{5}$, $9 \equiv 4 \pmod{5}$, $12 \equiv 2 \pmod{5}$이므로

$$3 \cdot 6 \cdot 9 \cdot 12 \equiv 3 \cdot 1 \cdot 4 \cdot 2 = 1 \cdot 2 \cdot 3 \cdot 4 = 4! \pmod{5}$$

따라서 $3^4 \cdot 4! \equiv 4! \pmod{5}$이다. $\gcd(4!, 5) = 1$ 이므로

$$3^4 \equiv 1 \pmod{5}$$

를 얻는다.

c_0	c_1	c_2	c_3	c_4
⋮	⋮	⋮	⋮	⋮
−10	−9	−8	−7	−6
−5	−4	−3	−2	−1
0	1	2	3	4
5	6	7	8	9
10	11	12	13	14
15	16	17	18	19
⋮	⋮	⋮	⋮	⋮

따름정리 9.2

p가 소수일 때, 임의의 정수 a에 대하여,

$$a^p \equiv a \pmod{p}$$

◀ 여기에는 $\gcd(p, a) = 1$ 이란 조건이 없다.

증명 $p \mid a$이면 $a^p \equiv 0 \equiv a \pmod{p}$

$p \nmid a$이면 페르마의 정리에 의하여 $a^{p-1} \equiv 1 \pmod{p}$

$$\therefore\ a^p \equiv a \pmod{p}$$ ▮

◇ $p \nmid a$일 때 $a^{p-1} \equiv 1 \pmod{p} \Leftrightarrow a^p \equiv a \pmod{p}$이므로 페르마의 정리는 따름정리 9.2와 동치이다. 아래에 따름정리 9.2에 대한 별도의 증명을 소개한다.

■ p가 소수이고 x가 정수일 때, 다음이 성립한다.

$$(x+1)^p \equiv x^p + 1 \pmod{p} \quad \cdots\cdots ①$$

∵ 이항정리로부터 $(x+1)^p = x^p + \sum_{r=1}^{p-1} \binom{p}{r} + 1$이다.

$1 \le r \le p-1$일 때, $\binom{p}{r}$은 정수이다. 한편

$$\binom{p}{r} = \frac{p(p-1)(p-2)\cdots(p-r+1)}{r!}$$

의 우변의 분모 $r!$과 분자의 p는 서로 소이므로 약분 후에도 p는 그대로 남는다. 따라서 $\binom{p}{r}$는 p의 배수, 즉, $\binom{p}{r} \equiv 0 \pmod{p}$이다.

$\therefore\ (x+1)^p \equiv x^p + 0 + \cdots + 0 + 1 = x^p + 1 \pmod{p}$ ▮

■ p가 소수일 때, 모든 정수 x에 대하여

$$x^p \equiv x \pmod{p} \quad \cdots\cdots ②$$

∵ 명백히 $x = 0$일 때 ②가 성립한다.

$x = k$일 때 ②가 성립한다고 가정하면

$$(k+1)^p \underset{㉮}{\equiv} k^p + 1 \underset{㉯}{\equiv} k+1 \pmod{p}$$

◀ ㉮ : ①
㉯ : 가정 $k^p \equiv k \pmod{p}$

따라서 $x = k+1$에 대해서도 ②가 성립한다. 그러므로 ②는 모든 $x \in \{0, 1, 2, \cdots, p-1\}$ 에 대하여 성립한다. 임의의 정수는 0, 1, 2, $\cdots$, $p-1$ 중 어느 하나와 법 p에 관하여 합동이므로 ②는 모든 정수 x에 대하여 성립한다. ▮

보기

5^{38}을 11로 나눈 나머지를 구하여 보자.

페르마의 정리에 의하여 $5^{10} \equiv 1 \pmod{11}$이다. $38 = 10 \cdot 3 + 8$이므로

$$5^{38} = (5^{10})^3 \cdot 5^8 \equiv 1^3 \cdot (5^2)^4 \underset{㉮}{\equiv} 3^4 = (3^2)^2 \underset{㉯}{\equiv} (-2)^2 = 4 \pmod{11}$$

∴ 5^{38}을 11로 나눈 나머지는 4

◀ ㉮ $25 \equiv 3 \pmod{11}$
㉯ $9 \equiv -2 \pmod{11}$

페르마 정리의 응용

페르마의 정리에 의하면, 주어진 자연수 n에 대하여, 합동식

$$a^{n-1} \equiv 1 \pmod{n}$$

을 만족하지 않는 자연수 a가 존재하면 n은 소수가 아니다. 이를테면 $2^5 = 32 \equiv 2 \not\equiv 1 \pmod{6}$ 이므로 6은 소수가 아니다.

$a = 2$를 택하여 소수가 아닌 수를 판정하는 다음 방법을 **페르마 판정법**이라고 한다. 지금부터 특히 $2^{x-1} \equiv 1 \pmod{x}$를 **페르마 합동식**이라고 부르기로 한다.

◀ Fermat Test

> 홀수인 자연수 n이 주어졌을 때,
> ❶ n이 페르마 합동식을 만족하는가? 즉, $2^{n-1} \equiv 1 \pmod{n}$ 인가?
> ❷ 답이 Yes이면 n은 소수일 가능성이 있는데 확실치 않다,
> 답이 No이면 n은 소수가 아니라고 판정한다.

◀ $2^{n-1} \equiv 1 \pmod{n}$일 때는 n이 소일 수도 있고 합성수일 수도 있다. 그러므로 아무런 판정도 할 수 없다.

보기

페르마 판정법을 이용하여 117이 소수가 아님을 보인다.

「$2^{116} \equiv 1 \pmod{117}$?」을 체크하기 위하여 먼저 몇 개의 2의 거듭제곱을 관찰 해 보자.

$$2^5 = 32,\ 2^6 = 64,\ 2^7 = 128 \equiv 11 \pmod{117},\ 2^8 \equiv 22 \pmod{117},$$
$$\cdots,\ 2^{14} = (2^7)^2 \equiv (11)^2 = 121 \equiv 4 \pmod{117},\ \cdots$$

여기서 비교적 다루기 용이한 $2^{14} \equiv 4 \pmod{117}$을 찾을 수 있다.

$$2^{116} = (2^{14})^8 \cdot 2^4 \equiv 4^8 \cdot 2^4 = 2^{20} = 2^{14} \cdot 2^6 \equiv 4 \cdot 2^6$$
$$= 2^8 \equiv 22 \pmod{117} \not\equiv 1 \pmod{117}$$

이므로 117은 소수가 아니다.

◀ 실제로 117은 각 자리의 숫자의 합이 9이므로 9의 배수임을 바로 알 수 있다.
$117 = 9 \cdot 13$

◇ 341은 소수가 아니다. $(341 = 11 \cdot 31)$. 그러나 341은 페르마 합동식을 만족한다.

$\because$ $2^{340} = (2^{10})^{34} \equiv 1^{34} = 1 \pmod{11}$ $\quad \therefore 11 \mid (2^{340} - 1)$

$2^{340} = (2^5)^{68} = 32^{68} \equiv 1^{68} = 1 \pmod{31}$ $\quad \therefore 31 \mid (2^{340} - 1)$

그러므로 $11 \cdot 31 \mid (2^{340} - 1)$, 즉, $341 \mid (2^{340} - 1)$ 이고, 따라서 $2^{340} \equiv 1 \pmod{341}$이다.

◀ 따름정리 2.8

참고 **거듭제곱의 효율적인 계산법** $3^{30} \equiv 1 \pmod{31}$. 법 31에 관하여 3^{30}을 다음과 같이 계산하면 편리하다.

30의 이진법의 전개식은 $30 = 1 \cdot 16 + 1 \cdot 8 + 1 \cdot 4 + 1 \cdot 2 + 0 \cdot 1$

$$\therefore\ 3^{30} = 3^{16} \cdot 3^8 \cdot 3^4 \cdot 3^2$$

$3^1 = 3$

$3^2 = 9$ $\qquad$ 9

$3^4 = 9^2 = 81 \equiv 19$ $\quad \times \rightarrow$ 16 $(\equiv 9 \cdot 19 = 171)$

$3^8 \equiv 19^2 = 361 \equiv 20$ $\quad \times \rightarrow$ 10 $(\equiv 16 \cdot 20 = 320)$

$3^{16} \equiv 20^2 = 400 \equiv -3$ $\quad \times \rightarrow$ 1 $(\equiv 10 \cdot (-3) = -30)$

◀ 합동은 모두 mod 31

■ **의사 소수** 페르마 합동식을 만족하는 합성수, 즉, $2^{n-1} \equiv 1 \pmod{n}$인 합성수 n을 **의사소수**라고 한다. 이를테면 341은 의사소수이다. 다음 정리에 의하여 의사소수는 무수히 많다.

◀ 擬似素數 pseudo prime

정리 9.3

n이 의사 소수이면, $M_n = 2^n - 1$도 의사소수이다.

◀ 메르센 수

증명 n이 의사소수이면, $2^{n-1} - 1 \equiv 0 \pmod{n}$이므로 어떤 자연수 k가 있어서 $2^{n-1} - 1 = kn$이다.

$$2^{M_n - 1} = 2^{2^n - 2} = 2^{2(2^{n-1} - 1)} = 2^{2kn} = (2^n)^{2k} \underset{㉮}{\equiv} 1^{2k} = 1 \pmod{M_n}$$

따라서 $M_n = 2^n - 1$은 페르마 합동식을 만족한다. n이 합성수이므로 $2^n - 1$도 합성수이다. 그러므로 $M_n = 2^n - 1$은 의사소수이다. ∎

◀ n이 소수라고 해서 $2^n - 1$이 소수인 것은 아니다. ($2^{11} - 1$은 23의 배수)

◀ ㉮ : $2^n = M + 1$

윌슨의 정리

고정된 자연수 n에 대하여, n과 서로 소인 정수 전체의 집합을

$$U_n^*$$

로 나타내고, U_n^*의 원소 중 n이하의 양수전체의 집합을

$$U_n$$

으로 나타낸다. 즉,

$$U_n^* = \{a \in Z \mid \gcd(a, n) = 1\},$$
$$U_n = \{a \in Z_n \mid \gcd(a, n) = 1\}$$

이다. 이를테면 U_{10}^*의 원소는 다음 중 큰 글씨로 표시된 수이고 U_{10}의 원소는 색으로 표시된 수이다.

	⋮		⋮				⋮		⋮
−20	**−19**	−18	**−17**	−16	−15	−14	**−13**	−12	**−11**
−10	**−9**	−8	**−7**	−6	−5	−4	**−3**	−2	**−1**
0	**1**	2	**3**	4	5	6	**7**	8	**9**
10	**11**	12	**13**	14	15	16	**17**	18	**19**
20	**21**	22	**23**	24	25	26	**27**	28	**29**
	⋮		⋮				⋮		⋮

정리 8.9에 의하여 집합 U_n^*, U_n은 다음과 같은 중요한 성질을 가진다.

정리 9.4

U_n^*의 임의의 원소는 U_n 내에서 유일한 법 n에 관한 역원을 가진다

보기

$U_{10} = \{1, 3, 7, 9\}$ 내에서 U_{10}의 원소의 법 10에 관한 역원을 찾아 보자.

$$1^2 = 1 \pmod{10},$$
$$3 \cdot 7 = 21 \equiv 1 \pmod{10},$$
$$9 \cdot 9 = 81 \equiv 1 \pmod{10}$$

이므로 $U_{10} = \{1, 3, 7, 9\}$내에서 법 10에 관한

(1의 역원) = 1, (3의 역원) = 7, (7의 역원) = 3, (9의 역원) = 9

이다.

페르마의 정리는 p가 소수일 때 U_p의 한 원소를 $p-1$개 곱한 것은 법 p에 관하여 1과 합동이라는 뜻이다. 그렇다면 U_p의 $p-1$개의 원소 모두를 곱한 $(p-1)!$은 법 p에 관하여 어떤 수와 합동일까?

오른쪽과 같이 몇 개의 p값에 대하여 $(p-1)!$을 계산해 보면 $(p-1)! \equiv -1 \pmod{p}$일 것으로 추측된다. 이를 최초로 추측한 사람은 윌슨이고 증명한 사람은 라그랑즈이다. 이 사실을 증명해 보자.

$(5-1)! = 4! = 24$
$\equiv 4 \equiv -1 \pmod{5}$

$(7-1)! = 6! = 720$
$\equiv 6 \equiv -1 \pmod{7}$

$(11-1)! = 10!$
$= 3628800 \equiv 10$
$\equiv -1 \pmod{11}$

정리 9.5 (윌슨의 정리)

p가 소수이면, $(p-1)! \equiv -1 \pmod{p}$이다.

◀ $(p-1)!$은 U_p의 원소들의 곱

증명 $p = 2, 3$일 때는 명백하므로 $p > 3$이라고 한다.
$x \in \{2, 3, \cdots, p-2\}$의 법 p에 관한 역원 (U_p 내에서) 을 y라고 하면, $y \notin \{1, p-1, x\}$이다.

◀ 보조정리 9.4

◀ 윌슨의 정리는 연국의 수학자 E. Waring의 학생이었던 J. Wilson 주장한 정리이다. 이 정리에 대한 증명은 Wilson과 Waring은 하지 못했고 후일 라그랑즈가 하였다.

∵ $xy \equiv 1 \pmod{p}$ 이므로

- $y = 1 \Rightarrow x \equiv 1 \pmod{p} \Rightarrow x = 1$
- $y = p-1 \Rightarrow x \equiv -1 \pmod{p} \Rightarrow x = p-1$
- $y = x \Rightarrow x^2 \equiv 1 \pmod{p} \Rightarrow x^2 - 1 \equiv 0 \pmod{p}$

$$\Rightarrow p \mid (x+1)(x-1)$$

$$\Rightarrow \begin{cases} p \mid (x+1) \Rightarrow x \equiv -1 \equiv p-1 \pmod{p} \\ p \mid (x-1) \Rightarrow x \equiv 1 \pmod{p} \end{cases}$$

$p-3 = 2m$개의 수 $2, 3, \cdots, p-2$를 $a_1, b_1, a_2, b_2, \cdots, a_m, b_m$과 같이 재배열 하여

$$a_k b_k \equiv 1 \pmod{p}, \ (k = 1, 2, \cdots, m)$$

되게 할 수 있다.

∵ $a_1 \in \{2, 3, \cdots, p-2\}$을 임의로 잡고, a_1의 법 p에 관한 역원 $b_1 \in \{2, 3, \cdots, p-2\}$을 찾는다.
다시 $a_2 \in \{2, 3, \cdots, p-2\} - \{a_1, b_1\}$을 임의로 잡고, a_2의 법 p에 관한 역원 $b_2 \in \{2, 3, \cdots, p-2\}$ 을 찾는다. 여기서 $b_2 \in \{a_1, b_1\}$라고 하면 b_2는 U_p에서 서로 다른 2개의 법 p에 관한

다음 쪽에 이어짐

← 앞 쪽에서 계속

역원을 갖게 되므로 $b_2 \notin \{a_1, b_1\}$, 즉,

$$b_2 \in \{2, 3, \cdots, p-2\} - \{a_1, b_1\}$$

이다. 이 과정을 반복하여 a_m, b_m까지 구할 수 있다. 이 때,

$$a_k b_k \equiv 1 \pmod{p},\ (k = 1, 2, \cdots, m)$$

그러므로

$$\begin{aligned}(p-1)! &= 2\cdot 3 \cdot \cdots \cdot (p-2)\cdot(p-1) \\ &= (a_1b_1)(a_2b_2)\cdots(a_mb_m)(p-1) \\ &\equiv 1^m(p-1) \equiv p-1 \equiv -1 \pmod{p}\end{aligned}$$

보기

$p = 7$일 때, $U_7 = \{1, 2, 3, 4, 5, 6\}$

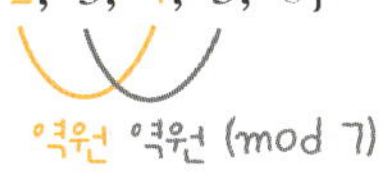

$2\cdot 4 \equiv 1 \pmod{7}$, $3\cdot 5 \equiv 1 \pmod{7}$

이므로 법 7에 관하여

2, 4는 서로의 역원이고, 3, 5는 서로의 역원이다.

따라서

$6! = 2\cdot 3\cdot 4\cdot 5\cdot 6 = (2\cdot 4)(3\cdot 5)\cdot 6 \equiv 1\cdot 1\cdot 6 = 6 \equiv -1 \pmod{7}$

예제 9.6

20!을 23으로 나눈 나머지를 구하여라.

풀이 윌슨의 정리에 의하여 $22! \equiv -1 \pmod{23}$, 즉,

$$20!\cdot 21\cdot 22 \equiv -1 \pmod{23}$$

이다.

$$\begin{aligned}&20!\cdot 21\cdot 22 \equiv -1 \pmod{23} \\ &\Rightarrow 20!\cdot 21\cdot(-1) \equiv -1 \pmod{23} \\ &\Rightarrow 20!\cdot 21 \equiv 1 \pmod{23}\end{aligned}$$

부정방정식 $21x + 23y = 1$의 한 해가 $x = 11$, $y = 10$이므로 법 23에 관한 21의 역원은 11이다. $21 \cdot 11 \equiv 1 \pmod{23}$이므로

$$20!\cdot 21 \equiv 1 \pmod{23} \Rightarrow 20!\cdot 21\cdot 11 \equiv 11 \pmod{23}$$

$$\therefore\ 20! \equiv 11 \pmod{23}$$

따라서 20!을 23으로 나눈 나머지는 11이다. ■

◇ 윌슨의 정리의 역도 성립한다. 즉,

$(n-1)! \equiv -1 \pmod{n}$이면, n은 소수이다.

∵ n이 합성수이면 n은 $1 < d < n$인 약수 d를 가진다. 이 때 $d \mid (n-1)!$이므로

$$(n-1)! = dq, \ (q\text{는 자연수})$$

$(n-1)! \equiv -1 \pmod{n}$이라면

$$(n-1)! = nx + 1, \ (x\text{는 자연수})$$

따라서 $dq = nx + 1$즉, $dq - nx = 1$이다. 이 때, $d \mid 1$이 되어 모순이다. ∎

참고 이상에서 n이 소수일 필요충분조건은 $(n-1)! \equiv -1 \pmod{n}$ 이다. 이결과는 모양은 예쁘지만 $n!$의 계산이 너무 어려워 실제 소수 판정 도구로 사용하는 것은 불가능하다.

◇ 다음은 몇 개의 작은 p값에 대하여 이차합동식 $x^2 \equiv -1 \pmod{p}$의 해의 존재성을 체크하기 위하여 만든 표이다.

p	3	5	7	11	13	17	19	23	29	…
x	없음	2	없음	없음	5	4	없음	없음	12	…

이 표에서 볼 수 있듯이 p의 값에 따라 $x^2 \equiv -1 \pmod{p}$의 해가 있을 수도 있고 없을 수도 있다. 다음 정리는 $x^2 \equiv -1 \pmod{p}$가 해를 가지기 위한 p의 특징을 규정한다.

정리 9.7

p가 홀수인 소수일 때, 이차합동식

$$x^2 \equiv -1 \pmod{p} \quad \cdots\cdots\cdots ①$$

가 해를 가질 필요충분조건은 $p \equiv 1 \pmod{4}$이다.

증명 $x = a$가 ①의 해라고 하면 $a^2 \equiv -1 \not\equiv 0 \pmod{p}$이다, 그러므로 $p \nmid a$이고 따라서 $a^{p-1} \equiv 1 \pmod{p}$이다.

다음 쪽에 이어짐

← 앞 쪽에서 계속

$p = 4k + 3$, (k는 정수), 이라고 하면,

$$1 \equiv a^{p-1} = a^{4k+2} = a^{2(2k+1)} = (-1)^{(2k+1)} = -1 \pmod p$$

와 같은 모순이 발생한다. 따라서 p는 $4k + 1$꼴이어야 한다.

역으로 $p = 4k + 1$, (k는 정수), 이라고 하면,

$$\begin{aligned} -1 &\equiv (p-1)! \\ &= [1\cdot(p-1)][2\cdot(p-2)] \cdots [\tfrac{p-1}{2}\,\tfrac{p+1}{2}] \\ &\equiv [-1^2)][-2^2] \cdots [-\left(\tfrac{p-1}{2}\right)^2] \\ &= (-1)^{(p-1)/2}\left(\tfrac{p-1}{2}\right)!^2 \\ &= (-1)^{2k}\left(\tfrac{p-1}{2}\right)!^2 = \left(\tfrac{p-1}{2}\right)!^2 \pmod p. \end{aligned}$$

그러므로 $x = \left(\frac{p-1}{2}\right)!$은 ①의 해이다. ▌

◇ $n^2 \equiv -1 \pmod p \Leftrightarrow p \mid (n^2 + 1)$ 이므로 정리 9.7 로부터

자연수 n에 대하여, $n^2 + 1$의 소인수는 $4k + 1$꼴

임을 알 수 있다.

연습문제 09

E·X·E·R·C·I·S·E·S

1 다음을 구하여라.

(1) 3^{432}을 11로 나눈 나머지 (2) 3^{10^6}을 17로 나눈 나머지

2 n이 7의 배수가 아닐 때, 다음 수는 7의 배수임을 증명하여라.

(1) $n^6 - 1$ (2) $n^{12} - 5^{12}$ (3) $n^{49} - n$

3 n이 7의 배수가 아닐 때, $n^3 - 1$, $n^3 + 1$ 중 하나는 7의 배수이고, $n^3 - 1$, $n^3 + 1$ 중 하나는 3의 배수임을 보여라.

4 임의의 양의 정수 n에 대하여 다음이 성립함을 보여라.

(1) $42 \mid (n^7 - n)$ (2) $13 \mid (11^{2(n^7 - n)} + 12)$

5 $\gcd(n, 30) = 1$일 때, $60 \mid (n^4 + 59)$임을 보여라.

6 123^{123}의 일의 자리의 숫자를 구하여라.

8 $p \nmid a$인 소수 와 정수 에 대하여 일차합동식 $ax \equiv b \pmod{p}$의 해는 $x \equiv a^{p-2}b$임을 증명하여라.

9 $n \neq 4$가 합성수일 때, $(n-1)! \equiv 0 \pmod{n}$을 증명하여라.

10 다음을 구하여라.

(1) $8 \cdot 9 \cdot 10 \cdot 11 \cdot 12 \cdot 13$을 7로 나눈 나머지

(2) $15!$을 17로 나눈 나머지

11 페르마의 정리를 써서 다음 합동식을 풀어라.

(1) $7x \equiv 12 \pmod{17}$ (2) $4x \equiv 11 \pmod{19}$

◀ $ax \equiv b \pmod{p}$의 양변에 a^{p-2}을 곱한다.

12 임의의 소수 p에 대하여 다음이 성립함을 증명하여라.

$$1^2 \cdot 3^2 \cdot 5^2 \cdots (p-2)^2 \equiv (-1)^{\frac{p+1}{2}} \pmod{p}$$

09 연습문제

E·X·E·R·C·I·S·E·S

13 2, 5가 아닌 임의의 소수 p에 대하여 다음 수열의 항 중에는 p의 배수인 항이 무수히 많음을 보여라.

(1) 9, 99, 999, 9999, $\cdots$ (2) 1, 11, 111, 1111, $\cdots$

14 p가 소수일 때 다음이 성립함을 증명하여라.

(1) $(p-1)! \equiv p-1 \pmod{1+2+\cdots+(p-1)}$

(2) $\binom{2p}{p} \equiv 2 \pmod{p}$

15 $0 \le k < p$인 소수 p와 정수 k에 대하여

$$(p-k-1)!\,k! \equiv (-1)^{k+1} \pmod{p}$$

가 성립함을 증명하여라.

16 p, q가 서로 다른 소수일 때, $p^{q-1}+q^{p-1} \equiv 1 \pmod{pq}$임을 증명하여라.

17 $\sqrt{2}=\frac{a}{b}$, $\gcd(a, b)=1$이라고 하면, $a^2=2b^2$이므로 $a^2+b^2=3b^2$이다. 이 사실과 페르마의 정리를 이용하여 $\sqrt{2}$가 무리수임을 증명하여라.

18 p가 홀수인 소수일 때, 메르센 수 $M_p=2^p-1$의 약수는 $2kp+1$, (k는 양의 정수), 꼴임을 증명하여라.

10 오일러의 정리

Euler's Theorem

ENV

이 중단원에서 공부할 내용

- 오일러 함수
- 오일러의 정리
- 암호에의 응용

대표문제

- 1234^{1234}의 끝 두 자리의 수를 구하여라.
- p가 소수일 때, $a \in U_p$를 $p-1$번 곱한 수는 법 p에 관하여 1과 합동이다. n이 자연수일 때, $a \in U_n$를 몇 번 곱하면 법 n에 관하여 1과 합동이 될까?
- 친구는 나에게 6 이하의 어떤 자연수 x를 알려 주는 대신 "x^5을 7로 나눈 나머지가 5"라고 알려 주었다. x를 어떻게 찾을 수 있을까?

오일러 함수

자연수 n과 서로 소인 n이하의 자연수의 개수, 즉, $|\boldsymbol{U}_n|$을

$$\phi(n)$$

으로 나타낸다. 명백히 ϕ는 정수론적 함수이다. 함수 ϕ를 **오일러 함수**라고 한다.

◂ 집합 S에 대하여 $|S|$는 S의 원소의 개수

◂ Euler function 또는 Euler ϕ function

Euler (1707-1783)
스위스의 수학자 / 삼각함수의 기호 sin, cos, tan, 허수단위 i, 자연로그의 밑 e 등을 처음으로 사용하였다.

보기

오른 쪽 표는

$$n = 1, 3, 4, 7, 8, 9$$

의 각각에 대한 $\boldsymbol{U}_n$의 원소를 나열하고 그 개수 $\phi(n)$을 찾은 것이다. 여기서, 이를테면,

$$\phi(4) = 2,\ \phi(9) = 6$$

임을 알 수 있다.

n	$\boldsymbol{U}_n$	$\phi(n)$
1	1	1
3	1, 2	2
4	1, 3	2
7	1, 2, 3, 4, 5, 6	6
8	1, 3, 5, 7	4
9	1, 2, 4, 5, 7, 8	6

정리 10.1

p가 소수이고 k가 자연수일 때,

$$\phi(p^k) = p^k - p^{k-1}$$

증명 p^k와 서로소가 아닌 자연수는 곧 p의 배수이다. 따라서 $\boldsymbol{U}_{p^k}$는 1부터 p^k까지의 자연수 중에서 p의 배수를 제거하고 남는 수 전체의 집합이다.

- $k > 1$일 때 : 1부터 p^k까지의 자연수 중에 p의 배수의 개수는

$$\left[\frac{p^k}{p}\right] = \frac{p^k}{p} = p^{k-1}$$

이므로

$$\phi(p^k) = |\boldsymbol{U}_{p^k}| = p^k - p^{k-1}.$$

- $k = 1$일 때 : $\boldsymbol{U}_p = \{1, 2, \cdots, p-1\}$이므로

$$\phi(p) = |U_p| = p - 1 = p^1 - p^0. \quad ▌$$

◂ n이하의 자연수 중 m의 배수의 개수는 $\left[\frac{n}{m}\right]$

보기

$\phi(32) = \phi(2^5) = 2^5 - 2^4 = 32 - 16 = 16$

$\phi(81) = \phi(3^4) = 3^4 - 3^3 = 81 - 27 = 54$

$\phi(7) = 7 - 1 = 6$

p가 소수이고 k가 자연수일 때, $\phi(p^k)$를 다음과 같이 쓸 수도 있다.

$$\phi(p^k) = p^{k-1}(p-1) = p^k\left(1 - \frac{1}{p}\right)$$

◇ 함수 τ, σ와 마찬가지로 오일러 함수 ϕ도 승법적이다. 즉,

$$\gcd(m, n) = 1 \Rightarrow \phi(m, n) = \phi(m)\phi(n).$$

이에 대한 우리의 증명은 다음 보조정리를 이용한다.

보조정리 10.2

정수 z, a, b에 대하여, z가 ab와 서로 소일 필요충분조건은 z는 a, b 각각과 서로 소일 것이다. 즉,

$$\gcd(z, ab) = 1 \Leftrightarrow \gcd(z, a) = 1, \gcd(z, b) = 1$$

증명 ($\Rightarrow$) $\gcd(z, ab) = 1 \Rightarrow zx + aby = 1$, ($x, y$는 정수)

$zx + aby$는 z, a의 일차결합인 동시에 z, b의 일차결합이다. 따라서 $\gcd(z, a) = 1$, $\gcd(z, b) = 1$이다.

($\Leftarrow$) $\gcd(z, a) = 1, \gcd(z, b) = 1$이면

$$zx + ay = 1, \quad zu + bv = 1, \ (x, y, u, v\text{는 정수})$$

이들 등식을 변끼리 곱하면

$$(zx + ay)(zu + bv) = 1$$

$$\therefore\ z(zxu + ayu + bvx) + abyv = 1$$

이 등식의 좌변은 z와 ab의 일차결합이므로 $\gcd(z, ab) = 1$이다. ▌

참고 보조정리 10.2는 소인수분해를 이용하여 증명할 수도 있다.

보조정리 10.3

$S = \{a_0, a_1, \cdots, a_{n-1}\}$가 법 n에 관한 완전잉여계일 때, S의 원소 중 n과 서로소인 수의 개수는 $\phi(n)$이다.

증명 각 $k = 0, 1, \cdots, n-1$에 대하여 $[a_k]_n = r_k$라 하면 어떤 정수 q_k가 있어서 $r_k = a_k - nq_k$이므로 $\gcd(a_k, n) = \gcd(r_k, n)$이다. $\{r_0, r_1, \cdots, r_{n-1}\} = \mathbf{Z}_n$이므로 $a_0, a_1, \cdots, a_{n-1}$ 중 n과 서로 소인 수의 개수는 $0, 1, \cdots, n-1$ 중 n과 서로 소인 수의 개수 $\phi(n)$과 같다.
▌

◂ $[a_k]_n$는 a_k를 n으로 나눈 나머지

정리 10.4

함수 ϕ는 승법적이다.

증명 m, n이 서로 소인 양의 정수라 하고,

$$\phi(mn) = \phi(m)\phi(n) \quad \cdots\cdots\cdots \text{①}$$

이 성립함을 보인다.

$\phi(1) = 1$이므로 $m = 1$ 또는 $n = 1$일 경우는 명백히 ①이 성립한다.

$m > 1,\ n > 1$을 가정하고, 1부터 mn까지의 자연수를 성분으로 하는 다음과 같은 $n \times m$ 행렬을 만든다.

$$\begin{bmatrix} 1 & 2 & \cdots & j & \cdots & m \\ m+1 & m+2 & \cdots & m+j & \cdots & 2m \\ 2m+1 & 2m+2 & \cdots & 2m+j & \cdots & 3m \\ \vdots & \vdots & \cdots & \vdots & \cdots & \vdots \\ (n-1)m+1 & (n-1)m+2 & \cdots & (n-1)m+j & \cdots & nm \end{bmatrix}$$

위 행렬의 제 j 열의 모든 성분은 법 m에 관하여 j와 합동이다. 따라서 제 j 열의 성분은 모두 m과 서로 소이든지 어느 것도 m과 서로 소가 아니든지 두 가지 중 하나이다. 어떤 열의 모든 성분이 m과 서로 소일 때 그 열이 m과 서로 소라고 부르기로 하면,

$$\text{제 } j \text{ 열이 } m\text{과 서로 소} \Leftrightarrow \gcd(j, m) = 1$$

이므로 m과 서로 소인 열의 개수는 $\phi(m)$이다.

다음 쪽에 이어짐

←앞 쪽에서 계속

또 임의의 j에 대하여, 제 j 열의 성분은 $\mathbf{Z}_n$의 각 원소에 m을 곱한 다음 j를 더한 것이다. $\gcd(m, n) = 1$이므로, 정리 7.14에 의하여, 이들은 완전잉여계이다. 그러므로 보조정리 10.3에 의하여 각 열의 성분 중 n과 서로 소인 수의 개수는 $\phi(n)$이다.

보조정리 10.2에 의하여 mn과 서로 소인 수는 m과 서로 소인 수 중에서 다시 n과 서로 소인 수이므로, 위 행렬의 성분 중 mn과 서로 소인 수는 m과 서로 소인 $\phi(m)$개의 열 각각에 $\phi(n)$개씩 들어 있다. 따라서 그러한 수의 개수는 $\phi(m)\phi(n)$이다. 그러므로 ①이 성립한다. ▌

보기

$n = 9$, $m = 10$일 때, 1부터 90까지의 수를 성분으로 하는 다음 9×10행렬을 만든다.

$$\begin{bmatrix}
1 & 2 & 3 & 4 & 5 & 6 & 7 & 8 & 9 & 10 \\
11 & 12 & 13 & 14 & 15 & 16 & 17 & 18 & 19 & 20 \\
21 & 22 & 23 & 24 & 25 & 26 & 27 & 28 & 29 & 30 \\
31 & 31 & 33 & 34 & 35 & 36 & 37 & 38 & 39 & 40 \\
41 & 42 & 43 & 44 & 45 & 46 & 47 & 48 & 49 & 50 \\
51 & 52 & 53 & 54 & 55 & 56 & 57 & 58 & 59 & 60 \\
61 & 62 & 63 & 64 & 65 & 66 & 67 & 68 & 69 & 70 \\
71 & 72 & 73 & 74 & 75 & 76 & 77 & 78 & 79 & 80 \\
81 & 82 & 83 & 84 & 85 & 86 & 87 & 88 & 89 & 90
\end{bmatrix}$$

이 행렬의 성분 중 $m = 10$과 서로 소인 수 전체는 $\phi(m) = \phi(10) = 4$개의 행 (제 1, 3, 7, 9 행)의 성분 전체이다. 각 열에 $n = 9$와 서로 소인 수가 $\phi(n) = \phi(9) = 6$개씩 있으므로, 이들 성분 중 $m = 10$과 서로 소이면서 $n = 9$와 서로 소인 수의 개수는 $\phi(m)\phi(n)) = 4 \cdot 6 = 24$이다.

ϕ가 승법적이므로, 양의 정수 $n > 1$의 표준형 소인수분해가

$$n = p_1^{k_1} p_2^{k_2} \cdots p_r^{k_r}$$

일 때 다음이 성립한다.

$$\phi(n) = \phi(p_1^{k_1})\phi(p_2^{k_2}) \cdots \phi(p_r^{k_r})$$

그러므로 이 때,

$$\begin{aligned}\phi(n) &= (p_1^{k_1} - p_1^{k_1-1})(p_2^{k_2} - p_2^{k_2-1}) \cdots (p_r^{k_r} - p_r^{k_r-1}) \\ &= p_1^{k_1-1}p_2^{k_2-1} \cdots p_r^{k_r-1}(p_1 - 1)(p_2 - 1) \cdots (p_r - 1) \\ &= n\left(1 - \frac{1}{p_1}\right)\left(1 - \frac{1}{p_2}\right) \cdots \left(1 - \frac{1}{p_r}\right)\end{aligned}$$

보기

$$\begin{aligned}\phi(360) &= \phi(2^3 \cdot 3^2 \cdot 5) = \phi(2^3)\phi(3^2)\phi(5) \\ &= 2^2(2-1)\cdot 3^1(3-1)\cdot(5-1) = 96\end{aligned}$$

◇ $\phi(n)$은 다음과 같은 성질을 가진다.

(i) $n > 2$ 인 임의의 자연수 n에 대하여 $\phi(n)$은 짝수이다.

∵ $k \geq 2$일 때, $\phi(2^k) = 2^{k-1}(2-1) = 2^{k-1}$은 짝수이다.
p가 홀수인 소수일 때, $\phi(p^k) = p^{k-1}(p-1)$는 짝수이다.
ϕ가 승법적이므로 임의의 자연수 n에 대하여 $\phi(n)$은 짝수이다. ▮

◂ $p-1$은 짝수

(ii) $\sum_{x \in \boldsymbol{U}_n} x = \frac{1}{2}n\phi(n)$

∵
$$\boldsymbol{U}_n = \{x_1, x_2, \cdots, x_{\phi(n)}\}$$
이라면
$$\boldsymbol{U}_n = \{n - x_1, n - x_2, \cdots, n - x_{\phi(n)}\}$$
이다. 그러므로
$$2(\boldsymbol{U}_n\text{의 원소의 합}) = \sum_{i=1}^{\phi(n)} (x_i + (n - x_i)) = n\phi(n)$$
이고, 따라서 $\boldsymbol{U}_n$의 원소의 합은 $\frac{1}{2}n\phi(n)$이다. ▮

◇ 6 의 약수는 1, 2, 3, 6 이고,

◂ 양의 약수만 생각한다.

$$\phi(1) + \phi(2) + \phi(3) + \phi(6) = 1 + 1 + 2 + 2 = 6$$

9 의 약수는 1, 3, 9 이고,

$$\phi(1) + \phi(3) + \phi(9) = 1 + 2 + 6 = 9$$

이와 같이, 자연수 n의 약수의 ϕ값의 합은 n과 같다. 다음 정리에서 이 사실을 증명한다.

정리 10.5 (가우스의 정리)

$$\sum_{d|n} \phi(d) = n$$

◀ $\sum_{d|n}$는 n의 모든 양의 약수 d에 대한 합을 나타낸다.

Gauss (1777-1855)
독일의 수학자 / 19C 전반 최대의 수학자로서 수학 전반에 걸친 눈부신 업적으로 "수학의 왕자"로 불린다.

증명 n의 서로 다른 소인수의 개수를 π_n이라 하고 π_n에 대한 귀납법으로 증명한다.

$\pi_n = 1$일 때, $n = p^e$, (p는 소수, e는 자연수)이다. 이때,

$$\begin{aligned}\sum_{d|n} \phi(d) &= \phi(1) + \phi(p) + \phi(p^2) + \cdots + \phi(p^e)\\ &= 1 + (p-1) + (p^2 - p) + \cdots + (p^e - p^{e-1})\\ &= p^e = n\end{aligned}$$

이되어, 이 경우 정리의 등식이 성립한다.

$\pi_n \geq 2$라 하고, $\pi_k < \pi_n$인 모든 양의 정수 k에 대하여 정리의 등식이 성립한다고 가정한다.

$\pi_n \geq 2$이므로

$$n = ab, \quad 1 < a, b < n, \quad \gcd(a, b) = 1$$

을 만족하는 양의 정수 a, b가 존재한다. a, b의 약수 전체의 집합을 각각 $\{x_1, x_2, \cdots, x_r\}$, $\{y_1, y_2, \cdots, y_s\}$라고 하면, 각 i, j에 대하여 $\gcd(x_i, y_j) = 1$이고 또 ϕ가 승법적이므로 $\phi(x_i y_j) = \phi(x_i)\phi(y_j)$이다. 그러므로 보조정리 6.11에 의하여, $\sum_{d|n} \phi(d)$는 행렬

$$A = \begin{bmatrix} \phi(x_1)\phi(y_1) & \phi(x_1)\phi(y_2) & \cdots & \phi(x_1)\phi(y_s) \\ \phi(x_2)\phi(y_1) & \phi(x_2)\phi(y_2) & \cdots & \phi(x_2)\phi(y_s) \\ \vdots & \vdots & \ddots & \vdots \\ \phi(x_r)\phi(y_1) & \phi(x_r)\phi(y_2) & \cdots & \phi(x_r)\phi(y_s) \end{bmatrix}$$

의 성분의 합이다. $\pi_a < \pi_n$, $\pi_b < \pi_n$ 이므로 귀납법 가정에 의하여

$$\phi(x_1) + \phi(x_2) + \cdots + \phi(x_r) = a,$$
$$\phi(y_1) + \phi(y_2) + \cdots + \phi(y_s) = b$$

이다.

$$\begin{aligned}ab &= (\phi(x_1) + \phi(x_2) + \cdots + \phi(x_r))(\phi(y_1) + \phi(y_2) + \cdots + \phi(y_s))\\ &= (\text{행렬 } A \text{의 성분의 합})\end{aligned}$$

이므로 $\sum_{d|n} \phi(d) = ab = n$ ▌

오일러의 정리

페르마의 정리는

n이 소수일 때, 임의의 $a \in U_n^*$에 대하여 $a^{|U_n|} \equiv 1 \pmod{n}$

이라는 뜻이다. 이제 이 사실이 임의의 자연수 n에 대해서도 성립한다는 오일러의 정리에 대하여 알아 본다.

보조정리 10.6

자연수 $n > 1$과 $a \in U_n^*$에 대하여

$$U_n = \{x_1, x_2, \cdots, x_{\phi(n)}\}, \quad [ax_k]_n = r_k, (k = 1, 2, \cdots, \phi(n))$$

이라 하면

$$\{r_1, r_2, \cdots, r_{\phi(n)}\} = U_n$$

◂ $a \in U_n^* \Leftrightarrow \gcd(a, n) = 1$

◂ $[ax_j]_n$은 ax_j를 n으로 나눈 나머지

증명 $S = \{r_1, r_2, \cdots, r_{\phi(n)}\}$이라 하자. $\gcd(a, n) = 1$이고, 또 각 $x_j \in U_n$에 대하여, $\gcd(x_j, n) = 1$이므로 보조정리 10.2에 의하여 $\gcd(ax_j, n) = 1$이다. 따라서 $r_j \in U_n$이고, 그러므로 $S \subset U_n$이다.

$$r_j = r_k \Rightarrow ax_j \equiv ax_k \pmod{n} \underset{㉮}{\Rightarrow} x_j \equiv x_k \pmod{n} \underset{㉯}{\Rightarrow} x_j = x_k$$

이므로 $r_1, r_2, \cdots, r_{\phi(n)}$는 모두 서로 다르고, 따라서 $|S| = \phi(n) = |U_n|$이다. 그러므로, $S = U_n$이다. ▌

◂ $\gcd(ax_j, n) = \gcd(r_j, n)$

◂ ㉮ : 법 n에 관한 소거율
㉯ : $1 \le x_j, x_k \le n-1$

정리 10.7 (오일러의 정리)

양의 정수 $n > 1$과 정수 a에 대하여,

$$\gcd(a, n) = 1 \Rightarrow a^{\phi(n)} \equiv 1 \pmod{n}$$

◂ p가 소수일 때, $\phi(p) = p - 1$이므로 페르마의 정리는 오일러의 정리의 특별한 경우이다.

증명 $U_n = \{x_1, x_2, \cdots, x_{\phi(n)}\}$이라 하고, 각 $k = 0, 1, 2, \cdots, \phi(n)$에 대하여 $[ax_k]_n = r_k$라 하면, 보조정리 10.6에 의하여

$$\{r_1, r_2, \cdots, r_{\phi(n)}\} = U_n$$

이다. 그러므로

$$\prod_{k=1}^{\phi(n)} x_k = \prod_{k=1}^{\phi(n)} r_k \equiv \prod_{k=1}^{\phi(n)} ax_k = a^{\phi(n)} \prod_{k=1}^{\phi(n)} x_k \pmod{n}.$$

모든 k에 대하여 $\gcd(x_k, n) = 1$이므로 $\gcd(\prod_{k=1}^{\phi(n)} x_k, n) = 1$이고, 따라서 법 k에 관한 소거율에 의하여 $a^{\phi(n)} \equiv 1 \pmod{n}$이다. ▌

보기

3^{256}의 끝 두 자리의 수를 구하여 보자.

$\phi(100) = \varphi(2^2 \cdot 5^2) = (2^2 - 2^1)(5^2 - 5^1) = 40 \quad \therefore\ 3^{40} \equiv 1 \pmod{100}$

◀ $\gcd(3, 100) = 1$

$256 = 40 \cdot 6 + 16$이므로

$3^{256} = (3^{40})^6 \cdot 3^{16} \equiv 3^{16} = (81)^4 = (-19)^4 = 361^2 = 61^2 = 21 \pmod{100}$

따라서 3^{256}을 100으로 나눈 나머지는 21이다.

예제 10.8

5의 배수가 아닌 홀수는 $11\cdots1$ 꼴의 수의 약수임을 보여라.

풀이 n이 5의 배수가 아닌 홀수라고 하면, $\gcd(5, n) = 1$. n이 홀수이므로 $\gcd(2, n) = 1$. $\therefore\ \gcd(10, n) = 1$이다. $\gcd(9, 10) = 1$이므로 $\gcd(10, 9n) = 1$이다. 따라서 $10^{\phi(9n)} \equiv 1 \pmod{9n}$ 이고 그러므로 $10^{\phi(9n)} - 1 = 9nk$ 이다. 이 때 $nk = \dfrac{10^{\phi(9n)} - 1}{9}$은 $11\cdots1$ 꼴이다. ■

암호에의 응용

어떤 사람이 다른 어떤 사람에게 메세지를 보낼 때, 제 삼자가 보아도 그 내용을 알 수 없게 하기 위하여 알파벳 문자를

$$A \to B,\quad B \to C,\quad C \to D,\ \cdots,\ X \to Y,\quad Y \to Z,\quad Z \to A$$

와 같이 바꾸어 보낸다고 하자. 이를테면 LOVE란 단어를 보내려고 할 때는 이 규칙에 따라 MPWF로 **암호화**하여 보낸다. 수신자는 받은 단어 MPWF에 이 규칙을 역으로 적용하여 **복호화** (암호 풀기) 함으로써 원래 송신자가 보내고저 했던 단어가 LOVE임을 알아낸다.

◀ 暗號化하다 encrypt
復號化하다 decrypt

실제로는 메세지를 수값으로 코드화 하여 이를 **평문**이라 하고 평문을 암호화 하여 **암호문**을 만든다. 예를 들어 알파벳 문자를 다음과 같이 수로 코드화 할 수 있다.

◀ 平文 plaintext
暗號文 ciphertext

A	B	C	D	E	F	G	H	I	J	K	L	M
01	02	03	04	05	06	07	08	09	19	11	12	13
N	O	P	Q	R	S	T	U	V	W	X	Y	Z
14	15	16	17	18	19	20	21	22	23	24	25	26

이 때, 단어 LOVE는 메세지이고 이를 코드화 한 12152205는 평문이다. 메세지를 주고 받는 과정은 다음과 같다.

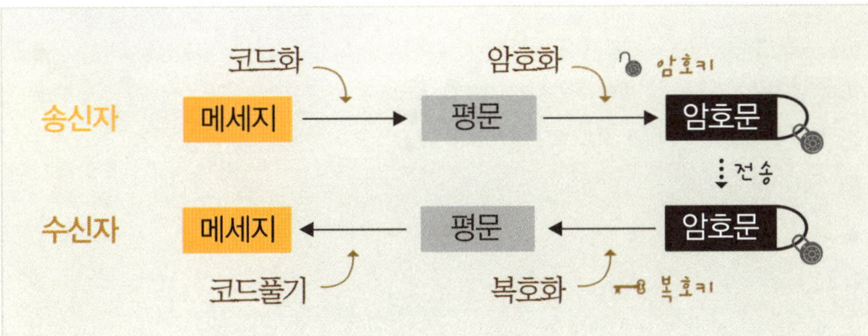

◂ 송신자 수신자는 각각 암호키, 복호키를 가지고 있다.

암호화 방법 다음과 같이 암호키 e와 복호키 d를 만든다.

◂ encrypt에서 e, dencrypt에서 d

❶ 아주 큰 2개의 소수 p, q를 잡고 $N = pq$와 $\varphi(N) = (p-1)(q-1)$을 계산한다.

❷ $\gcd(e, \phi(N)) = 1$인 정수 e를 잡는다. (즉 $e \in \boldsymbol{U}_{\phi(N)}$)

❸ 법 $\phi(N)$에 관한 e의 역원 $d \in \boldsymbol{U}_{\phi(N)}$을 잡는다.

송신자 갑식이는 N과 암호키 e를 가지고 있고, 수신자 을수는 N과 복호키 d를 가지고 있다.

갑식이가 을수에게 평문 a를 보내려고 할 때, a^e을 N으로 나눈 나머지 r을 보낸다. 을수는 갑식이로부터 r을 받았을 때, r^d을 N으로 나눈 나머지를 계산하면 a를 얻을 수 있다. 그 이유는 다음과 같다.

$$r \equiv a \pmod{N}$$

이고 또 $ed \equiv 1 \pmod{\phi(N)}$이므로

$$ed \equiv 1 + \phi(N)q, \quad (q\text{는 정수})$$

따라서

$$(r^e)^d \equiv a^{ed} = a^{1+\phi(N)q} = a(a^{\phi(N)})^k \equiv a \cdot 1 = a \pmod{N}$$

보기

$p=7, q=11$을 잡으면, $N=7\cdot 11=77$, $\phi(N)=(7-1)(11-1)=60$

$\boldsymbol{U}_{60}=\{1, 7, 11, 13, 17, 19, 23, 29, 31, 37, 41, 43, 47, 51, 53, 59\}$

암호키로 $e=43$을 잡는다. (물론 다른 수를 잡아도 좋다.)

법 60에 관한 43의 역수는 7이다. 그러므로 복호키는 $d=7$이다.

갑식이가 $a=2$를 을수에게 보내려고 할 때, $a^e=2^{43}\equiv 30=r \pmod{77}$ 이므로 $r=30$을 보낸다. $r=30$을 받은 을수는 $r^d=30^7\equiv 2 \pmod{77}$를 계산하여 갑식이가 보낸 $a=2$를 찾아낸다.

위의 과정의 원리는 다음과 같다.

$$43\cdot 7\equiv 1 \pmod{60} \qquad \therefore\ 43\cdot 7=1+60q$$
$$2^{43}\equiv 30 \pmod{77}$$
$$30^7\equiv 2^{43\cdot 7}=2\cdot(2^{60})^q\equiv 2\cdot 1=2 \pmod{77}$$

위의 보기에서 a가 $2+77k$꼴의 수이면 $a^{43}\equiv 30 \pmod{77}$이다. 이때도 $(a^{43})^7\equiv 2 \pmod{77}$이므로 원래 보낸 수가 79, 156, 233, ⋯ 중 어느 수인지 알 수가 없다. 그러나 a가 77보다 작은 수이면 정확히 $a=2$이다. 따라서 N을 충분히 크게 잡을 필요가 있다.

◆ 송신자가 많아서 일일이 암호키를 준비하는 것이 불가능할 경우에 수신자는 아예 자신의 N과 암호키 e를 모든 송신자에게 공개해 버린다. 이 때도 각 송신자는 a를 보내려 할 때, a^e을 N으로 나눈 나머지 r을 보낸다. 그렇지만 수신자 이외에는 복호키 d를 가지고 있지 않기 때문에 a를 복원할 수 없다. 이 방법을 **공개키 시스템**이라고 한다.

◀ public key system

인증기법 공개키 시스템 상황에서 모든 송수신자의 N과 암호키 e가 공개되어 있으므로 엉뚱한 사람이 정당한 송수신자로 위장할 수 있다. 이를 방지하는 다음과 같은 **인증기법**이 있다.

수신자 B는 자신이 A라고 주장하는 송신자가 진짜 A인지 확인하고 싶다. 물론 A의 N_A와 암호키 e_A 및 B의 N_B와 암호키 e_B가 공개되어 있다.

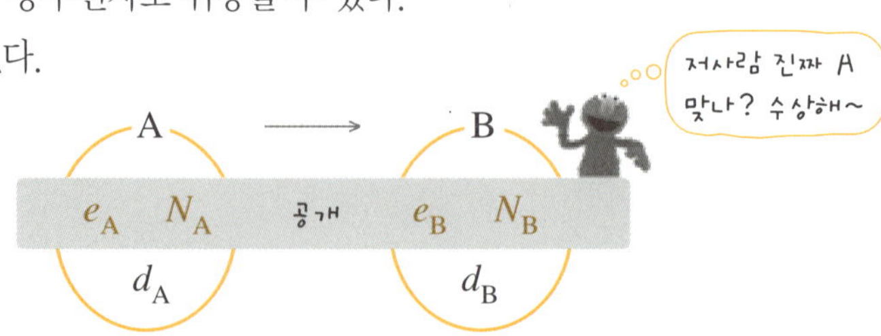

이 때, B는 어떤 수 x(이를테면 B자신의 주민등록 번호)를 잡고, A에게 $x^{d_A e_B}$를 N_A로 나눈 나머지 r을 보내도록 요구한다. r을 받은 B는 다음과 같이 한다.

> $r^{d_B e_A}$를 N_A로 나눈 나머지 s를 구한다.
> s를 N_B로 나눈 나머지 y를 구한다.
> $y = x$이면 송신자는 진짜 A이고, $y \neq x$이면 송신자는 가짜 A이다.

이 방법의 정당성은 다음과 같이 설명된다.

$$r^{d_B e_A} \equiv (x^{d_A e_B})^{d_B e_A} = (x^{d_A e_A})^{d_B e_B} \equiv x^{d_B e_B} = s \pmod{N_A}$$

$$s = x^{d_B e_B} \equiv x \pmod{N_B}$$

◀ d_A는 A만 아는 수이므로 A가 아닌 사람은 $x^{d_A e_B}$를 계산할 수 없다.

◀ 이와 같은 인증기법을 포함한 공개 키 암호시스템은 1977년, Rivest, Shamir, Adelman의 연구에 의하여 체계화되었다고 해서 이들의 이름의 첫 글자를 따 RSA 암호 시스템이라고 한다.

해킹! N이 공개 되어 있으므로 누군가가 N을

$$N = pq$$

와 같이 소인수분해 했다고 하면 $\phi(N) = (p-1)(q-1)$을 바로 계산 할 수 있다. 송신자가 보낸 어떤 수 M을 찾아 냈다면 $M \equiv a^e \pmod{N}$인 a가 존재할 것이다. $M^k \equiv 1 \pmod{N}$을 만족하는 최소의 k를 찾으면 $a^{ek} \equiv 1 \pmod{N}$이므로 $ek \mid \phi(N)$ 이고 따라서 e는 $\frac{\phi(n)}{k}$의 약수이다. 송신자가 보낸 여러개의 수를 체크하면 e를 찾아낼 가능성이 크다.
그러므로 N의 소인수분해가 어렵도록 대단히 큰 소수 p, q를 택한다.

참고 (1) N이 공개 되어 있으므로 N을 pq로 분해하는 대신에 $\varphi(N)$을 바로 구하면 되지 않을까라고 생각할 수도 있다. 그러나 $\phi(N)$을 구하는 일도 N을 pq로 분해하는 일 만큼이나 어렵다.

(2) $N = pq$이다. (현재 p, q는 무엇인지 모른지만). 만약 $\varphi(N)$을 안다고 하면 $\phi(N) = (p-1)(q-1)$이므로 $N - \phi(N) - 1 = p + q$
이제 p, q의 합과 곱을 알기 때문에 p, q는 이차방정식

$$x^2 - (N - \phi(N) - 1)x + N = 0$$

을 풀어서 구할 수 있다.

(3) N은 왜 하필 2개의 소수의 곱인가? 물론 $N = pq \cdots r$과 같이 3개 이상의 소수의 곱으로 선택해도 된다. 그러나 이 경우 N의 소인수분해가 훨씬 용이하므로 안전성이 떨어진다.

연습문제 10

E·X·E·R·C·I·S·E·S

1 3^{400}의 끝 두 자리의 수를 구하여라.

2 다음을 계산하여라.

(1) $\phi(1003)$　　(2) $\phi(5040)$　　(3) $\phi(72000)$

3 7200 이하의 자연수 중 3600과 서로 소인 수의 개수를 구하여라.

4 m의 각 소인수가 n의 약수일 때, $\phi(mn) = m\phi(n)$, 특히, $\phi(n^2) = 2\phi(n)$을 증명하여라.

5 $\phi(n) = 16$을 만족하는 양의 정수 n을 모두 찾아라.

6 다음을 증명하여라.

(1) $n \mid 2 \Rightarrow \phi(2n) = 2\phi(n)$　　(2) $n \nmid 2 \Rightarrow \phi(2n) = \phi(n)$

(2) $n \mid 3 \Rightarrow \phi(3n) = 3\phi(n)$　　(2) $n \nmid 3 \Rightarrow \phi(3n) = 2\phi(n)$

7 n이 k개의 서로 다른 홀수인 소인수를 가질 때 $2^k \mid \phi(n)$임을 증명하여라.

8 p가 소수일 때, 다음을 증명하여라.

(1) $\tau(p!) = 2\tau((p-1)!)$

(2) $\sigma(p!) = (p+1)\sigma((p-1)!)$

(3) $\phi(p!) = (p-1)\phi((p-1)!)$

9 568, 638을 이용하여 조건

$$\tau(m) = \tau(n),\quad \sigma(m) = \sigma(n),\quad \phi(m) = \phi(n),\quad m < n$$

을 만족하는 양의 정수의 쌍은 무수히 많이 존재함을 보여라.

10 $n > 1$일 때, $\frac{1}{2}\sqrt{n} \le \phi(n) < n$을 증명하여라.

11 n이 합성수일 때, $\phi(n) \le n - \sqrt{n}$을 증명하여라.

◂ p가 n의 최소의 소인수일 때 $p < \sqrt{n},\ \phi(n) \le n(1 - 1/p)$

10 연습문제

E·X·E·R·C·I·S·E·S

12 $\phi(n) = \frac{n}{2}$일 필요충분조건은 n이 2의 거듭제곱임을 증명하여라.

13 $\sum_{k=1}^{n} \phi(k)\left[\frac{n}{k}\right] = \sum_{k=1}^{n} k$임을 증명하여라.

14 임의의 정수 a에 대하여 다음을 증명하여라.

(1) $a^{37} \equiv a \pmod{1729}$　　(2) $a^{13} \equiv a \pmod{2730}$

◂ $1729 = 7 \cdot 3 \cdot 19$
$2730 = 2 \cdot 3 \cdot 5 \cdot 7 \cdot 13$

15 임의의 정수 a에 대하여, $a^n \equiv a^{n-\phi(n)} \pmod{n}$임을 증명하여라.

16 $\gcd(a, n) = \gcd(a-1, n) = 1$일 때, 다음을 증명하여라.

$1 + a + a^2 + \cdots + a^{\phi(n)-1} \equiv 0 \pmod{n}$

17 $\gcd(a, n) = 1$일 때, $ax \equiv b \pmod{n}$의 해는 $x \equiv ba^{\phi(n)-1} \pmod{n}$임을 증명하여라.

18 $\gcd(m, n) = 1$일 때, $m^{\phi(n)} + n^{\phi(m)} \equiv 1 \pmod{mn}$을 증명하여라.

19 오일러의 정리를 이용하여 중국인의 나머지정리를 증명하여라.

11

원시근과 이산로그

Primitive Roots and Discrete Logarithm

ENV

이 중단원에서 공부할 내용

- 위수
- 원시근
- 이산로그
- 유리수의 소수표현

ENV *Number Theory*

대표문제

- 2, 3은 각각 몇 제곱 하면 법 7에 관하여 1과 합동인 수가 될까 ?
- $a, a^2, a^3, \cdots$ 을 13으로 나눈 나머지 전체의 집합이 $\boldsymbol{U}_{13}$ 이 되는 $a \in \boldsymbol{U}_{13}$ 을 찾아라.
- 위의 a와 각 $x \in \boldsymbol{U}_{13}$ 에 대하여 $a^n \equiv x \pmod{13}$을 만족하는 n을 찾아라.
- $\frac{1}{7}$을 6진법에 관한 소수로 나타내어라.

위수

양의 정수 n과 $a \in U_p^*$에 대하여 $a^k \equiv 1 \pmod{n}$ 을 만족하는 양의 정수 k가 존재한다. 그러한 k중 가장 작은 수를 **법 n에 관한 a의 위수**라고 하고

$$\mathrm{ord}_n(a)$$

와 같이 나타낸다. 즉,

$$\mathrm{ord}_n(a) = \min\{k \mid a^k \equiv 1 \pmod{n},\ k > 0\}.$$

이를테면, 임의의 자연수 n에 대하여 $1^1 = 1$이므로 $\mathrm{ord}_n(1) = 1$이고, $(-1)^1 = -1 \not\equiv 1 \pmod{n}$, $(-1)^2 = 1$이므로 $\mathrm{ord}_n(-1) = 2$이다.

◀ $\phi(n)$이 그러한 k중 하나

◀ 法 n에 관한 位數 order modulo n

◀ $a^k \equiv 1 \pmod{n} \Leftrightarrow a^k \equiv_n 1$

참고 $a^k \equiv 1 \pmod{n}$이면 $1 - a^k = ny$, (y는 정수), 이다. 이 때,

$$1 = a^k + ny = a(a^{k-1}) + ny$$

는 a, n의 일차결합이므로 $\gcd(a, n) = 1$이다. 따라서 원시근의 논의에서는 기본적으로 $\gcd(a, n) = 1$, 즉, $a \in U_p^*$임을 전제로 한다.

◀ 서로소일 필요충분조건은 일차결합이 1

보기

법 7에 관한 2, 3의 위수를 찾아 보자.

i	1	2	3	
2^i	2	4	$8 \equiv 1$	mod 7

(× 2, × 2)

$\therefore\ \mathrm{ord}_7(2) = 3$

i	1	2	3	4	5	6	
3^i	3	$9 \equiv 2$	6	$18 \equiv 4$	$12 \equiv 5$	$15 \equiv 1$	mod 7

(× 3, × 3, × 3, × 3, × 3)

$\therefore\ \mathrm{ord}_7(3) = 6$

$a \equiv b \pmod{n} \Rightarrow a^i \equiv b^i \pmod{n}, \forall i$ 이므로

$$a \equiv b \pmod{n} \Rightarrow \mathrm{ord}_n(a) = \mathrm{ord}_n(b)$$

이다. 임의의 $a \in U_p^*$은 U_n의 원소 중 하나와 법 n에 관하여 합동이므로, 이 사실로부터, 모든 정수의 법 n에 관한 위수를 관찰 할 때는 U_n의 원소의 법 n에 관한 위수만 관찰하면 충분하다.

◇ 임의의 $a \in U_n^*$에 대하여 $a^{\phi(n)} \equiv 1 \pmod{n}$이므로 $\mathrm{ord}_n(a) \le \phi(n)$이다. $1, 2, \cdots, \phi(n)$의 모든 수가 법 n에 관한 위수가 될 수 있을까? $n = 5$인 경우 $U_5 = \{1, 2, 3, 4\}$이고, $\phi(5) = 4$이다.

a	a^2	a^3	a^4	$\mathrm{ord}_5(a)$
1				1
2	4	$8 \equiv_5 3$	$16 \equiv_5 1$	4
3	$9 \equiv_5 4$	$27 \equiv_5 2$	$81 \equiv_5 1$	4
4	$16 \equiv_5 1$			2

이 표에서 법 5에 관한 위수는 1, 2, 4로서 모두 $\phi(5) = 4$의 약수임을 알 수 있다. 이 것은 일반적인 성질로서 다음 정리에서 증명한다.

정리 11.1

양의 정수 n과 $a \in U_n^*$에 대하여,

(1) $a^k \equiv 1 \pmod{n} \Leftrightarrow \mathrm{ord}_n(a) \mid k$

(2) $\mathrm{ord}_n(a) \mid \phi(n)$

증명 (1) $\mathrm{ord}_n(a) = m$이라고 하자.

($\Rightarrow$) $a^k \equiv 1 \pmod{n}$이라고 하면, $k \ge m$이다. k를 m으로 나눈 몫을 q 나머지를 r이라고 하면 $k = mq + r$, $(0 \le r < m)$, 이다.

$r \ne 0$이라면

$$1 \equiv a^k = (a^m)^q a^r \equiv 1^q a^r = a^r \pmod{n}$$

을 얻는다. 이것은 $\mathrm{ord}_n(a) = m$이라는 사실에 위배된다.

($\Leftarrow$) $m \mid k$라고 하면 $k = mq$, (q는 정수), 이다. 이 때,

$$a^k = (a^m)^q \equiv 1^q = 1 \pmod{n}$$

(2) $a^{\phi(n)} \equiv 1 \pmod{n}$이므로 (1)로부터 $\mathrm{ord}_n(a) \mid \phi(n)$이다. ▌ ◂ 오일러의 정리

◇ 법 n에 관한 위수는 $\phi(n)$의 약수이지만 $\phi(n)$의 임의의 약수가 어떤 정수의 법 n에 관한 위수인 것은 아니다. 예를 들어 $n = 8$인 경우 $U_8 = \{1, 3, 5, 7\}$, $\phi(8) = 4$이고,

$$\mathrm{ord}_8(1) = 1,\ \mathrm{ord}_8(3) = 2,\ \mathrm{ord}_8(5) = 2,\ \mathrm{ord}_8(7) = 2$$

이므로 $\phi(8) = 4$의 약수 4는 어떤 정수의 법 8에 관한 위수도 아니다.

정리 11.2

양의 정수 n과 $a \in U_n^*$에 대하여,

(1) $a^j \equiv a^k \pmod{n} \Leftrightarrow j \equiv k \pmod{\text{ord}_n(a)}$, (단, j, k는 양의 정수)

(2) $a^1, a^2, \cdots, a^{\text{ord}_n(a)}$의 어느 두 수도 법 n에 관하여 합동이 아니다.

증명 (1) $k > j$라고 하자.

$$a^k \equiv a^j \pmod{n} \Leftrightarrow a^j a^{k-j} \equiv a^j \cdot 1 \pmod{n}$$
$$\underset{㉮}{\Leftrightarrow} a^{k-j} \equiv 1 \pmod{n} \underset{㉯}{\Leftrightarrow} \text{ord}_n(a) \mid (k-j)$$
$$\Leftrightarrow j \equiv k \pmod{\text{ord}_n(a)}$$

◀ ㉮ : 법 n에 관한 소거율
㉯ : 정리 11.1

(2) $0 \le j < k < \text{ord}_n(a)$인 j, k에 대하여 $a^k \equiv a^j \pmod{n}$이면 (1)에 의하여 $j \equiv k \pmod{\text{ord}_n(a)}$이고 따라서 $\text{ord}_n(a) \mid (k-j)$이다.
$0 < k-j < k < \text{ord}_n(a)$이므로 이는 불가능하다. ▌

◇ a^k의 법 n에 관한 위수를 k와 $\text{ord}_n(a)$의 식으로 나타내어 보자.

정리 11.3

임의의 정수 $k \ge 0$에 대하여

$$\text{ord}_n(a^k) = \frac{\text{ord}_n(a)}{\gcd(\text{ord}_n(a), k)}$$

증명 $\text{ord}_n(a) = m$, $\gcd(m, k) = g$ 라고 하고, $m = gm'$, $k = gk'$ 로 둔다. 이 때, $\text{ord}_n(a^k) = m'$ 임을 보인다.

$$a^{km'} = a^{k'm} = (a^m)^{k'} \equiv 1^{k'} = 1 \pmod{n}$$
$$\therefore\ (a^k)^{m'} \equiv 1 \pmod{n}$$

자연수 l에 대하여,

$$a^{kl} \equiv 1 \pmod{n} \Rightarrow m \mid kl \Rightarrow m' \mid k'l \underset{㉮}{\Rightarrow} m' \mid l \Rightarrow m' \le l$$

◀ ㉮ : 유클리드 Lemma

$$\therefore\ (a^k)^l \equiv 1 \pmod{n} \Rightarrow m' \le l$$

그러므로 $\text{ord}_n(a^k) = m'$ 이다. ▌

$$\frac{\text{ord}_n(a)}{\gcd(\text{ord}_n(a), k)} = \text{ord}_n(a) \Leftrightarrow \gcd(\text{ord}_n(a), k) = 1$$ 이므로 정리 11.3에 의하여 다음을 얻는다.

따름정리 11.4

$$\text{ord}_n(a^k) = \text{ord}_n(a) \Leftrightarrow \gcd(\text{ord}_n(a), k) = 1$$

보기

$\text{ord}_7(3) = 6$이므로 정리 11.3에 의하여

$$\text{ord}_7(3^2) = \frac{6}{\gcd(2, 6)} = \frac{6}{2} = 3, \quad \text{ord}_7(3^3) = \frac{6}{\gcd(3, 6)} = \frac{6}{3} = 2$$

$$\text{ord}_7(3^4) = \frac{6}{\gcd(4, 6)} = \frac{6}{2} = 3, \quad \text{ord}_7(3^5) = \frac{6}{\gcd(5, 6)} = \frac{6}{1} = 6$$

원시근

$\text{ord}_n(a) = \phi(n)$인 정수 $a \in \boldsymbol{U}_p^*$를 **법 n에 관한 원시근**이라고 한다.

◀ 法 n에 관한 原始根
primitive root modulo n

법 n에 관한 원시근이란 곧 법 n에 관한 위수가 $|U_n|$과 같은 수이다.

보기

(1) 법 13에 관한 2의 거듭제곱은 다음과 같다.

i	1	2	3	4	5	6	7	8	9	10	11	12	
2^i	2	4	8	3	6	12	11	9	5	10	7	1	mod 13

$\therefore\ \text{ord}_{13}(2) = 12 = \phi(13)$ $\quad\therefore$ 2는 법 13에 관한 원시근

(2) $\phi(8) = 4$, $U_8 = \{1, 3, 5, 7\}$이다.

$$\text{ord}_8(1) = 1, \ \text{ord}_8(3) = 2, \ \text{ord}_8(5) = 2, \ \text{ord}_8(7) = 2$$

이므로 법 8에 관한 원시근은 존재하지 않는다.

참고 *원시근은 왜 원시 "근"인가?* 법 n에 관한 원시근이란 다음 성질을 만족하는 정수 a를 뜻한다.

(i) a는 $\phi(n)$차 합동식 $x^{\phi(n)} - 1 \equiv 0 \pmod{n}$의 "근"이다.

(ii) $k < \phi(n)$일 때, a는 $x^k - 1 \equiv 0 \pmod{n}$의 "근"이 아니다.

다음 정리는 원시근이 가지는 최대의 강점 중 하나이다.

정리 11.5

a가 법 n에 관한 원시근일 때, $[a^k]_n = r_k, (k = 1, 2, \cdots, \phi(n))$, 라 하면

$$\{r_1, r_2, \cdots, r_{\phi(n)}\} = U_n$$

◀ $[a^k]_n$은 a^k을 n으로 나눈 나머지

증명 $S = \{r_1, r_2, \cdots, r_{\phi(n)}\}$이라고 하자. $\gcd(a, n) = 1$이므로 임의의 $k = 1, 2, \cdots, \phi(n)$에 대하여 $\gcd(a^k, n) = 1$이고 따라서 $\gcd(r_k, n) = 1$이다. 그러므로 $r_k \in U_n$이고 따라서 $S \subset U_n$이다.
정리 11.2에 의하여 $r_1, r_2, \cdots, r_{\phi(n)}$이 서로 다른 수이므로 $|S| = \phi(n) = |U_n|$이다. 그러므로 $S = U_n$이다. ▌

정리 11.5의 내용은 a가 법 n에 관한 원시근일 때, 임의의 $x \in U_n^*$는 a의 어떤 거듭제곱과 법 n에 관하여 합동이라는 것이다.

보기

$n = 9$일 때, $U_9 = \{1, 2, 4, 5, 7, 8\}$, $\phi(9) = 6$이다.
$[2^{\phi(9)}]_9 = 1$이므로 2는 법 9에 관한 원시근이다.
이 표의 제 3행은 U_9의 원소 1, 2, 4, 5, 7, 8의 다른 배열일 뿐이다.

i	1	2	3	4	5	6	$6 = \phi(9)$
2^i	2^1	2^2	2^3	2^4	2^5	2^6	
$[2^i]_9$	2	4	8	7	5	1	U_9

예제 11.6

U_9의 모든 원소의 법 9에 관한 위수를 구하여라.

풀이 $\text{ord}_9(1) = 1$이고, 2는 법 9에 관한 원시근이므로 $\text{ord}_9(2) = 6$.
법 9에 관하여 $4 \equiv 2^2$, $5 \equiv 2^5$, $7 \equiv 2^4$, $8 \equiv 2^3$이므로

$$\text{ord}_9(4) = \text{ord}_9(2^2) = \frac{6}{\gcd(2, 6)} = 3, \quad \text{ord}_9(5) = \text{ord}_9(2^5) = \frac{6}{\gcd(5, 6)} = 1$$

$$\text{ord}_9(7) = \text{ord}_9(2^4) = \frac{6}{\gcd(4, 6)} = 3, \quad \text{ord}_9(8) = \text{ord}_9(2^3) = \frac{6}{\gcd(3, 6)} = 2$$

■

따름정리 11.6

법 n에 관한 원시근이 존재할 경우 $\boldsymbol{U}_n$ 내에서 그 개수는 $\phi(\phi(n))$이다.

> 법 n에 관하여 합동이 아닌 원시근의 개수가 $\phi(\phi(n))$이란 뜻이다.

증명 a가 법 n에 관한 원시근이라고 하면 $\mathrm{ord}_n(a) = \phi(n)$이다.
따름정리 11.4로부터, $1 \le k \le \phi(n)$인 k에 대하여,

$$\mathrm{ord}_n(a^k) = \phi(n) \Leftrightarrow \gcd(\phi(n), k) = 1 \Leftrightarrow k \in \boldsymbol{U}_{\phi(n)}$$

따라서 $[a]_n, [a^2]_n, \cdots, [a^{\phi(n)}]_n$ 중 법 n에 관한 원시근의 개수는
$|\boldsymbol{U}_{\phi(n)}| = \phi(\phi(n))$이다. ▮

보기

$n = 9$일 때, $\boldsymbol{U}_9 = \{1, 2, 4, 5, 7, 8\}$, $\phi(9) = 6$

$\phi(9) = 6$과 서로 소

i	1	2	3	4	5	6	$6 = \phi(9)$
2^i	2^1	2^2	2^3	2^4	2^5	2^6	
$[2^i]_9$	2	4	8	7	5	1	U_9

원시근

지수 1, 2, 3, 4, 5, 6중 6과 서로 소인 수는 1, 5로서 $2 = \phi(6) = \phi(\phi(9))$개이다. U_9의 원소 중 법 9에 관한 원시근은 $[2^1]_9 = 2$, $[2^5]_9 = 5$이다.

이산로그

고정된 자연수 n에 대하여, a가 법 n에 관한 원시근이라고 할 때,

$$\{[a]_n, [a^2]_n, \cdots, [a^{\phi(n)}]_n\} = \boldsymbol{U}_n$$

> 정리 11.5

이다. 그러므로 $x \in \boldsymbol{U}_n^*$에 대하여, $x = [a^k]_n$을 만족하는 정수 $k \in \{1, 2, \cdots, \phi(n)\}$가 존재한다. 이 때,

$$x \equiv a^k \pmod{n} \quad \cdots\cdots\cdots\cdots ①$$

이다. ①을 만족하는 최소의 자연수 k를 a에 대한 x의 **지수** 또는 **이산로그**라 하고

$$\mathrm{ind}_a x$$

와 같이 나타낸다. 따라서 지수는 $1, 2, \cdots, \phi(n)$ 중 하나이다.

> 指數 index
> 離散로그 discrete logarithm
> $\mathrm{ind}_a x$는 $\log_a x$와 비슷하다.

보기

$\phi(9) = 6$이고 2는 법 9에 관한 원시근이다.
$\boldsymbol{U}_9$의 원소의 2에 대한 지수(이산로그)는 다음과 같다.

k	1	2	3	4	5	6	
2^k	2	4	8	7	5	1	$\boldsymbol{U}_9$

x	2	4	8	7	5	1	$\boldsymbol{U}_9$
$\operatorname{ind}_2 x$	1	2	3	4	5	6	

◇ a가 법 n에 관한 원시근이라고 할 때, $a^0 = 1$, $a^1 = a$이므로

$$\operatorname{ind}_a 1 = 0, \quad \operatorname{ind}_a a = 1$$

또, $x, y \in \boldsymbol{U}_n^*$에 대하여 다음이 성립한다.

$$x \equiv y \pmod{n} \Leftrightarrow \operatorname{ind}_a x = \operatorname{ind}_a x$$

$\because$ $\operatorname{ind}_a x = r$, $\operatorname{ind}_a y = s$로 두면 $r, s \in \{1, 2, \cdots, \phi(n)\}$이고
$x \equiv a^r \pmod{n}$, $y \equiv a^s \pmod{n}$이다. $\therefore$ $x \equiv_n y$
$x \equiv y \pmod{n} \Rightarrow a^r \equiv a^s \pmod{n} \Rightarrow [a^r]_n = [a^s]_n \Rightarrow r = s$
왜냐하면, 만약 $r \neq s$이라면 $[a^1]_n, [a^2]_n, \cdots, [a^{\phi(n)}]_n$ 중에 같은 것이 있게 되어 정리 11.5에 위배 된다.
역으로 $r = s \Rightarrow x \equiv y \pmod{n}$는 명백하다. ▮

정리 11.8

a가 법 n에 관한 원시근일 때, n과 서로 소인 정수 x, y에 대하여

(1) $\operatorname{ind}_a xy \equiv \operatorname{ind}_a x + \operatorname{ind}_a y \pmod{\phi(n)}$

(2) $\operatorname{ind}_a x^m \equiv m \operatorname{ind}_a x \pmod{\phi(n)}$, (단, $m > 0$)

> ◀ $\operatorname{ind}_a x, \operatorname{ind}_a y, \cdots$를 다룰 때, 수 자체 ($x$, y 등)는 mod n 사이클로 계산하고 지수는 mod $\phi(n)$ 사이클로 계산한다.

증명 $\operatorname{ind}_a x = r$, $\operatorname{ind}_a y = s$라고 하면 $x \equiv a^r \pmod{n}$, $y \equiv a^s \pmod{n}$이다.

(1) $xy \equiv a^{r+s} \equiv a^{[r+s]_{\phi(n)}} \pmod{n}$ 이다. 그러므로

$$\operatorname{ind}_a xy = [r+s]_{\phi(n)} \equiv r + s = \operatorname{ind}_a x + \operatorname{ind}_a y \pmod{\phi(n)}$$

(2) $x^m \equiv a^{rm} \equiv a^{[rm]_{\phi(n)}} \pmod{n}$이다. 그러므로

$$\operatorname{ind}_a x^m = [mr]_{\phi(n)} \equiv mr = m \operatorname{ind}_a x \pmod{\phi(n)}$$ ▮

$\text{ind}_a a = 1$ 이므로 정리 11.7 의 (2)에 의하여 다음이 성립함을 알 수 있다.

$$\text{ind}_a a^m \equiv m \pmod{\phi(n)}$$

예제 11.9

7^9을 13으로 나눈 나머지를 구하여라.

풀이 $\text{ind}_2 7^9 \equiv 9\,\text{ind}_2 7 = 9 \cdot 11 = 99 \equiv 3 \pmod{12}$이므로 $7^9 \equiv 2^3 = 8 \pmod{13}$이다. 따라서 구하는 나머지는 8이다. ■

◇ 지수의 개념은

$$x^k \equiv b \pmod{n},\ (k > 1)$$

꼴의 이항 합동식의 풀이에 사용된다. a가 법 n에 관한 원시근이라고 할 때, 이 합동식은 일차 합동식

$$k\,\text{ind}_a x \equiv \text{ind}_a b \pmod{\phi(n)}$$

과 동치이다.

예제 11.10

합동식 $5x^{10} \equiv 7 \pmod{13}$을 풀어라.

풀이 법 13에 관한 원시근 2에 대한 지수표를 다음과 같이 만든다.

x	1	2	3	4	5	6	7	8	9	10	11	12	U_{13}
$\text{ind}_2 x$	12	1	4	2	6	5	11	3	8	10	7	6	

◀ 법 13에 관한 원시근은 2, 6, 8, 11의 4개이다. 2와 다른 원시근, 이를테면 6을 사용하더라도 $\text{ind}_6 x$의 값은 다르지만 같은 답을 얻는다.

주어진 합동식의 양변에 2에 대한 이산로그를 취한다.

$$\text{ind}_2 5 + 10\,\text{ind}_2 x \equiv \text{ind}_2 7 \pmod{\phi(13)}$$
$$9 + 10\,\text{ind}_2 x \equiv 11 \pmod{12}$$
$$10\,\text{ind}_2 x \equiv 2 \pmod{12}$$
$$5\,\text{ind}_2 x \equiv 1 \pmod{6}$$
$$\therefore\ \text{ind}_2 x \equiv 5 \pmod{12} \text{ 또는 } \text{ind}_2 x \equiv 11 \pmod{12}$$
$$\therefore\ x \equiv 2^5 \equiv 6 \pmod{13} \text{ 또는 } x \equiv 2^{11} \equiv 7 \pmod{13}$$

따라서 구하는 답은 $x \equiv 6 \pmod{13}$ 또는 $x \equiv 7 \pmod{13}$ ■

유리수의 소수 표현

양의 정수 $q > 1$이 주어졌다고 할 때, 원시근의 개념을 이용하여, 임의의 유리수 x는 q진법에 관하여 유한소수 또는 순환소수로 표현될 수 있음을 증명한다.

$0 < x < 1$일 때만 생각하면 충분하다. 이 때

$$x = \frac{m}{n}, \quad m < n, \quad \gcd(m, n) = 1$$

을 만족하는 자연수 m, n이 존재한다.

(i) $\gcd(n, q) = 1$인 경우 :

$\mathrm{ord}_n(q) = r$ 이 정해진다. 이 때,

$$q^r \equiv 1 \pmod{n}, \text{ 즉, } n \mid (q^r - 1)$$

이다. $q^r - 1 = nk$, (k는 정수), 로 두면

$$x(q^r - 1) = \frac{m}{n} nk = mk \text{는 정수}$$

이고, 또,

$$x(q^r - 1) < xq^r < q^r$$

◀ $x < 1$

이다. 따라서 $x(q^r - 1)$는

$$\begin{aligned} x(q^r - 1) &= a_1 q^{r-1} + a_2 q^{r-2} + \cdots + a_{r-1} q + a_r \\ &= (0.a_1 a_2 \cdots a_r)_{(q)} \end{aligned}$$

와 같은 q진법의 전개식을 가진다. 이 때

$$\begin{aligned} x = (0.a_1 a_2 \cdots a_r)_{(q)} \frac{1}{q^r - 1} &= \frac{(a_1 a_2 \cdots a_r)_{(q)}}{q^r} \frac{1}{1 - \frac{1}{q^r}} \\ &= \frac{(a_1 a_2 \cdots a_r)_{(q)}}{q^r} \left(1 + \frac{1}{q^r} + \frac{1}{q^{2r}} + \cdots\right) \\ &= \frac{(a_1 a_2 \cdots a_r)_{(q)}}{q^r} + \frac{(a_1 a_2 \cdots a_r)_{(q)}}{q^{2r}} + \cdots \\ &= (0.a_1 a_2 \cdots a_r a_1 a_2 \cdots a_r \cdots)_{(q)} \\ &= (0.\overline{a_1 a_2 \cdots a_r})_{(q)} \end{aligned}$$

이 순환소수의 주기를 l이라고 하면, $l \le r$이고,

◀ 주기는 순환마디의 길이 중 최소값

$$\frac{m}{n} = x = (0.\overline{a_1 a_2 \cdots a_l})_{(q)} = (0.a_1 a_2 \cdots a_l)_{(q)} \frac{1}{q^l - 1}$$

이다. $A = (0.a_1 a_2 \cdots a_l)_{(q)}$라고 하면 $nA = m(q^l - 1)$이고, $\gcd(m, n) = 1$이므로 $n \mid (q^l - 1)$, 즉, $q^l \equiv 1 \pmod{n}$ 이다. 그러므로 정리 11.1에 의하여 $r \mid l$이고, 따라서 $l = r$이다.

(ii) $\gcd(n, q) \neq 1$ 인 경우 :

$$xq^e = \frac{mq^e}{n} = \frac{\alpha}{\beta},\ \gcd(\alpha, \beta) = 1,\ \gcd(\beta, q) = 1$$

를 만족하는 양의 정수 e가 존재한다.

∵ n, q의 공통인 소인수를 $p_1, p_2, \cdots p_s$라 하고

$$e = \max\{\varepsilon_{p_1}(n), \varepsilon_{p_2}(n), \cdots, \varepsilon_{p_s}(n)\}$$

라 하면 $p_i^{e_i} \mid q^e,\ \forall i$, 이므로 $p_1^{e_1}p_2^{e_2}\cdots p_s^{e_s} \mid q^e$이다. 따라서 $\frac{mq^e}{n}$를 약분하여 얻은 기약분수 $\frac{\alpha}{\beta}$의 분모는 $p_1, p_2, \cdots p_s$중 어느 것으로도 나누어 지지 않는다. 그러므로 $\gcd(\beta, q) = 1$이다. ▮

α를 β로 나눈 몫을 y, 나머지를 z라고 하면

$$\frac{\alpha}{\beta} = y + \frac{z}{\beta},\quad z < \beta$$

이다. $y = (b_k \cdots b_2b_1)_{(q)}$ 라고 하자.

$z = 0$일 때, $xq^e = (b_k \cdots b_2b_1)_{(q)}$이다.

$z > 0$일 때는 $\gcd(\beta, q) = 1$ 이므로 (i)의 경우에 의하여

$$\frac{z}{\beta} = (0.\overline{c_1c_2\cdots c_s})_{(q)}$$

이고, 이 때,

$$xq^e = (b_k \cdots b_2b_1)_{(q)} + (0.\overline{c_1c_2\cdots c_s})_{(q)} = (b_k \cdots b_2b_1.\overline{c_1c_2\cdots c_s})_{(q)}$$

이다. 그러므로 x는 $(b_k \cdots b_2b_1)_{(q)}$ 또는 $(b_k \cdots b_2b_1.\overline{c_1c_2\cdots c_s})_{(q)}$ 에서 소수점을 왼쪽으로 e자리 만큼 이동한 것이다.

지금까지 논의한 바를 다음과 같이 정리 해 둔다.

정리 11.11

주어진 양의 정수 $q > 1$에 대하여, $0 < x < 1$인 유리수 x는 q진법에 관한 유한소수 또는 순환소수로 표현된다. 더욱이 자연수 $m, n > 1$에 대하여

$$x = \frac{m}{n},\quad \gcd(m, n) = 1,\quad \gcd(n, q) = 1,\quad \mathrm{ord}_n(q) = r$$

일 때, x는

$$x = (0.\overline{a_1a_2\cdots a_r})_{(q)}$$

와 같이 주기가 r인 순환소수로 표현된다.

예제 11.12

$\frac{2}{7}$를 십진법에 관한 소수로 나타내어라.

풀이 앞의 해설 과정에 따른 풀이는 다음과 같다.

$$x = \frac{m}{n} = \frac{2}{7}, \quad m = 2, \quad n = 7, \quad q = 10$$

$$\gcd(m, n) = \gcd(2, 7) = 1, \ \gcd(n, q) = \gcd(7, 10) = 1$$

$$r = \mathrm{ord}_n(q) = \mathrm{ord}_7(10) = 6$$

$$x(q^r - 1) = \frac{m}{n}(q^r - 1) = m\,\frac{q^r - 1}{n} = 2 \cdot \frac{10^6 - 1}{7} = 285714$$

$$\therefore \ \frac{2}{7} = 285714 \cdot \frac{1}{10^6 - 1} = \frac{285714}{10^6} \cdot \frac{10^6}{10^6 - 1} = 0.\overline{285714}_{(10)}$$

다른 풀이 $\frac{2}{7} = \frac{a_1}{10} + \frac{a_2}{10^2} + \frac{a_3}{10^3} + \cdots, \quad 0 \le a_i < 10$

으로 두고 양변을 10배 해서 정수부분, 소수부분을 비교하는 과정을 반복하면 $(a_1, a_2, a_3, \cdots) = (2, 8, 5, 7, 1, 4, 2, 8, 5, 7, 1, 4, \cdots)$를 구할 수 있다.
■

예제 11.13

$\frac{7}{20}$을 6진법에 관한 소수로 나타내어라.

풀이 앞의 해설 과정에 따른 풀이는 다음과 같다.

$$x = \frac{m}{n} = \frac{7}{20}, \quad m = 7, \quad n = 20, \quad q = 6$$

$n = 20, q = 6$의 공통인 소인수는 2이다.

$$n = 2^2 \cdot 5, \ q = 2 \cdot 3$$

$xq^2 = \frac{7 \cdot 6^2}{20} = \frac{7 \cdot 2^2 \cdot 3^2}{2^2 \cdot 5} = \frac{63}{5}$이고 분모 5는 $q = 6$과 서로소이다.

$$63 = 12 + \frac{3}{5} = y + \frac{z}{5}$$

$$y = 12 = 20_{(6)}, \quad \frac{z}{5} = \frac{3}{5} = \frac{3}{6} + \frac{3}{6^2} + \frac{3}{6^3} + \cdots = 0.\overline{3}_{(6)}$$

$$xq^2 = 20_{(6)} + 0.\overline{3}_{(6)} = 20.\overline{3}_{(6)} \qquad \therefore \ x = 0.20\overline{3}_{(6)}$$

다른 풀이 $\frac{7}{20} = \frac{a_1}{6} + \frac{a_2}{6^2} + \frac{a_3}{6^3} + \cdots, \quad 0 \le a_i < 6$

으로 두고 양변을 6배 해서 정수부분, 소수부분을 비교하는 과정을 반복하면 $(a_1, a_2, a_3, \cdots) = (2, 0, 3, 3, \cdots)$를 구할 수 있다. ■

연습문제 11

E·X·E·R·C·I·S·E·S

1 다음을 구하여라.

(1) $\mathrm{ord}_{17}(5)$ (2) $\mathrm{ord}_{19}(3)$ (3) $\mathrm{ord}_{23}(2)$

2 다음을 증명하여라.

(1) $\mathrm{ord}_n(a) = kl$ 일 때, $\mathrm{ord}_n(a^k) = l$ 이다.

(2) 홀수인 소수 p에 대하여, $\mathrm{ord}_p(a) = 2k$ 일 때, $a^k \equiv -1 \pmod{p}$이다.

(3) $\mathrm{ord}_n(a) = n-1$ 일 때, n은 소수이다.

3 법 5, 11, 13에 관한 원시근을 구하여라.

4 법 12에 관한 원시근은 존재하지 않음을 보여라.

5 3은 법 17에 관한 원시근이다. 다른 원시근을 모두 구하여라.

6 3은 법 43에 관한 원시근이다. 법 43에 관한 위수가 6인 U_{43}의 원소를 모두 찾아라.

7 $a \in U_n^*$의 법 n에 관한 역원이 b일 때, $\mathrm{ord}_n(a) = \mathrm{ord}_n(b)$임을 증명하여라.

8 $a, b \in U_n^*$에 대하여 $\gcd(\mathrm{ord}_n(a), \mathrm{ord}_n(b)) = 1$ 일 때, $\mathrm{ord}_n(ab) = \mathrm{ord}_n(a)\,\mathrm{ord}_n(b)$임을 증명하여라.

9 $a \in U_n^*$에 대하여, $a, a^2, \cdots, a^{\mathrm{ord}_n(a)}$ 중 법 n에 관한 위수가 $\mathrm{ord}_n(a)$인 수의 개수는 $\phi(\mathrm{ord}_n(a))$임을 증명하여라.

10 소수 p에 대하여 다음 물음에 답하여라.

(1) r이 법 p에 관한 원시근일 때 $r^{\frac{p-1}{2}} \equiv -1 \pmod{p}$

(2) 정리 11.5와 (1)을 이용하여 윌슨의 정리를 증명하여라.

11 연습문제

E·X·E·R·C·I·S·E·S

11 소수 p에 대하여 r, s가 법 p에 관한 원시근일 때 $a \in U_p^*$에 대하여, $\text{ind}_s\, a \equiv (\text{ind}_r\, a)(\text{ind}_s\, r) \pmod{p-1}$ 임을 증명하여라.

12 임의의 양의 정수 n에 대하여, $\phi(2^n - 1) \equiv 0 \pmod{n}$임을 증명하여라.

13 U_{17}의 원소 중에서 다음 합동식을 만족하는 수를 구하여라.

(1) $x^{12} \equiv 13 \pmod{17}$　　(2) $8x^5 \equiv 10 \pmod{17}$

(3) $9x^8 \equiv 8 \pmod{17}$　　(4) $6x^{12} \equiv 11 \pmod{17}$

14 $7^x \equiv 6 \pmod{17}$을 만족하는 x를 구하여라.

15 r이 법 p, (p는 소수), 에 관한 원시근이라고 할 때, $a \in U_p^*$에 대하여, $x^n \equiv a \pmod{p}$의 해가 존재할 필요충분조건은 $\gcd(n, p-1) \mid \text{ind}_r\, a$ 임을 증명하여라.

16 2는 법 13에 관한 원시근이다. 다음을 구하여라.

(1) $\text{ind}_2(7)$　　(2) 7^9을 13으로 나눈 나머지

17 주기가 3인 순 순환소수(십진법)로 표현되는 기약 분수의 분모 n은 어떤 수인가?

18 페르마 수 $F_n = 2^{2^n} + 1$이 소수일 때, 2는 법 F_n에 관한 원시근이 아님을 증명하여라.

참고 : 법 17에 관한 원시근 3에 대한 이산로그표

a	1	2	3	4	5	6	7	8	9	10	11	12	13	14	15	16
$\text{ind}_3 a$	16	4	1	12	5	15	11	10	2	3	7	13	4	9	6	8

12 원시근의 존재

Existance of Primitive Roots

이 중단원에서 공부할 내용

- 원시근 정리
- 원시근을 허용하는 합성수

ENV Number Theory

대표문제

법 7에 관한 원시근은 존재하지만 법 8에 관한 원시근은 존재하지 않는다. 법 n에 관한 원시근이 존재하는 n은 어떤 수일까?

원시근 정리

양의 정수 $n>1$에 대하여, 법 n에 관한 원시근이 존재할 때, n은 원시근을 허용한다고 하자. a가 n의 원시근일 때, U_n의 모든 원소는 a의 거듭제곱 (법 n에 관한) 으로 표현되므로 법 n에 관한 곱셈을 용이하게 할 수 있다. 이 것이 원시근을 허용하는 수가 가지는 특권이다.

지금까지 살펴 본 바로부터 9, 13은 원시근을 허용하지만 8은 원시근을 허용하지 않는다. 원시근을 허용하는 수 n은 어떤 수일까?

명백히 1은 법 2에 관한 원시근이다.
$\mathrm{ord}_4(3)=2=\phi(4)$이므로 3은 법 4에 관한 원시근이다. 따라서 2, 4는 원시근을 허용하는 수이다.

◂ $\phi(4)=2$
$3^1=3\not\equiv 1 \pmod 4$
$3^2\equiv 1 \pmod 4$

실제로 2, 4 이외의 자연수 $n>1$이 원시근을 허용할 필요충분조건은 n이

$$p^k,\ 2p^k\ \text{(단, } p\text{는 홀수인 소수)}$$

중 하나의 꼴인 것이다. 이 사실의 설명이 이 중단원의 목적이다.

◂ 9는 p^k꼴이지만 8은 p^k, $2p^k$ 중 어느 꼴도 아니다.

가장 간단한 경우로 임의의 소수 p는 원시근을 허용하다는 사실의 증명부터도 그리 간단하지 않다. 지금부터 이에 대하여 알아 보자.

정리 12.1 (라그랑즈의 정리)
소수 p와 n차 정수계수 다항식

$$f(x)=a_nx^n+a_{n-1}x^{n-1}+\cdots+a_1x+a_0,\quad a_n\not\equiv 0 \pmod p$$

에 대하여, 합동식 $f(x)\equiv 0 \pmod p$의 법 p에 관하여 합동이 아닌 해의 개수는 n이하이다.

◂ 복소수의 범위에서 n차 방정식의 해의 개수는 n이하이다. 소수를 법으로 하는 합동식에 대해서도 이와 같은 성질이 성립한다는 것이 이 정리의 내용이다.

증명 $\gcd(a_n, p)=1$이므로 a_n의 법 p에 관한 역원 b_n이 존재한다. 이 때,

$$f(x)\equiv 0 \pmod p \Leftrightarrow b_nf(x)\equiv 0 \pmod p$$

이므로 $a_n=1$이라고 가정해도 좋다.
n에 관한 귀납법으로 정리를 증명한다.

◂ $b_na_n\equiv 1 \pmod p$

다음 쪽에 이어짐

← 앞 쪽에서 계속

$n = 1$ 일 때는 명백히 정리가 성립한다.

차수가 $n-1$ 인 다항식에 대해서는 정리가 성립한다고 가정하고, $f(x) \equiv 0 \pmod p$가 $n+1$ 개의 법 p에 관하여 합동이 아닌 해 $c_0, c_1, \cdots, c_n$ 을 가진다고 하자.

$$\begin{aligned} f(x) - f(c_0) &= (x^n - c_0^n) + \sum_{k=0}^{n-1} a_k(x^k - c_0^k) \\ &= (x - c_0)\, g(x) \end{aligned}$$

을 만족하는 최고차 항의 계수가 1 인 $n-1$ 차 다항식 $g(x)$가 존재한다. 각 $k = 1, 2, \cdots, n$에 대하여,

$$(c_k - c_0)\, g(c_k) = f(c_k) - f(c_0) \equiv 0 - 0 = 0 \pmod p$$

이고 $c_k - c_0 \not\equiv 0 \pmod p$ 이므로, $g(c_k) \equiv 0 \pmod p$이다. 따라서 $g(x) \equiv 0 \pmod p$은 n개의 법 p에 관하여 합동이 아닌 해 $c_1, c_2, \cdots, c_n$을 가지게 된다. 이 것은 귀납법 가정에 위배된다. ▮

따름정리 12.2

p가 소수일 때, $p-1$의 임의의 약수 d에 대하여 합동식 $x^d - 1 \equiv 0 \pmod p$는 정확히 d개의 법 p에 관하여 합동이 아닌 해를 가진다.

증 명 $d = 1$ 일 때는 명백히 따름정리가 성립하고, $d = p-1$ 일 때는 페르마의 정리에 의하여 따름정리가 성립한다. $1 < d < p-1$ 이라고 하자. $p - 1 = de$ 라고 하면,

$$x^{p-1} - 1 = (x^d - 1)g(x),$$

단, $g(x) = (x^d)^{e-1} + (x^d)^{e-2} + \cdots + x^d + 1$ 이고, $g(x)$의 차수는 $de - d = p - 1 - d$ 이다.

$$x^d - 1 \equiv 0 \pmod p, \qquad g(x) \equiv 0 \pmod p$$

의 법 p에 관하여 합동이 아닌 해의 개수를 각각 k, l 이라 하면 라그랑즈의 정리에 의하여

$$k \le d, \quad l \le p - 1 - d \quad \cdots\cdots ①$$

이다. 페르마의 정리에 의하여 $x^{p-1} - 1 \equiv 0 \pmod p$는 $p-1$ 개의 법 p에 관하여 합동이 아닌 해를 가지고 그 해는 $x^d - 1 \equiv 0 \pmod p$ 또는 $g(x) \equiv 0 \pmod p$해이므로 $p - 1 \le k + l$ 이다. 그러므로 ①로부터 $k = d$, $l = p - 1 - d$를 얻는다. ▮

정리 12.3 (원시근 정리)

임의의 소수 p는 원시근을 허용한다.

증명 각 $d\,|\,(p-1)$에 대하여 $\Lambda_d = \{a \in \boldsymbol{U}_p \mid \mathrm{ord}_p(a) = d\}$로 두고 $\lambda_d = |\Lambda_d|$라 하자. 각 $a \in \boldsymbol{U}_p$에 대하여 $\mathrm{ord}_p(a)$는 $p-1$의 약수이므로 $\boldsymbol{U}_p \subset \bigcup_{d|(p-1)} \Lambda_d$이고, 또, $d \neq e$일 때 $\Lambda_d \cap \Lambda_e = \varnothing$이므로 $|\boldsymbol{U}_p| = \sum_{d|(p-1)} |\Lambda_d|$, 즉,

$$p - 1 = \sum_{d|(p-1)} \lambda_d \quad \cdots\cdots ①$$

이다. 한편, 가우스의 정리에 의하여

$$p - 1 = \sum_{d|(p-1)} \phi(d) \quad \cdots\cdots ②$$

가 성립한다. 각 $d\,|\,(p-1)$에 대하여 $\lambda_d \le \phi(d)$임을 보인다.
$d\,|\,(p-1)$라 하자. 먼저, $\lambda_d = 0$라면 $\lambda_d \le \phi(d)$이다.
$\lambda_d > 0$이면 $\mathrm{ord}_p(a) = d$인 $a \in \boldsymbol{U}_p$가 존재한다. 이 때, d 개의 수

$$a,\ a^2,\ a^3,\ \cdots,\ a^d \quad \cdots\cdots ③$$

은 법 p에 관하여 합동이 아니다. 더욱이 이들은 $x^d - 1 \equiv 0 \pmod p$의 해이다. 따름정리 12.2에 의하여 $x^d - 1 \equiv 0 \pmod p$의 임의의 해는 ③ 중 하나와 법 p에 관하여 합동이다. Λ_d의 임의의 원소도 $x^d - 1 \equiv 0 \pmod p$의 해이므로 ③ 중 하나와 합동이다. ③ 중에서 위수가 d인 수는 $\gcd(k, d) = 1$인 a^k이므로 그러한 수의 개수는 $\phi(d)$이다. 그러므로 $\lambda_d \le \phi(d)$가 성립한다.
이제, ①, ②로 부터 $\lambda_d = \phi(d),\ \forall d\,|\,(p-1)$, 이 성립한다. 특히 $\lambda_{p-1} = \phi(p-1)$이므로 $\Lambda_{p-1} \neq \varnothing$이 되어 증명이 완료되었다. ▌

◀ $\{\Lambda_d \mid d$는 $d-1$의 약수$\}$는 $\boldsymbol{U}_p$의 분할이다.

◀ $\lambda_{p-1} = \phi(p-1)$란 말은 **법 p에 관하여 합동이 아닌 원시근의 개수는** $\phi(p-1)$ 이란 뜻이다.

예제 12.4

p가 $4k+1$꼴의 소수일 때, $x^2 \equiv -1 \pmod p$는 해를 가짐을 보여라.

◀ 정리 9.7 참조

풀이 $4\,|\,(p-1)$이므로 $\Lambda_4 \neq \varnothing$이고, 따라서 $\mathrm{ord}_p(a) = 4$인 $a \in \boldsymbol{U}_p$가 존재한다. $a^4 \equiv 1 \pmod p$이므로 $a^4 - 1 \equiv 0 \pmod p$.

$$a^4 - 1 \equiv 0 \pmod p \Rightarrow (a^2-1)(a^2+1) \equiv 0 \pmod p$$
$$\Rightarrow a^2 - 1 \equiv 0 \pmod p \text{ 또는 } a^2 + 1 \equiv 0 \pmod p$$

$\mathrm{ord}_p(a) = 4$이므로 $(a^2 - 1) \not\equiv 0 \pmod p$이고, 따라서
$a^2 + 1 \equiv 0 \pmod p$이다. 그러므로 a는 $x^2 \equiv -1 \pmod p$의 해이다. ■

원시근을 허용하는 합성수

원시근을 허용하는 합성수에 대하여 알아 보자.

정리 12.5

(1) $k \geq 3$ 일 때, 2^k 은 원시근을 허용하지 않는다.

(2) $m, n > 2$, $\gcd(m, n) = 1$ 일 때, mn 은 원시근을 허용하지 않는다.

증 명 (1) a가 홀수일 때, 임의의 $k \geq 3$에 대하여

$$a^{2^k/4} \equiv 1 \pmod{2^k}. \quad ①$$

∵ $k = 3$일 때 : ① $a^2 \equiv 1 \pmod 8$ 이 성립함은 명백하다.

$k = n$일 때 ①이 성립함을 가정한다. : $a^{2^n/4} \equiv 1 \pmod{2^n}$.

$k = n + 1$일 때 : 귀납법 가정에서 $a^{2^n/4} = 1 + 2^n x$, (x는 정수).

양변을 제곱하면

$$a^{2^{n+1}/4} = 1 + 2(2^n x) + (2^n x)^2$$
$$= 1 + 2^{n+1}(x + 2^{n-1}x^2) \equiv 1 \pmod{2^{n+1}}.$$

따라서 ① 은 모든 $k \geq 3$에 대하여 성립한다. ▮

◀ $1^2 \equiv 3^2 \equiv 5^2 \equiv 7^2 \equiv 1 \pmod 8$

$n = 2^k$ 이라고 하면 임의의 $a \in U_n$에 대하여, a는 2와 서로 소인 수, 즉, 홀수이다. 그러므로 ① 이 성립하고 따라서

$$\mathrm{ord}_n(a) \leq \frac{2^k}{4} = \frac{2^{k-1}}{2} = \frac{\phi(n)}{2} < \phi(n)$$

이므로, 위수가 $\phi(n)$인 U_n의 원소가 존재하지 않는다.

(2) $\gcd(m, n) = 1$ 이므로 $\phi(mn) = \phi(m)\phi(n)$이다.

$$g = \gcd(\phi(m), \phi(n)), \quad l = \mathrm{lcm}(\phi(m), \phi(n))$$

이라 하자. $\phi(m)$, $\phi(n)$이 짝수이므로 $g \geq 2$ 이고, 따라서

$$l = \frac{\phi(m)\phi(n)}{d} < \phi(m)\phi(n) = \phi(mn).$$

임의의 $a \in U_{mn}$에 대하여 $\gcd(a, mn) = 1$ 이다.

$$\gcd(a, mn) = 1 \Rightarrow \gcd(a, m) = 1. \quad \therefore\ a \in U_m$$

$$a^l = ((a)^{\phi(m)})^{\phi(n)/2} \equiv 1^{\phi(n)/2} = 1 \pmod m.$$

같은 식으로 $a^l \equiv_n 1 \pmod n$이다. 그러므로 $a^l \equiv_n 1 \pmod{mn}$이고, 따라서 $\mathrm{ord}_{mn}(a) < \phi(mn)$이다. 그러므로 위수가 $\phi(mn)$인 U_{mn}의 원소가 존재하지 않는다. ▮

보조정리 12.4에 의하여

- n이 2개 이상의 서로 다른 홀수인 소인수를 가지거나
- $n = 2^m p^k$, p는 홀수인 소수, $m \geq 2$

일 경우 n은 원시근을 허용하지 않는 수임을 알 수 있다. 따라서 원시근을 허용하는 합성수의 가능한 꼴은 p^k, $2p^k$중 어느 하나이다. 이제 p^k, $2p^k$이 원시근을 허용하는 수임을 보인다.

정리 12.6

홀수인 소수 p에 대하여, r이 법 p에 관한 원시근일 때, r 또는 $r+p$가 법 p^2에 관한 원시근이다.

증명 r이 법 p에 관한 원시근이므로 $\mathrm{ord}_p(r) = p-1$.
$\mathrm{ord}_{p^2}(r) = \omega$라고 하면 $r^\omega \equiv 1 \pmod{p^2}$.
이 때, 다음이 또한 성립한다.

$$r^\omega \equiv 1 \pmod{p}.$$

따라서 $(p-1) \mid \omega$이다. 한편, $\omega \mid \phi(p^2)$, 즉, $\omega \mid p(p-1)$이 성립한다.
그러므로

$$\omega = p-1 \text{ 또는 } \omega = p(p-1)$$

이다.

- $\omega = p(p-1)$일 때, r은 법 p^2에 관한 원시근이다.
- $\omega = p-1$일 때,

$$r^{p-1} \equiv 1 \pmod{p^2}.$$

$s = r+p$라고 하면 s도 법 p에 관한 원시근이므로 $\mathrm{ord}_{p^2}(s)$는 $p-1$ 또는 $p(p-1)$이다. 그런데 $\mathrm{ord}_{p^2}(s) \neq p-1$이다. 왜냐하면

$$\begin{aligned} s^{p-1} = (r+p)^{p-1} &= r^{p-1} + \binom{p-1}{1} r^{p-2} p + (p^2 \text{의 배수}) \\ &\equiv 1 + p(p-1)\, r^{p-2} = 1 - p\, r^{p-2} \pmod{p^2}. \end{aligned}$$

r이 법 p에 관한 원시근이므로 $r \not\equiv 0 \pmod{p}$이고 따라서

$$p\, r^{p-2} \pmod{p^2} \not\equiv 0 \pmod{p^2}$$

이다. 그러므로 $s^{p-1} \not\equiv 1 \pmod{p^2}$이고 따라서 $\mathrm{ord}_{p^2}(s) \neq p-1$이다.
결과적으로 $\mathrm{ord}_{p^2}(s) = p(p-1)$, 즉, s는 법 p에 관한 원시근이다. ▌

정리 12.6의 증명 과정에서 다음을 알 수 있다.

법 p에 관한 원시근 r에 대하여,

- $p^{p-1} \not\equiv 1 \pmod{p^2}$일 때, r은 법 p^2에 관한 원시근이고,
- $p^{p-1} \equiv 1 \pmod{p^2}$일 때, $r+p$는 법 p^2에 관한 원시근이다.

보기

$r=3$은 법 $p=7$에 관한 원시근이다.

$$r^{p-1} = 3^{7-1} = 729 \not\equiv 1 \pmod{49}$$

이므로 $r=3$은 법 $p^2=49$에 관한 원시근이다.

정리 12.7

홀수인 소수 p에 대하여 r이 법 p^2에 관한 원시근일 때, 임의의 $k \geq 2$에 대하여 r은 법 p^k에 관한 원시근이다.

증명 임의의 자연수 $k>1$에 대하여 다음이 성립한다.

$$r^{p^{k-2}(p-1)} \not\equiv 1 \pmod{p^k} \quad \cdots\cdots \text{①}$$

$\because$ $\mathrm{ord}_{p^2}(r) = \phi(p^2) = p(p-1)$이므로 $r^{p-1} \not\equiv 1 \pmod{p^2}$이다. 따라서 $k=2$일 때, ①이 성립한다.

$k=n>2$일 때 ①이 성립함을 가정한다. 즉,

$$r^{p^{n-2}(p-1)} \not\equiv 1 \pmod{p^n}. \quad \cdots\cdots \text{②}$$

$k=n+1$일 때 ①을 증명한다.

$r \in U_{p^{n-1}}$, $\phi(p^{n-1}) = p^{n-2}(p-1)$이므로

$$r^{p^{n-2}(p-1)} \equiv 1 \pmod{p^{n-1}}$$

이고, 따라서 $r^{p^{n-2}(p-1)} = 1 + cp^{n-1}$, ($c$는 정수), 이다. 여기서 ②에 의하여 $p \nmid c$이다. 이 등식의 양변을 p제곱하면

$$\begin{aligned} r^{p^{n-1}(p-1)} &= (1+cp^{n-1})^p = 1 + \binom{p}{1}cp^{n-1} + (p^{n+1}\text{의 배수}) \\ &\equiv 1 + cp^n \pmod{p^{n+1}}. \end{aligned}$$

$p \nmid c$이므로 $r^{p^{n-1}(p-1)} \not\equiv 1 \pmod{p^{n+1}}$이다. ▮

①을 이용하여 r이 법 p^k에 관한 원시근을 보인다.

다음 쪽에 이어짐

← 앞 쪽에서 계속

$\mathrm{ord}_{p^2}(r) = \omega$ 라고 하면 $\omega \mid \phi(p^k)$, 즉,

$$\omega \mid p^{k-1}(p-1). \quad \cdots\cdots ③$$

또 $r^{\omega} \equiv 1 \pmod{p^k}$이므로, $r^{\omega} \equiv 1 \pmod{p}$이기도 하다. 따라서

$$(p-1) \mid \omega. \quad \cdots\cdots ④$$

③, ④ 에서 ω는

$$\omega = p^m(p-1), \quad 0 \le m \le k-1$$

꼴임을 알 수 있다. $\omega \ne p^{k-1}(p-1)$이라면, $m \le k-2$ 이고, 따라서 $\omega \mid p^{k-2}(p-1)$이다. 이 때, $r^{p^{k-2}(p-1)} \equiv 1 \pmod{p^k}$이 되어 ①에 위배된다. 그러므로 $\omega = p^{k-1}(p-1) = \phi(p^k)$이어야 하고, 따라서 r은 법 p^k에 관한 원시근이다. ∎

보기

$r = 3$은 법 $p^2 = 49$에 관한 원시근이다. 따라서 $r = 3$은, 모든 $k > 0$에 대하여, 법 $p^k = 7^k$에 관한 원시근이다.

정리 12.8

홀수인 소수 p에 대하여 r이 법 p^k에 관한 원시근일 때, 임의의 $k \ge 2$에 대하여 r, $r + p^k$ 중 홀수인 수가 법 $2p^k$에 관한 원시근이다.

증명 r, $r + p^k$ 중 하나가 홀수이므로 r이 홀수라고 가정 해도 좋다. $\gcd(r, p^k) = 1$이고 r이 홀수이므로 $\gcd(r, 2p^k) = 1$이다.
$\mathrm{ord}_{p^k}(r) = \omega$ 라고 하면, $\omega \mid \phi(2p^k)$이다.

$$\phi(2p^k) = \phi(2)\phi(p^k) = \phi(p^k)$$

이므로

$$\omega \mid \phi(p^k) \quad \cdots\cdots ①$$

이다. 또 $r^{\omega} = 1 \pmod{2p^k}$이므로 $r^{\omega} = 1 \pmod{p^k}$이고, 따라서

$$\phi(p^k) \mid \omega \quad \cdots\cdots ②$$

이다. 이제 ①, ② 에 의하여 $\omega = \phi(p^k) = \phi(2p^k)$이고, 그러므로 r은 법 $2p^k$에 관한 원시근이다. ∎

보기

$r=3$은 모든 $k>0$에 대하여, 법 $p^k=7^k$에 관한 원시근이다.
또, $r=3$은, 홀수이므로, 모든 $k>0$에 대하여, 법 $2p^k=2\cdot 7^k$에 관한 원시근이다. 이를테면 3은 법 14에 관한 원시근이다.

이상의 논의에서 다음을 알 수 있다.

정리 12.9

양의 정수 n이 원시근을 허용할 필요충분조건은

$$n=2,\ 4,\ p^k,\ 2p^k$$

일 것이다. (단, p는 홀수인 소수)

연습문제 12

E·X·E·R·C·I·S·E·S

1 원시근을 허용하는 20 이하의 짝수를 모두 찾아라.

2 다음 수를 법으로 하는 원시근을 하나씩 찾아라.

(1) 11^2 (2) 13^2 (3) 17^2

(4) 11^{100} (5) 13^{100} (6) 17^{100}

(7) 6 (8) 18 (9) 26

3 홀수인 소수 p에 대하여 다음 합동식의 법 p에 관하여 합동이 아닌 해를 구하여라.

(1) $x^p \equiv 1 \pmod{p}$

(2) $x^{p-2} + x^{p-3} + \cdots + x + 1 \equiv 0 \pmod{p}$

4 U_{61}의 원소 중 법 61에 관한 위수가 4인 원소를 모두 찾아라.

5 p가 홀수인 소수일 때, 법 p에 관하여 r, s가 원시근일 때, rs는 원시근이 아님을 증명하여라.

6 법 n에 관한 r의 역원을 s라고 할 때, 법 n에 관하여 r이 원시근이면 s도 원시근임을 증명하여라.

7 p가 홀수인 소수일 때, 법 p에 관한 원시근 r에 대하여 다음을 증명하여라.

(1) $p \equiv 1 \pmod{4}$일 때, $-r$도 법 p에 관한 원시근이다.

(2) $p \equiv 3 \pmod{4}$일 때, $\text{ord}_p(-r) = \frac{p-1}{2}$

8 소수 p에 대하여 $f(x) = \prod_{k=1}^{p-1}(x-k) - (x^{p-1} - 1)$이라 할 때,

(1) $f(x)$의 계수는 모두 p의 배수임을 보여라.

(2) $f(x)$를 이용하여 윌슨의 정리를 증명하여라.

◀ $1, 2, \cdots, p-1$은 법 p에 관하여 $f(x) \equiv 0 \pmod{p}$의 해

III 셋째 대단원

Easy / New / Visual

이차잉여

Quadratic Residues

13 이차잉여

14 이차잉여의 상호법칙

15 이차합동식

가우스는 수론을 수학의 여왕이라고 하였다. 이 단원에서 공부할 이차잉여의 상호법칙은 여왕의 왕관으로 불리어도 손색이 없을 만치 아름답고 유명한 정리이다. 간단히 말하자면 이차잉여의 상호법칙은 두 개의 소수와 관련한 이차합동식의 해의 존재성 사이의 상호 관계를 나타내는 법칙이다. 이 법칙은 오일러에 의하여 예상되었으며, 르장드르가 풀었다. 그러나 르장드르의 풀이에는 치명적인 결함이 있어서 나중에 가우스가 완전한 증명을 하기에 이른다. 가우스는 이 증명을 완성한 후에 "한 해 꼬박 나의 엄청난 노력을 비켜가며 나를 고문했다"고 말 했다. 지금 우리는 그 '고문'의 결과를 쉽게 읽을 수 있다.

13

이차잉여

Quadratic Residues

ENV

이 중단원에서 공부할 내용

- 이차합동식의 풀이
- 이차잉여
- 오일러의 판정 기준
- 르장드르 기호

ENV *Number Theory*

대표문제

- 이차합동식 $3x^2 + x + 11 \equiv 0 \pmod{13}$을 풀어라.
- 이차합동식 $bx^2 + cx + d \equiv 0 \pmod{p}$는 어떻게 $x^2 \equiv a \pmod{p}$꼴로 귀착 되는가 ?
- 이차합동식 $x^2 \equiv a \pmod{p}$는 항상 해를 가지는가 ? 항상 해를 가지지는 않다면 해를 가질 조건은 무엇인가 ?
- 이차합동식 $x^2 \equiv -46 \pmod{17}$, $x^2 \equiv 31 \pmod{41}$의 해의 존재성을 판정하여라.

이차합동식의 풀이

지금까지 우리는 일차합동식에 대하여 공부하였다. 지금부터 소수 p를 법으로 하는 이차합동식

$$mx^2 + nx + k \equiv 0 \pmod{p} \quad \cdots\cdots ①$$

의 풀이법에 대하여 알아 보자.

소수 p와 정수 a, b에 대하여

$$p \mid ab \Leftrightarrow p \mid a \text{ 또는 } p \mid b$$

이므로

$$ab \equiv 0 \pmod{p} \Leftrightarrow a \equiv 0 \pmod{p} \text{ 또는 } b \equiv 0 \pmod{p}$$

이다. 따라서, ①을

$$(ax+b)(cx+d) \equiv 0 \pmod{p}$$

꼴로 변형할 수 있으면

$$ax + b \equiv 0 \pmod{p}, \quad cx + d \equiv 0 \pmod{p}$$

로부터 ①의 해를 구할 수 있다.

보기

이차합동식 $2x^2 + 11x + 1 \equiv 0 \pmod{13}$을 풀어보자.
이차 항의 계수 2를 제거하기 위하여 양 변에 7 (법 13에 관한 2의 역원)을 곱하면

$$x^2 + 77x + 7 \equiv 0 \pmod{13}$$
$$x^2 - x - 6 \equiv 0 \pmod{13}$$
$$(x-3)(x+2) \equiv 0 \pmod{13}$$
$$x - 3 \equiv 0 \pmod{13} \text{ 또는 } x + 2 \equiv 0 \pmod{13}$$

따라서 구하는 해는

$$x \equiv 3 \pmod{13}, \; x \equiv -2 \pmod{13}$$

이차합동식은 완전제곱식을 이용해서 풀 수도 있다. 완전제곱식을 만들기 위하여 먼저 다음과 같이 하면 편리하다.

❶ 양 변에 이차항의 계수의 역원을 곱하여 이차 항의 계수를 제거한다.
❷ 일차 항의 계수가 홀수일 경우 $\pm p$를 더하여 짝수로 만든다.

보기

다음 이차합동식을 풀어 보자.

(1) $3x^2 + x + 11 \equiv 0 \pmod{13}$　　(2) $x^2 + x + 1 \equiv 0 \pmod{5}$

(1) 계수를 간단하게 하기 위하여 주어진 합동식을

$$3x^2 + x - 2 \equiv 0 \pmod{13}$$

과 같이 쓴다. 이차 항의 계수 3을 제거하기 위하여 양 변에 9 (법 13에 관한 3의 역원)을 곱하면

$$x^2 + 9x - 18 \equiv 0 \pmod{13}$$

일차항의 계수가 홀수이므로 짝수로 만들기 위하여 13을 빼면

$$x^2 - 4x - 18 \equiv 0 \pmod{13}$$
$$x^2 - 4x - 4 \equiv 14 \pmod{13}$$
$$(x-2)^2 \equiv 1 \pmod{13}$$
$$x - 2 \equiv 1 \text{ 또는 } x - 2 \equiv -1 \pmod{13}$$

따라서 구하는 해는

$$x \equiv 3 \pmod{13},\ x \equiv 1 \pmod{13}$$

(2) 주어진 합동식은 $x^2 - 4x + 1 \equiv 0 \pmod{5}$와 동치이다.

$$x^2 - 4x + 1 \equiv 0 \pmod{5}$$
$$x^2 - 4x + 4 \equiv 3 \pmod{5}$$
$$(x-2)^2 \equiv 3 \pmod{5}$$

법 5에 관하여 제곱이 3인 정수는 존재하지 않으므로 이 합동식은 해를 가지지 않는다.

◂ 임의의 정수는
$5k,\ 5k \pm 1,\ 5k \pm 2$
중 하나의 꼴이다.
$(5k)^2 = 25k^2$
$(5k \pm 1)^2 = 25k^2 \pm 10k + 1$
$(5k \pm 2)^2 = 25k^2 \pm 20k + 4$

이차잉여

위의 보기에서 알 수 있듯이 소수 $p > 2$에 대하여 임의의 이차합동식은 $x^2 \equiv a \pmod{p}$꼴로 귀착된다. 이러한 꼴의 이차합동식은 a의 값에 따라 해를 가질 때도 있고 해를 가지지 않을 때도 있다. 소수 $p > 2$와 $a \in \boldsymbol{U}_p^*$에 대하여,

$$x^2 \equiv a \pmod{p}$$

의 해가 존재할 때, a를 법 p에 관한 **이차잉여**라고 하고 법 p에 관한 이차잉여가 아닌 수를 법 p에 관한 **비이차잉여**라고 한다. 예를들어 $4^2 \equiv 1 \pmod{5}$이므로 4는 법 5에 관한 이차잉여이고, $x^2 \equiv 3 \pmod{5}$는 해를 가지지 않으므로 3은 법 5에 관한 비이차잉여이다.

◂ 二次剩餘 quadratic residue
非二次剩餘 quadratic nonresidue

$c^2 \equiv a \pmod{p}$를 만족하는 $c \in \boldsymbol{U}_p^*$가 존재할 때, $[c]_p = d$라 하면 $d \in U_p$이다. $c \equiv d \pmod{p}$이므로

$$c^2 \equiv a \pmod{p} \Leftrightarrow d^2 \equiv a \pmod{p}$$

이다. 그러므로

> $x^2 \equiv a \pmod{p}$가 해를 가지면 U_p에서도 해를 가진다.

보기

다음 이차합동식을 풀어 보자.

(1) $x^2 \equiv 2 \pmod{7}$ (2) $x^2 \equiv 3 \pmod{7}$

(1) $\boldsymbol{U}_7 = \{1, 2, 3, 4, 5, 6\}$의 원소 중 (1)을 만족하는 수는 3, 4이다. 따라서 (1)의 해는

$$x \equiv 3 \pmod{7}, x \equiv 4 \pmod{7}$$

(2) $\boldsymbol{U}_7 = \{1, 2, 3, 4, 5, 6\}$의 원소 중 (2)를 만족하는 수는 존재하지 않는다. 따라서 (2)는 해를 가지지 않는다.

mod 7

a	a^2
1	1
2	4
3	2
4	2
5	4
6	1

◆ $x^2 \equiv a \pmod{p}$일 때, x를 a의 법 p에 관한 제곱근이라고 한다. 따라서 법 p에 관한 이차잉여란 곧 법 p에 관한 제곱근을 가지는 수이다. $[a]_p = b$라 하면 $b \in \boldsymbol{U}_p$이고, $a \equiv b \pmod{p}$이므로

$$x^2 \equiv a \pmod{p} \Leftrightarrow x^2 \equiv b \pmod{p}$$

이다. 따라서 법 p에 관한 이차잉여 a의 법 p에 관한 제곱근은 $[a]_p$의 법 p에 관한 제곱근이다.

이상의 논의에서 다음 정리가 성립함을 알 수 있다.

정리 13.1

소수 $p > 2$와 $a \in \boldsymbol{U}_p^*$에 대하여, 다음은 동치이다.

(1) a는 법 p에 관한 이차잉여이다.

(1) a는 $\boldsymbol{U}_p$의 원소의 제곱과 법 p에 관하여 합동이다.

(1) $[a]_p$는 $\boldsymbol{U}_p$에서 법 p에 관한 제곱근을 가진다.

◇ $U_{13} = \{1, 2, 3, 4, 5, 6, 7, 8, 9, 10, 11, 12\}$의 원소의 제곱을 관찰하여 보자.

$$13 - k \equiv -k \pmod{13}, (k = 1, 2, 3, 4, 5, 6)$$

이므로

$1^2 \equiv 12^2 \equiv 1 \pmod{13}$ $\qquad$ $2^2 \equiv 11^2 \equiv 4 \pmod{13}$

$3^2 \equiv 10^2 \equiv 9 \pmod{13}$ $\qquad$ $4^2 \equiv 9^2 \equiv 16 \equiv 3 \pmod{13}$

$5^2 \equiv 8^2 \equiv 25 \equiv 12 \pmod{13}$ $\qquad$ $6^2 \equiv 7^2 \equiv 36 \equiv 10 \pmod{13}$

이다. 그러므로 법 13에 관한 이차잉여는 1, 3, 4, 9, 10, 12 중 하나와 법 13에 관하여 합동인 수이다.

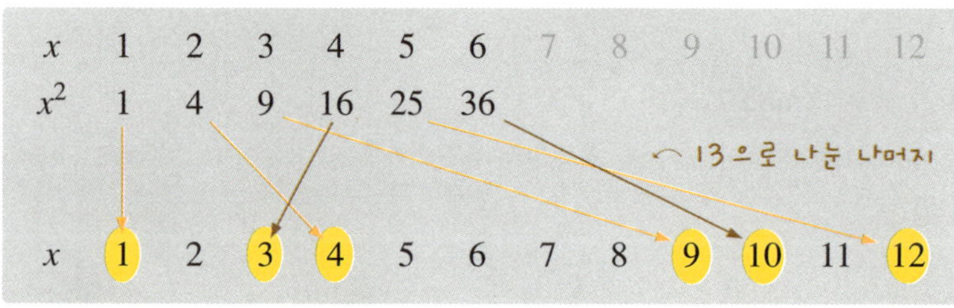

이와 같이 생각하면 법 p에 관한 이차잉여는

$$1^2, 2^2, 3^2, \cdots, \left(\frac{p-1}{2}\right)^2$$

중 하나와 법 p에 관하여 합동인 수임을 알 수 있다.

◀ 법 p에 관한 이차잉여는 p의 배수가 아닌 **제곱**수를 p로 나눈 **나머지**이다.
이차잉여의 **이차**는 **제곱**을 뜻하고 **잉여**는 **나머지**를 뜻한다.

참고 법 p에 관한 이차잉여 전체의 집합 Q_p는 다음을 만족한다.

(i) $1 \in Q_p$

(ii) $a, b \in Q_p \Rightarrow ab \in Q_p$

(iii) $a \in Q_p$의 법 p에 관한 역원을 c라 할 때, $c \in Q_p$이다.

∵ (i) 은 명백하다.

(ii) $a \equiv x^2 \pmod{p}, b \equiv y^2 \pmod{p}$이면

$ab \equiv (xy)^2 \pmod{p}$

(iii) $a \equiv x^2 \pmod{p}, ac \equiv 1 \pmod{p}$이면

$c = 1 \cdot c \equiv acc \equiv x^2c^2 = (ac)^2 \pmod{p}$ ▮

정리 13.2

소수 $p>2$와 법 p에 관한 임의의 원시근 r에 대하여 $a \in U_p^*$가 법 p에 관한 이차잉여일 필요충분조건은 $\text{ind}_r\, a$가 짝수일 것이다.

증명 $\text{ind}_r\, a = k$라고 하면, $a \equiv r^k \pmod p$이다.
a가 법 p에 관한 이차잉여이면 어떤 정수 x가 있어서 $a \equiv x^2 \pmod p$이다. 그러므로 $r^k \equiv a \equiv x^2 \pmod p$이고 따라서

$$k \equiv 2\ \text{ind}_r\, x \pmod{(p-1)}.$$

◀ $p-1$은 짝수

이 때, $k = 2\ \text{ind}_r\, x + m(p-1)$, ($m$은 정수), 이므로 k는 짝수이다.

역으로 k가 짝수라고 하면 어떤 정수 l이 있어서 $k=2l$이다. 이 때, $a \equiv r^k \equiv r^{2l} \equiv (r^l)^2 \pmod p$이므로 a는 법 p에 관한 이차잉여이다. ∎

◇ $\text{ind}_r\, r = 1$이고, 1은 홀수이므로 다음 따름정리를 얻는다.

따름정리 13.3

법 p에 관한 원시근은 법 p에 관한 비이차잉여이다.

◇ 법 p에 관한 원시근 r에 대하여 $U_p = \{1, 2, \cdots, p-1\}$의 각 원소는 $0, 1, 2, \cdots, p-2$중 정확히 하나의 수를 r에 대한 지수로 가진다. 따라서 꼭 절반만 짝수인 지수를 가진다. 그러므로 $1, 2, \cdots, p-1$ 중 정확히 $\frac{p-1}{2}$ 개가 법 p에 관한 이차잉여이다.

보기

다음 각 행에 절반씩 있는 색으로 표시된 수가 법 p에 관한 이차잉여이다.

p	U_p											
3	**1**	2										
5	**1**	2	3	**4**								
7	**1**	**2**	3	**4**	5	6						
11	**1**	2	**3**	**4**	**5**	6	7	8	**9**	10		
13	**1**	2	**3**	**4**	5	6	7	8	**9**	**10**	11	**12**

오일러의 판정 기준

주어진 정수가 법 p에 관한 이차잉여인지를 판단하기 위해서 오일러에 의하여 만들어진 다음 판정 기준을 사용할 수 있다.

정리 13.4 (오일러의 판정 기준)

◀ Euler's criterion

소수 $p>2$와 $a \in U_p^*$에 대하여, 다음이 성립한다.

(1) $a^{\frac{p-1}{2}} \equiv \pm 1 \pmod p$

(2) a가 법 p에 관한 이차잉여일 필요충분조건은

$$a^{\frac{p-1}{2}} \equiv 1 \pmod p$$

증명 (1) $x = a^{\frac{p-1}{2}}$ 로 두면 $x^2 = a^{p-1} \equiv 1 \pmod p$이다.

$x^2 \equiv 1 \pmod p \Rightarrow x^2 - 1 \equiv 0 \pmod p \Rightarrow (x-1)(x+1) \equiv 0 \pmod p$

$$\Rightarrow \begin{cases} x-1 \equiv 0 \pmod p \\ x+1 \equiv 0 \pmod p \end{cases} \Rightarrow \begin{cases} x \equiv 1 \pmod p \\ x \equiv -1 \pmod p \end{cases}$$

그러므로 $a^{\frac{p-1}{2}} \equiv \pm 1 \pmod p$이다.

(2) a가 법 p에 관한 이차잉여라고 하면 어떤 b가 있어서 $a \equiv b^2 \pmod p$이고, 따라서

$$a^{\frac{p-1}{2}} \equiv (b^2)^{\frac{p-1}{2}} = b^{p-1} \equiv 1 \pmod p.$$

역으로 $a^{\frac{p-1}{2}} \equiv 1 \pmod p$라고 하자. r을 법 p에 관한 원시근이라고 하고 $\text{ind}_r a = k$라 하면, $r^k \equiv a \pmod p$이다.

$$r^{k\frac{p-1}{2}} \equiv a^{\frac{p-1}{2}} \equiv 1 \pmod p$$

이므로 법 p에 관한 r의 위수 $p-1$은 $\frac{k(p-1)}{2}$을 나누어야 하고, 따라서 k는 짝수이다. 그러므로 정리 13.2에 의하여 a는 법 p에 관한 이차잉여이다. ▌

보기

$3^{\frac{13-1}{2}} = 3^6 = 729 \equiv 1 \pmod{13}$, $\quad 2^{\frac{13-1}{2}} = 2^6 = 64 \equiv -1 \pmod{13}$

이므로 법 13에 관하여, 3은 이차잉여이고, 2는 비이차잉여이다.

◀ $729 = 13 \cdot 56 + 1$
$64 = 13 \cdot 5 - 1$

정수 a, b에 대하여 $(ab)^{\frac{p-1}{2}} = a^{\frac{p-1}{2}} b^{\frac{p-1}{2}}$이므로 다음이 성립한다.

따름정리 13.5

소수 $p>2$와 $a, b \in U_p^*$에 대하여, ab가 법 p에 관한 이차잉여일 필요충분조건은 법 p에 관하여 a, b 모두가 이차잉여이든지 모두가 비이차잉여일 것이다.

르장드르 기호

다음에 소개할 기호는 르장드르에 의하여 소개된 것으로서 향후 이차잉여에 관한 논의를 보다 단순하게 해주는 중요한 도구가 된다.

홀수인 소수 p와 $a \in U_p^*$에 대하여, **르장드르 기호** $\left(\frac{a}{p}\right)$는

$$\left(\frac{a}{p}\right) = \begin{cases} 1, & (a\text{가 법 } p\text{에 관한 이차잉여일 때}), \\ -1, & (a\text{가 법 } p\text{에 관한 비이차잉여일 때}) \end{cases}$$

와 같이 정의된다. 이를테면 법 13에 관하여 3은 이차잉여이므로 $\left(\frac{3}{5}\right) = 1$이고, 2는 비이차잉여이므로 $\left(\frac{2}{5}\right) = -1$이다.

◀ Legendre symbol

A. M. LeGendre(1752-1833) 프랑스의 수학자 타원적분론에 업적이 많다.

정리 13.6

소수 $p>2$와 $a, b \in U_p^*$에 대하여 다음이 성립한다.

(1) $a \equiv b \pmod{p} \Rightarrow \left(\frac{a}{p}\right) = \left(\frac{b}{p}\right)$

(2) $\left(\frac{a^2}{p}\right) = 1$ (3) $\left(\frac{ab}{p}\right) = \left(\frac{a}{p}\right)\left(\frac{b}{p}\right)$

(4) $\left(\frac{a}{p}\right) \equiv a^{\frac{p-1}{2}} \pmod{p}$ (5) $\left(\frac{-1}{p}\right) = (-1)^{\frac{p-1}{2}}$

증명 (1), (2)는 르장드르 기호의 정의로부터 명백하다.

(3) 따름정리 12.4. (4) 정리 13.4.

(5) (4)에 의하여 $\left(\frac{-1}{p}\right) \equiv (-1)^{\frac{p-1}{2}} \pmod{p}$이다. 이 합동식 좌변의 값은 1 또는 -1이므로 $\left(\frac{-1}{p}\right) = (-1)^{\frac{p-1}{2}}$ ▮

$$\frac{p-1}{2}\text{은} \begin{cases} \text{짝수}, & (p = 4k+1 \text{ 꼴일 때}), \\ \text{홀수}, & (p = 4k+3 \text{ 꼴일 때}) \end{cases}$$

이므로 정리 13.6 의 (5)는 다음과 같이 다시 써질 수 있다.

$$\left(\frac{-1}{p}\right) = \begin{cases} 1, & (p\text{가 } 4k+1 \text{ 꼴일 때}), \\ -1, & (p\text{가 } 4k+3 \text{ 꼴일 때}) \end{cases}$$

르장드르 기호 $\left(\frac{a}{p}\right)$를 계산할 때는 정리 13.6 의 (1), (2), (3)에 의하여 '분자' 에 p 의 배수를 더하거나 완전제곱수를 곱해도 그 값은 불변임을 알 수 있다. 즉,

$$\left(\frac{a}{p}\right) = \left(\frac{a+kp}{p}\right), \quad \left(\frac{a}{p}\right) = \left(\frac{ab^2}{p}\right)$$

예제 13.7

디음 이차합동식의 해의 존재성을 판정하여라.

(1) $x^2 \equiv -46 \pmod{17}$ (2) $x^2 \equiv 31 \pmod{41}$

풀 이 (1) 정리 13.6 의 (3), (5)를 이용하면

$$\left(\frac{-46}{17}\right) = \left(\frac{-1 \cdot 46}{17}\right) = \left(\frac{-1}{17}\right)\left(\frac{46}{17}\right) = 1 \cdot \left(\frac{46}{17}\right) = \left(\frac{46}{17}\right)$$

$46 \equiv 12 \pmod{17}$이므로 정리 13.6 의 (1)에 의하여 $\left(\frac{46}{17}\right) = \left(\frac{12}{17}\right)$이다.

정리 13.6 의 (2), (3)에 의하여 $\left(\frac{12}{17}\right) = \left(\frac{2^2 \cdot 3}{17}\right) = \left(\frac{3}{17}\right)$이다. 여기서

$$3^{(17-1)/2} = 3^8 = 81^2 = (-4)^2 = 16 \equiv -1 \pmod{17}$$

이므로 오일러의 판정 기준에 의하여 (1)은 해를 가지지 않는다.

(2) $31 \equiv 72 \pmod{41}$이므로 $\left(\frac{31}{41}\right) = \left(\frac{72}{41}\right)$이다.

$$\left(\frac{72}{41}\right) = \left(\frac{6^2 \cdot 2}{41}\right) = \left(\frac{6^2}{41}\right)\left(\frac{2}{41}\right) = \left(\frac{2}{41}\right)$$

이고,

$$\left(\frac{2}{41}\right) = \left(\frac{4^2 \cdot 2}{41}\right) = \left(\frac{32}{41}\right) = \left(\frac{-9}{41}\right) = \left(\frac{-1}{41}\right)\left(\frac{3^2}{41}\right) = \left(\frac{-1}{41}\right) = 1$$

이므로 오일러의 판정 기준에 의하여 (2)는 해를 가진다. ■

◇ 소수 $p>2$ 에 대하여 다음 등식이 성립한다.

$$\left(\frac{1}{p}\right)+\left(\frac{2}{p}\right)+\cdots+\left(\frac{p-1}{p}\right)=0$$

∵ r을 법 p에 관한 원시근이라고 하면 $\left(\frac{r}{p}\right)=-1$이다. $1, r, r^2, \cdots, r^{p-2}$의 각각은 $U_p=\{1, 2, \cdots, p-1\}$의 꼭하나의 원소와 법 p에 관하여 합동이다. 따라서 정리 13.6의 (1)에 의하여

$$\sum_{a=1}^{p-1}\left(\frac{a}{p}\right)=\sum_{k=0}^{p-2}\left(\frac{r^k}{p}\right)=\sum_{k=0}^{p-2}(-1)^k=0 \quad ▮$$

이 등식은

$1, 2, \cdots, p-1$ 중 정확히 $\frac{p-1}{2}$ 개가 법 p에 관한 이차잉여

라는 사실에 대한 다른 증명이다.

◇ 소수 $p>2$ 에 대하여 $a\in \boldsymbol{U}_p^*$가 이차잉여일 때, b가 이차합동식

$$x^2\equiv a \pmod p \quad \cdots\cdots\cdots ①$$

의 한 해라면 $x\equiv \pm b \pmod p$가 ①의 모든 해이다.

∵ 명백히 $x\equiv\pm b \pmod p$는 ①의 해이다.

$$b\equiv -b \pmod p \Leftrightarrow 2b\equiv 0 \pmod p \Leftrightarrow b\equiv 0 \pmod p$$

이므로 $b\not\equiv -b \pmod p$이다. 라그랑즈의 정리에 의하여 ①의 법 p에 관하여 합동이 아닌 해의 개수는 2이하이므로 $x\equiv\pm b \pmod p$가 ①의 모든 해이다. ▮

◇ 정리 9.7 의 증명에서 p가 $4k+1$ 꼴의 소수일 때, $x\equiv\left(\frac{p-1}{2}\right)! \pmod p$는 이차합동식 $x^2\equiv -1 \pmod p$ 의 한 해임이 밝혀졌다. 이 사실과 위의 코멘트로부터 다음 정리가 성립한다.

정리 13.8

p가 $4k+1$꼴의 소수일 때, 이차합동식 $x^2\equiv -1 \pmod p$의 모든 해는

$$x\equiv\pm\left(\frac{p-1}{2}\right)! \pmod p$$

◆ 소수 p가 $4k+3$꼴일 때, 이차합동식

$$x^2 \equiv a \pmod{p} \quad \cdots\cdots \text{①}$$

가 해를 가질 경우 그 해는

$$x \equiv \pm a^{\frac{p+1}{4}} \pmod{p}$$

이다.

◀ p가 $4k+1$꼴일 때는 이와 유사한 공식은 없다.

∵ ①이 해를 가질 때, 오일러의 판정 기준에 의하여

$$a^{\frac{p-1}{2}} \equiv 1 \pmod{p}$$

이다. $b = a^{\frac{p+1}{4}}$로 두면,

$$b^2 = a^{\frac{p+1}{2}} = a^{\frac{p-1}{2}+1} = a^{\frac{p-1}{2}} a \equiv a \pmod{p}$$

이다. 그러므로 ①의 해는 $x \equiv \pm a^{\frac{p+1}{4}} \pmod{p}$이다. ▮

보기

이차합동식 $x^2 \equiv 3 \pmod{23}$을 풀어 보자.

$3^{\frac{23-1}{2}} = 3^{11} \equiv 1 \pmod{23}$이므로 오일러의 판정기준에 의하여 주어진 합동식은 해를 가진다. 23은 $4k+3$꼴의 소수이므로 그해는

$$x \equiv \pm 3^{\frac{23+1}{4}} = \pm 3^6 = \pm (27)^2 \equiv \pm 4^2 = \pm 16 \pmod{23}$$

이다.

◆ $4k+3$꼴의 소수는 무수히 많다.

◀ 정리 5.4에서 $4k+1$꼴의 소수는 무수히 많음을 보였다.

∵ $4k+1$꼴의 소수가 유한 개로서 $p_1, p_2, \cdots, p_n$이라고 하자.
$N = (2p_1p_2 \cdots p_n)^2 + 1$로 두면 N은 홀수이다. 그러므로 $p \mid N$을 만족하는 홀수인 소수 p가 존재한다. 이 때,

$$(2p_1p_2 \cdots p_n)^2 \equiv -1 \pmod{p}$$

이므로 $\left(\frac{-1}{p}\right) = 1$이다. 따라서 정리 13.6의 (5)에 의하여 p는 $4k+1$꼴의 수이고, 그러므로 p는 $p_1, p_2, \cdots, p_n$중 하나이다.
$p = p_i$라고 하면, $p_i \mid (N - (2p_1p_2 \cdots p_n)^2)$이므로 $p_i \mid 1$이라는 모순이 발생한다. ▮

◀ 또는 정리 9.7에 의하여

연습문제 13

E·X·E·R·C·I·S·E·S

1 다음 이차합동식을 풀어라.

(1) $x^2 + 7x + 10 \equiv 0 \pmod{11}$ (2) $7x^2 + 9x + 7 \equiv 0 \pmod{13}$

(3) $5x^2 + 6x + 1 \equiv 0 \pmod{23}$ (4) $x^2 + 3x + 1 \equiv 0 \pmod{7}$

2 다음 소수 법에 관하여 2 이상의 최소의 이차잉여를 찾아라.

(1) 3 (2) 5 (3) 13 (2) 19

3 $p = 17, 23$에 대하여 U_p의 원소 중 법 p에 관한 이차잉여를 모두 찾아라.

4 홀수인 소수 p에 관한 이차잉여 a에 대하여, $a - p$가 법 p에 관한 이차잉여일 필요충분조건은 $p \equiv 1 \pmod{4}$임을 증명하여라.

5 홀수인 소수 p와 $a \in U_p^*$에 대하여, 이차합동식 $ax^2 + bx + c \equiv 0 \pmod{p}$가 해를 가질 필요충분조건은 $b^2 - 4ac$가 0 또는 법 p에 관한 이차잉여일 것임을 증명하여라.

6 $p = 2^k + 1$이 소수이면 법 p에 관한 모든 비이차잉여는 법 p에 관한 원시근임을 증명하여라.

7 2가 법 29에 관한 원시근임을 이용하여 법 29에 관한 모든 이차잉여를 찾아라.

8 다음 르장드르의 기호의 값을 찾아라.

(1) $\left(\frac{5}{19}\right)$ (2) $\left(\frac{19}{23}\right)$ (3) $\left(\frac{18}{43}\right)$ (4) $\left(\frac{-72}{131}\right)$

9 p가 홀수인 소수일 때, $\sum_{a=1}^{p-2}\left(\frac{a(a+1)}{p}\right) = -1$임을 증명하여라.

◀ 법 p에 관한 a의 역원을 a'이라고 하면 $\left(\frac{a(a+1)}{p}\right) = \left(\frac{1+a'}{p}\right)$

10 $p \equiv 1 \pmod{4}$인 소수 p에 대하여 U_p의 원소 중 법 p에 관한 이차잉여의 합은 $\frac{p(p-1)}{4}$임을 증명하여라.

14

이차잉여의 상호법칙

Law of Quadratic Reciprocity

이 중단원에서 공부할 내용

- 이이차잉여의 상호법칙
- 야코비 기호

대표문제

- 이차합동식 $x^2 \equiv 2 \pmod{p}$의 해의 존재성을 판정하여라. 단, p는 소수이다.
- 서로 다른 홀수인 소수 p, q에 대하여 $x^2 \equiv p \pmod{q}$와 $x^2 \equiv q \pmod{p}$의 해의 존재성 사이에는 어떤 관계가 있을까 ?

이차잉여의 상호법칙

p, q가 홀수인 소수라고 하자. 이차합동식

$$x^2 \equiv p \pmod q$$

에서 p, q의 위치를 바꾸면

$$x^2 \equiv q \pmod p$$

를 얻는다. 이 두 합동식 사이에 아무런 관계가 없는 것 처럼 보이지만 실제로 $\left(\frac{p}{q}\right)$와 $\left(\frac{q}{p}\right)$사이에 상호 관계를 나타내는 법칙이 있어서 어느 한 쪽의 해의 존재성으로써 다른 쪽의 해의 존재성을 판정할 수 있다. 몇 개의 소수 p, q 에 대하여 $\left(\frac{p}{q}\right)$ 값을 나타낸 다음 표에서 $\left(\frac{p}{q}\right), \left(\frac{q}{p}\right)$ 사이의 관계를 관찰하여 보자.

p \ q	3	5	7	11	13	17	19	23
3	·	−1	−1	1	1	−1	−1	1
5	−1	·	−1	1	−1	−1	1	−1
7	1	−1	·	−1	−1	−1	1	−1
11	−1	1	1	·	−1	−1	1	−1
13	1	−1	1	1	·	1	−1	1
17	−1	−1	1	1	1	·	1	−1
19	1	1	−1	−1	−1	1	·	−1
23	−1	−1	1	1	1	−1	1	·

◀ 행렬로 생각했을 때, 색으로 표시된 부분은 대각선에 관하여 대칭인 위치에 같은 수가 있고, 색으로 표시 하지 않은 부분은 대칭 위치에 부호가 반대인 수가 있다.

이 표에서 $\left(\frac{p}{q}\right), \left(\frac{q}{p}\right)$는 p, q 중 하나가 $4k+1$꼴의 수일 때는 서로 같은 값을 가지고 그렇지 않을 때는 서로 다른 값을 가짐을 알 수 있다. 이것은 일반적으로 성립하는 성질로서 이차잉여의 상호법칙이라고 한다. 이 중단원의 주된 목적은 다음 정리를 증명하는 데 있다.

정리 14.1 (이차잉여의 상호법칙)

서로 다른 홀수인 소수 p, q에 대하여,

$$\left(\frac{q}{p}\right) = \begin{cases} \left(\frac{p}{q}\right), & (p \equiv 1 \pmod 4 \text{ 또는 } q \equiv 1 \pmod 4\text{일 때}), \\ -\left(\frac{p}{q}\right), & (p \equiv q \equiv 3 \pmod 4\text{일 때}) \end{cases}$$

이 정리의 증명을 위하여 먼저 몇 가지의 준비가 필요하다.

정리 14.2 (가우스의 Lemma)

소수 $p>2$와 $a \in U_p^*$에 대하여, 집합

$$A=\{a, 2a, \cdots, \frac{p-1}{2}a\}$$

의 원소 중 p로 나눈 나머지가 $\frac{p}{2}$보다 큰 수의 개수를 n이라 할 때, a가 법 p에 관한 이차잉여일 필요충분조건은 n이 짝수일 것이다. 즉,

$$\left(\frac{a}{p}\right)=(-1)^n$$

정리의 의미 U_p의 원소 중에서 앞의 절반의 집합을

$$V_p=\{1, 2, \cdots, \frac{p-1}{2}\}$$

라 하고 $aV_p=\{ax \mid x \in V_p\}$라고 하면 $A=aV_p$이다.

$p=11$, $a=3$인 경우를 보자.

$$V_p=\{1, 2, 3, 4, 5\}, \quad A=3V_p=\{3, 6, 9, 12, 15\}$$

A의 원소 3, 6, 9, 12, 15를 $p=11$으로 나눈 나머지는 3, 6, 9, 1, 4이다. 이 중 $\frac{p}{2}=5.5$보다 큰 수 6, 9는 V_p를 "이탈"하는 수이다. 이런 수를 앞으로 "이탈자"라고 부르기로 하자.

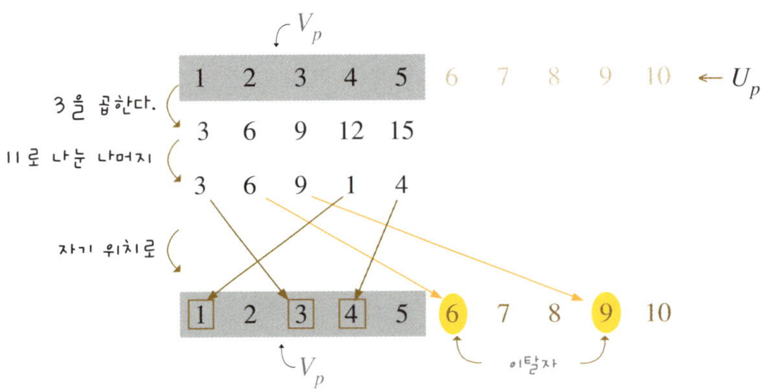

정리의 결론은

$$\left(\frac{a}{p}\right)=(-1)^{\text{이탈자의 수}}$$

라는 뜻이다. 증명은 오일러의 판정 기준에 따라

$$a^{\frac{p-1}{2}} \equiv (-1)^{\text{이탈자의 수}} \pmod p$$

를 보이는 것이다.

증 명 $\gcd(a, p) = 1$ 이므로

$$a, 2a, \cdots, \frac{p-1}{2}a$$

중 어느 두 수도 법 p에 관하여 합동이 아니다. 그러므로

$$[a]_p, [2a]_p, \cdots, [\tfrac{p-1}{2}a]_p$$

는 $\boldsymbol{U}_p$에 속하는 서로 다른 $\frac{p-1}{2}$개의 수이다. 이들 수 중 $V_p = \{1, 2, \cdots, \frac{p-1}{2}\}$에 속하는 수를 $r_1, r_2, \cdots, r_m$, 속하지 않는 수, 즉, 이탈자를 $s_1, s_2, \cdots, s_n$이라 하면,

$$m + n = \frac{p-1}{2} = |V_p|$$

이다.

$R = \{r_1, r_2, \cdots, r_m\}$, $S = \{s_1, s_2, \cdots, s_n\}$, $S' = \{p - s \mid p \in S\}$ 라고 하면 $R \cup S' \subset V_p$ 이다. 더욱이 $R \cap S' = \varnothing$ 이다.

$\because$ $r_i = p - s_j \in R \cap S'$ 이라면, $r_i + s_j = p$ 이고, 또, $r_i = [xa]_p$, $s_j = [ya]_p$ 인 $x, y \in V_p$ 가 존재한다. 이 때, $r_i \equiv xa \pmod p$, $s_j \equiv ya \pmod p$ 이므로

$$\begin{aligned} r_i + s_j = p &\Rightarrow r_i + s_j \equiv 0 \pmod p \\ &\Rightarrow a(x+y) \equiv 0 \pmod p \\ &\Rightarrow x + y \equiv 0 \pmod p \end{aligned}$$

이다. 그러나 $0 < x + y < \frac{p}{2} + \frac{p}{2} = p$ 이므로 이는 불가능하다. ▮

따라서

$$|R \cup S'| = |R| + |S'| = m + n = |V_p|$$

이고 그러므로 $R \cup S' = V_p$ 이다. $R \cup S'$ 과 V_p 의 원소의 곱이 일치해야 하므로

$$r_1 r_2 \cdots r_m (p - s_1)(p - s_2) \cdots (p - s_n) = \frac{p-1}{2}!$$

$$\therefore \quad (-1)^n r_1 r_2 \cdots r_m s_1 s_2 \cdots s_n \equiv \frac{p-1}{2}! \pmod p \qquad \cdots\cdots ②$$

한편

$$\begin{aligned} r_1 r_2 \cdots r_m s_1 s_2 \cdots s_n &\equiv a \cdot 2a \cdot \cdots \cdot \frac{p-1}{2}a \\ &= a^{\frac{p-1}{2}} \frac{p-1}{2}! \pmod p \qquad \cdots\cdots ③ \end{aligned}$$

②, ③에서 $a^{\frac{p-1}{2}} \equiv (-1)^n \pmod p$, 즉, $\left(\frac{p}{a}\right) = (-1)^n$ 이 성립한다. ▮

◀ 오일러의 판정 기준

보기

$p = 11, a = 3$일 때, $\frac{p-1}{2} = 5$, $U_{11} = \{1, 2, 3, 4, 5, 6, 7, 8, 9, 10\}$

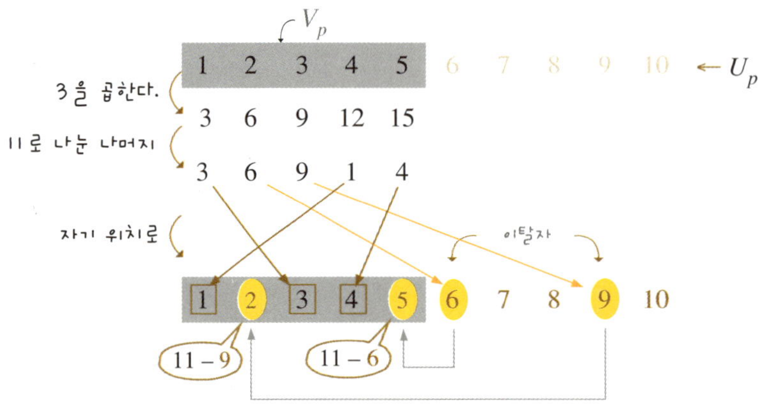

$R = \{1, 3, 4\}$, $S = \{6, 9\}$, $S' = \{11 - 6, 11 - 9\} = \{5, 2\}$

$R \cup S' = \{1, 11 - 9, 3, 4, 11 - 6\} = \{1, 2, 3, 4, 5\} = V_{11}$

$R \cup S'$ 의 원소의 곱은

$$\begin{aligned} &1 \cdot (11 - 9) \cdot 3 \cdot 4 \cdot (11 - 6) \\ &= (-1)^2 \cdot 1 \cdot 9 \cdot 3 \cdot 4 \cdot 6 \\ &\equiv (-1)^2 (3 \cdot 1) \cdot (3 \cdot 2) \cdot (3 \cdot 3) \cdot (3 \cdot 4) \cdot (3 \cdot 5) \pmod{11} \\ &= (-1)^2 \cdot 3^5 \cdot 5! \end{aligned}$$

V_{11} 의 원소의 곱은 $1 \cdot 2 \cdot 3 \cdot 4 \cdot 5 = 5!$

따라서 $(-1)^2 \cdot 3^5 \cdot 5! \equiv 5! \pmod{11}$이고, 그러므로

$\frac{11-1}{2}$ ↘ ↙ 이탈자의 개수

$$3^5 \equiv (-1)^2 \pmod{11}$$

실제로 이 밥법으로 이차잉여를 판정할 때는 기계적으로 다음 $p = 17$, $a = 5$ 의 예와 같이 할 수 있다.

	1	2	3	4	5	6	7	8
$a = 5$를 곱한다.	5	10	15	20	25	30	35	40
$p = 17$로 나눈 나머지	5	(10)	(15)	3	8	(13)	1	6

이탈자에 O표

이탈자의 개수가 3 이므로 $\left(\frac{5}{17}\right) = (-1)^3 = -1$ 이다.

정리 14.3

소수 $p>2$에 대하여,

$$\left(\frac{2}{p}\right)=\begin{cases}1, & (p\equiv 1,7 \pmod 8)\text{일 때}),\\ -1, & (p\equiv 3,5 \pmod 8)\text{일 때})\end{cases}$$

증명 $1, 2, \cdots, \frac{p-1}{2}$의 각 수를 2배하면 $2, 4, \cdots p-1$이다. 이 중 이탈자는 $\frac{p}{2}$ 이상 $p-1$ 이하의 짝수이다. $\frac{p}{2}$ 이상 $p-1$ 이하의 짝수의 개수 n은 $\frac{p}{4}$ 이상 $\frac{p-1}{2}$ 이하의 정수의 개수와 같으므로

$$n=\frac{p-1}{2}-\left[\frac{p}{4}\right].$$

p는 $8k+1,\ 8k+3,\ 8k+5, 8k+7$ 중 하나의 꼴이다.

- $p=8k+1$일 때, $n=4k-\left[2k+\frac{1}{4}\right]=4k-2k=2k$
- $p=8k+3$일 때, $n=4k+1-\left[2k+\frac{3}{4}\right]=4k+1-2k=2k+1$
- $p=8k+5$일 때, $n=4k+2-\left[2k+1+\frac{1}{4}\right]$
  $=4k+2-(2k+1)=2k+1$
- $p=8k+7$일 때, $n=4k+3-\left[2k+1+\frac{3}{4}\right]$
  $=4k+3-(2k+1)=2k+2$

따라서, p가 $8k+1, 8k+7$꼴일 때는 n이 짝수이므로 $\left(\frac{2}{p}\right)=1$이고, p가 $8k+3, 8k+5$꼴일 때는 n이 홀수이므로 $\left(\frac{2}{p}\right)=-1$이다. ▮

- $p\equiv 1,7 \pmod 8$일 때 $p=8k\pm 1$이고, 이 때
  $$\frac{p^2-1}{8}=\frac{1}{8}((8k\pm1)^2-1)=\frac{1}{8}(64k^2\pm16k)=8k^2\pm2k$$
- $p\equiv 3,5 \pmod 8$일 때 $p=8k\pm 3$이고, 이 때
  $$\frac{p^2-1}{8}=\frac{1}{8}((8k\pm3)^2-1)=\frac{1}{8}(64k^2\pm48k+9)=8k^2\pm6k+1.$$

$$\therefore\ \frac{p^2-1}{8}\text{은}\begin{cases}\text{짝수}, & (p\equiv 1,7 \pmod 8)\text{일 때}),\\ \text{홀수}, & (p\equiv 3,5 \pmod 8)\text{일 때})\end{cases}$$

그러므로 정리 13.3 의 등식은 다음과 같이 쓸 수 있다.

$$\left(\frac{2}{p}\right)=(-1)^{\frac{p^2-1}{8}}$$

$\left(\frac{a}{p}\right)$의 값은 $a=-1$, $a=2$인 경우 각각 정리 13.6의 (5)와 정리 14.3과 같이 주어진다. 이제 a가 홀수인 경우만 구할 수 있으면 본질적으로 필요한 경우는 모두 망라된다.

정리 14.4 (가우스)

소수 $p>2$와 홀수 $a\in U_p^*$에 대하여,

$$\lambda=\sum_{k=1}^{(p-1)/2}\left[\frac{ka}{p}\right]$$

라고 할 때,

$$\left(\frac{a}{p}\right)=(-1)^{\lambda}$$

증명 가우스의 Lemma의 증명에서 사용한 집합

$R=\{r_1, r_2, \cdots, r_m\}$, $S=\{s_1, s_2, \cdots, s_n\}$, $S'=\{p-s \mid p\in S\}$

를 그대로 사용하면 $R\cup S'=\{1, 2, \cdots, \frac{p-1}{2}\}$이므로

$$\sum_{k=1}^{(p-1)/2}k=\sum_{i=1}^{m}r_i+\sum_{j=1}^{n}(p-s_j)=\sum_{i=1}^{m}r_i+np-\sum_{j=1}^{n}s_j$$

여기서 $\sum_{k=1}^{(p-1)/2}k=x$, $\sum_{i=1}^{m}r_i=r$, $\sum_{j=1}^{n}s_j=s$로 두면

$$x=r+np-s \quad \cdots\cdots ①$$

한 편

$$\begin{aligned}R\cup S&=\{[a]_p, [2a]_p, \cdots, [\tfrac{p-1}{2}a]_p\}\\&=\left\{a-\left[\frac{a}{p}\right]p, 2a-\left[\frac{2a}{p}\right]p, \cdots, \frac{p-1}{2}a-\left[\frac{((p-1)/2)a}{p}\right]p\right\}\end{aligned}$$

◂ ka를 p로 나눈 나머지는 $ka-[\frac{ka}{p}]p$이다.

이므로

$$r+s=a\sum_{k=1}^{(p-1)/2}k-p\sum_{k=1}^{(p-1)/2}\left[\frac{ak}{p}\right]=ax-p\lambda$$

즉,

$$ax-p\lambda=r+s \quad \cdots\cdots ②$$

①에서 ②를 변끼리 빼면

$$(1-a)x+p\lambda=np-2s$$

a, p가 홀수이므로 $1-a\equiv 0 \pmod 2$, $p\equiv 1 \pmod 2$이다. 그러므로

$$0\cdot x+1\cdot\lambda\equiv n\cdot 1-0 \pmod 2,\ \text{즉,}\ \lambda\equiv n \pmod 2$$

이다. 그러므로

$$\left(\frac{a}{p}\right)=(-1)^n=(-1)^{\lambda} \quad ■$$

◆ 정리 14 .4 의 λ의 기하학적 의미에 대하여 알아 보자.

좌표평면의 제 1 사분면에 있으면서 직선 $y = \frac{a}{p}x$의 아래에 있는 격자점 전체의 집합을 A라 하고, 각 $k = 1, 2, \cdots, \frac{p-1}{2}$에 대하여

$$L_k = \{(x, y) \in A \mid x = k\}$$

라고 하면 $|L_k| = \left[\frac{ak}{p}\right]$ 이다.

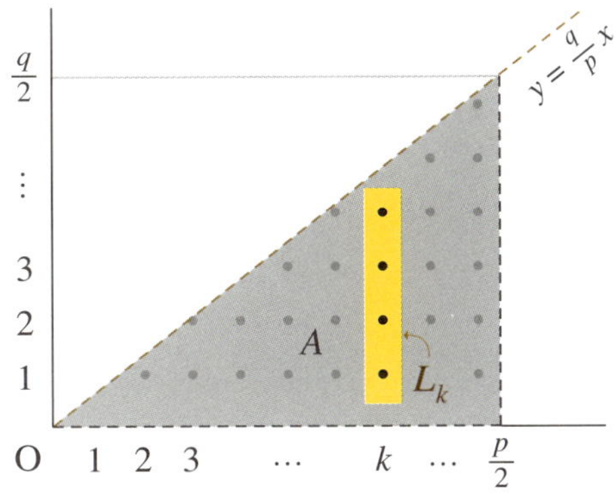

$\{L_1, L_2, \cdots, L_{(p-1)/2}\}$은 A의 분할이므로

$$\sum_{k=1}^{(p-1)/2}\left[\frac{ak}{p}\right] = \sum_{k=1}^{(p-1)/2}|L_k| = |A|$$

이다. 따라서 정리 14.4는

$$\left(\frac{a}{p}\right) = (-1)^{|A|}$$

로 표현될 수 있다.

이제 우리는 이차잉여의 상호법칙

$$\text{(i)}\quad \left(\frac{q}{p}\right) = \begin{cases} \left(\frac{p}{q}\right), & (p \equiv 1 \pmod 4 \text{ 또는 } q \equiv 1 \pmod 4\text{일 때}), \\ -\left(\frac{p}{q}\right), & (p \equiv q \equiv 3 \pmod 4\text{일 때}) \end{cases}$$

를 증명할 준비가 되었다.

홀수인 자연수 m에 대하여

- $m = 4k + 1$ 일 때, $\frac{m-1}{2} = \frac{4k}{2} = 2k$
- $m = 4k + 3$ 일 때, $\frac{m-1}{2} = \frac{4k+2}{2} = 2k + 1$

이므로

$$\frac{m-1}{2}\text{은 } \begin{cases} \text{짝수}, & (m = 4k+1 \text{ 일 때}), \\ \text{홀수}, & (m = 4k+3 \text{ 일 때}) \end{cases}$$

이다. 그러므로

$$(-1)^{\frac{p-1}{2}\frac{q-1}{2}} = \begin{cases} 1, & (p \equiv 1 \pmod 4) \text{ 또는 } q \equiv 1 \pmod 4)\text{일 때}), \\ -1, & (p \equiv q \equiv 3 \pmod 4)\text{일 때}) \end{cases}$$

이에 따라 이차잉여의 상호법칙 (i)은 다음과 같이 표현될 수 있다.

(ii) $$\left(\frac{q}{p}\right) = (-1)^{\frac{p-1}{2}\frac{q-1}{2}}\left(\frac{p}{q}\right)$$

$\left(\frac{p}{q}\right)^2 = \left(\frac{q}{p}\right)^2 = 1$ 이므로 (ii)는 또한

(iii) $$\left(\frac{q}{p}\right)\left(\frac{p}{q}\right) = (-1)^{\frac{p-1}{2}\frac{q-1}{2}}$$

과 같이 표현될 수도 있다.

이차잉여의 상호법칙 (정리 14.1)**의 증명** 서로 다른 홀수인 소수 p, q에 대하여

$$R = \{(x, y) \mid 0 < x < \tfrac{p}{2},\ 0 < y < \tfrac{q}{2},\ x, y\text{는 정수}\}$$

라고 하면 $|R| = \frac{p-1}{2}\frac{q-1}{2}$ 이다.

$$A = \{(x, y) \in R \mid y < \tfrac{q}{p}x\},\quad B = \{(x, y) \in R \mid y > \tfrac{q}{p}x\},$$

라고 하면, $A \cap B = \varnothing$ 이고 직선 $y = \frac{q}{p}x$ 위에는 격자점이 존재하지 않으므로 $|A| + |B| = |R|$ 이다.

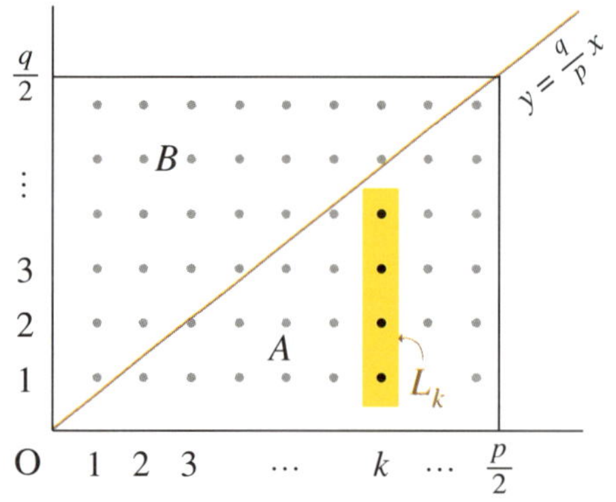

정리 14.4에 의하여

$$\left(\frac{q}{p}\right)=(-1)^{|A|}$$

이고, 같은 식으로

$$\left(\frac{p}{q}\right)=(-1)^{|B|}$$

이다. 그러므로

$$\begin{aligned}\left(\frac{q}{p}\right)\left(\frac{p}{q}\right)&=(-1)^{|A|}(-1)^{|B|}=(-1)^{|A|+|B|}\\&=(-1)^{|R|}=(-1)^{\frac{p-1}{2}\frac{q-1}{2}}\end{aligned}$$

이고, 앞 쪽의 (iii)이 증명되었다. ▌

◇ 소수 $p>2$와 ± 1이 아닌 $a\in \boldsymbol{U}_p^*$에 대하여 a는

$$a=\pm 2^{k_0}p_1^{k_1}p_2^{k_2}\cdots p_r^{k_0}$$

과 같이 써질수 있다. 여기서 $p_1, p_2, \cdots, p_r$은 서로 다른 홀수인 소수이다. 이 때,

$$\left(\frac{a}{p}\right)=\left(\frac{\pm 1}{p}\right)\left(\frac{2}{p}\right)^{k_0}\left(\frac{p_1}{p}\right)^{k_1}\cdots\left(\frac{p_r}{p}\right)^{k_r}$$

이므로 $\left(\frac{a}{p}\right)$를 계산하기 위해서는

$$\left(\frac{\pm 1}{p}\right),\ \left(\frac{2}{p}\right),\ \left(\frac{p_i}{p}\right)$$

의 값만 계산하면 된다. $\left(\frac{1}{p}\right)=1$이고, $\left(\frac{-1}{p}\right), \left(\frac{2}{p}\right)$의 값은 정리 13.6, 정리 14.3과 같이 구할 수 있다.

$\left(\frac{p_i}{p}\right)$의 값은 상호법칙을 이용하여 “뒤집기”를 반복하면

$$\left(\frac{1}{p}\right),\ \left(\frac{-1}{p}\right),\ \left(\frac{2}{p}\right)$$

중 어느 하나와 같게 된다. 이것이 상호법칙의 힘이다.

보기

르장드르 기호 $\left(\frac{29}{53}\right)$를 계산하여 보자.

$29 \equiv 1 \pmod 4$, $53 \equiv 1 \pmod 4$이므로 $\left(\frac{29}{53}\right) = \left(\frac{53}{29}\right)$이다. 따라서 ◀ 상호법칙

$$\left(\frac{29}{53}\right) = \left(\frac{53}{29}\right) = \left(\frac{29+24}{29}\right) = \left(\frac{24}{29}\right) = \left(\frac{2^2 \cdot 2 \cdot 3}{29}\right)$$
$$= \left(\frac{2 \cdot 3}{29}\right) = \left(\frac{2}{29}\right)\left(\frac{3}{29}\right)$$

$29 \equiv 5 \pmod 8$이므로

$$\left(\frac{2}{29}\right) = -1$$

◀ 정리 14.3

$29 \equiv 1 \pmod 4$이므로 $\left(\frac{3}{29}\right) = \left(\frac{29}{3}\right)$이다. 따라서 ◀ 상호법칙

$$\left(\frac{3}{29}\right) = \left(\frac{29}{3}\right) = \left(\frac{27+2}{3}\right) = \left(\frac{2}{3}\right) = -1$$

◀ 정리 14.3

그러므로

$$\left(\frac{29}{53}\right) = (-1)(-1) = 1$$

야코비 기호

르장드르의 기호 $\left(\frac{a}{p}\right)$는 p가 홀수인 소수일 때만 정의되었다.
소인수분해가 $n = p_1 p_2 \cdots p_r$인 홀수 n과 $a \in \boldsymbol{U}_n^*$에 대하여 **야코비 기호** $\left(\frac{a}{n}\right)_J$는

◀ Jacobi symbol

$$\left(\frac{a}{n}\right)_J = \left(\frac{a}{p_1}\right)\left(\frac{a}{p_2}\right)\cdots\left(\frac{a}{p_r}\right)$$

와 같이 정의된다. 여기서 우변의 각 $\left(\frac{a}{p_i}\right)$는 르장드르 기호이다. 이를테면 $315 = 3^2 \cdot 5 \cdot 7$이므로

$$\left(\frac{-1}{105}\right)_J = \left(\frac{-1}{3}\right)^2\left(\frac{-1}{5}\right)\left(\frac{-1}{7}\right) = 1 \cdot 1 \cdot (-1) = -1.$$

정의에 의하여 $\left(\frac{a}{n}\right)_J$의 값은 1 또는 -1이고 특히 n이 소수일 때는 $\left(\frac{a}{n}\right)_J = \left(\frac{a}{n}\right)$이다. 르장드르 기호는 "분모"가 소수가 아닌 경우에는 정의되지 않으므로 야코비 기호 $\left(\frac{a}{n}\right)_J$를 르장드르기호 $\left(\frac{a}{n}\right)$와 같이 나타내어도 무방하다. 그러므로 지금부터 $\left(\frac{a}{n}\right)_J$ 를 $\left(\frac{a}{n}\right)$로 나타내기로 한다.

Jacobi (1804-1851)
독일의 수학자 (유태인)

르장드르 기호 $\left(\frac{a}{p}\right)$는 p가 소수 (>2) 일 때만 정의되기 때문에 계산 상의 제약이 많다. 야코비 기호는 르장드르 기호를 계산함에 있어서 이러한 제약을 벗어나게 해 주는 도구 역할을 한다. 지금부터 이에 대하여 알아 본다.

르장드르 기호에 대하여 성립하는 대부분의 성질은 야코비 기호에 대해서도 성립한다.

정리 14.5

홀수 m, n과 $\gcd(a, mn) = 1$, $\gcd(b, mn) = 1$인 정수 a, b에 대하여 다음이 성립한다.

(1) $a \equiv b \pmod{n} \Rightarrow \left(\frac{a}{n}\right) = \left(\frac{b}{n}\right)$

(2) $\left(\frac{ab}{n}\right) = \left(\frac{a}{n}\right)\left(\frac{b}{n}\right)$, 특히 $\left(\frac{a^2}{n}\right) = 1$

(3) $\left(\frac{a}{nm}\right) = \left(\frac{a}{n}\right)\left(\frac{a}{m}\right)$, 특히 $\left(\frac{a}{n^2}\right) = 1$

증명 $n = p_1p_2 \cdots p_r$, $m = q_1q_2 \cdots q_s$가 각각 n, m의 소인수분해라고 하자.

(1) $a \equiv b \pmod{n}$이면 각 $i = 1, 2, \cdots, r$에 대하여 $a \equiv b \pmod{p_i}$이고 따라서 $\left(\frac{a}{p_i}\right) = \left(\frac{b}{p_i}\right)$이다. 그러므로

$$\left(\frac{a}{n}\right) = \left(\frac{a}{p_1p_2\cdots p_r}\right) = \prod_{i=1}^{r}\left(\frac{a}{p_i}\right) = \prod_{i=1}^{r}\left(\frac{b}{p_i}\right)$$
$$= \left(\frac{b}{p_1p_2\cdots p_r}\right) = \left(\frac{b}{n}\right)$$

(2) $$\left(\frac{ab}{n}\right) = \left(\frac{ab}{p_1p_2\cdots p_r}\right) = \prod_{i=1}^{r}\left(\frac{ab}{p_i}\right) = \prod_{i=1}^{r}\left(\left(\frac{a}{p_i}\right)\left(\frac{b}{p_i}\right)\right)$$
$$= \left(\prod_{i=1}^{r}\left(\frac{a}{p_i}\right)\right)\left(\prod_{i=1}^{r}\left(\frac{b}{p_i}\right)\right)$$
$$= \left(\frac{a}{p_1p_2\cdots p_r}\right)\left(\frac{b}{p_1p_2\cdots p_r}\right) = \left(\frac{a}{n}\right)\left(\frac{b}{n}\right)$$

(3) $$\left(\frac{a}{nm}\right) = \left(\frac{a}{p_1p_2\cdots p_rq_1q_2\cdots q_s}\right) = \left(\prod_{i=1}^{r}\left(\frac{a}{p_i}\right)\right)\left(\prod_{j=1}^{s}\left(\frac{a}{q_j}\right)\right)$$
$$= \left(\frac{a}{p_1p_2\cdots p_r}\right)\left(\frac{a}{q_1q_2\cdots q_s}\right) = \left(\frac{a}{n}\right)\left(\frac{b}{m}\right) \quad ▮$$

◆ x, y가 홀수일 때, 다음이 성립한다.

(i) $(-1)^{\frac{x-1}{2}}(-1)^{\frac{y-1}{2}}=(-1)^{\frac{xy-1}{2}}$

(ii) $(-1)^{\frac{x^2-1}{8}}(-1)^{\frac{y^2-1}{8}}=(-1)^{\frac{x^2y^2-1}{8}}$

∵ (i) $(x-1)(y-1)=xy-1-(x-1)-(y-1)$

이다. $x-1, y-1$이 짝수이므로 위 등식의 좌변은 4의 배수이고, 따라서 $\frac{xy-1}{2}-\frac{x-1}{2}-\frac{y-1}{2}$은 짝수이다. 그러므로

$$(-1)^{\frac{xy-1}{2}-\frac{x-1}{2}-\frac{y-1}{2}}=1.$$

$$\therefore\ (-1)^{\frac{xy-1}{2}}=(-1)^{\frac{x-1}{2}+\frac{y-1}{2}}=(-1)^{\frac{x-1}{2}}(-1)^{\frac{y-1}{2}}$$

◀ 좌변이 4의 배수이면 우변도 4의 배수이다.

(ii) $(x^2-1)(y^2-1)=x^2y^2-1-(x^2-1)-(y^2-1)$

이다. x^2-1, y^2-1이 8의 배수이므로 위 등식의 좌변은 64의 배수이고, 따라서 $\frac{x^2y^2-1}{8}-\frac{x^2-1}{8}-\frac{y^2-1}{8}$은 짝수이다. 그러므로

$$(-1)^{\frac{x^2y^2-1}{8}-\frac{x^2-1}{8}-\frac{y^2-1}{8}}=1.$$

$$\therefore\ (-1)^{\frac{x^2y^2-1}{8}}=(-1)^{\frac{x^2-1}{8}+\frac{y^2-1}{8}}=(-1)^{\frac{x^2-1}{8}}(-1)^{\frac{y^2-1}{8}}$$ ∎

정리 14.6

n이 홀수일 때, 다음이 성립한다.

(1) $\left(\frac{-1}{n}\right)=(-1)^{\frac{n-1}{2}}$ (2) $\left(\frac{2}{n}\right)=(-1)^{\frac{n^2-1}{8}}$

증명 n의 소인수분해가 $n=p_1p_2\cdots p_r$이라고 하면

◀ 임의의 i에 대하여 $p_1p_2\cdots p_i$는 홀수이다.

(1) $\left(\frac{-1}{n}\right)=\left(\frac{-1}{p_1}\right)\left(\frac{-1}{p_2}\right)\cdots\left(\frac{-1}{p_r}\right)$

$=(-1)^{\frac{p_1-1}{2}}(-1)^{\frac{p_2-1}{2}}\cdots(-1)^{\frac{p_r-1}{2}}$

$=(-1)^{\frac{p_1p_2-1}{2}}(-1)^{\frac{p_3-1}{2}}\cdots(-1)^{\frac{p_r-1}{2}}$

⋮

$=(-1)^{\frac{p_1p_2\cdots p_{r-1}-1}{2}}(-1)^{\frac{p_r-1}{2}}=(-1)^{\frac{p_1p_2\cdots p_r-1}{2}}=(-1)^{\frac{n-1}{2}}$

(2) $\left(\frac{2}{n}\right)=\left(\frac{2}{p_1}\right)\left(\frac{2}{p_2}\right)\cdots\left(\frac{2}{p_r}\right)=(-1)^{\frac{p_1^2-1}{8}}(-1)^{\frac{p_2^2-1}{8}}\cdots(-1)^{\frac{p_r^2-1}{8}}$

$=(-1)^{\frac{p_1^2p_2^2-1}{8}}(-1)^{\frac{p_3^2-1}{8}}\cdots(-1)^{\frac{p_r^2-1}{8}}$

⋮

$=(-1)^{\frac{p_1^2p_2^2\cdots p_{r-1}^2-1}{8}}(-1)^{\frac{p_r^2-1}{8}}=(-1)^{\frac{p_1^2p_2^2\cdots p_r^2-1}{8}}=(-1)^{\frac{n^2-1}{8}}$ ∎

정리 14.7 (상호법칙)

$\gcd(m, n) = 1$ 인 홀수 m, n에 대하여

$$\left(\frac{m}{n}\right) = (-1)^{\frac{m-1}{2}\frac{n-1}{2}}\left(\frac{n}{m}\right) \quad \cdots\cdots \text{①}$$

증명 ■ 먼저 $n = p$가 소수일 때, ①이 성립함을 m에 관한 귀납법으로 증명한다.

- m이 소수일 때, 정리 14.1에 의하여 ①이 성립한다.
- ①의 좌변의 '분자'가 m보다 작은 홀수일 때 ①이 성립함을 가정한다.
- m이 합성수일 때, $m = xy$, (x, y는 $1 < x, y < m$인 정수), 이다. 귀납법 가정에 의하여

$$\left(\frac{x}{p}\right) = (-1)^{\frac{x-1}{2}\frac{p-1}{2}}\left(\frac{p}{x}\right), \quad \left(\frac{y}{p}\right) = (-1)^{\frac{y-1}{2}\frac{p-1}{2}}\left(\frac{p}{y}\right)$$

◀ $\gcd(x, p) = 1$, $\gcd(y, p) = 1$

$$\begin{aligned}\therefore \left(\frac{m}{p}\right) = \left(\frac{xy}{p}\right) &= \left(\frac{x}{p}\right)\left(\frac{y}{p}\right)\\ &= (-1)^{\frac{x-1}{2}\frac{p-1}{2}}(-1)^{\frac{y-1}{2}\frac{p-1}{2}}\left(\frac{p}{x}\right)\left(\frac{p}{y}\right)\\ &= \left((-1)^{\frac{x-1}{2}}(-1)^{\frac{y-1}{2}}\right)^{\frac{p-1}{2}}\left(\frac{p}{xy}\right)\\ &= (-1)^{\frac{xy-1}{2}\frac{p-1}{2}}\left(\frac{p}{m}\right) = (-1)^{\frac{m-1}{2}\frac{p-1}{2}}\left(\frac{p}{m}\right)\end{aligned}$$

■ ①의 좌변의 '분모'가 n보다 작은 홀수일 때 상호법칙이 성립함을 가정한다.

■ n이 합성수일 때, $n = rs$, (r, s는 $1 < r, s < n$인 정수), 이다. 귀납법 가정에 의하여

$$\left(\frac{m}{r}\right) = (-1)^{\frac{r-1}{2}\frac{m-1}{2}}\left(\frac{r}{m}\right), \quad \left(\frac{m}{s}\right) = (-1)^{\frac{s-1}{2}\frac{m-1}{2}}\left(\frac{s}{m}\right)$$

◀ $\gcd(m, r) = 1$, $\gcd(m, s) = 1$

$$\begin{aligned}\therefore \left(\frac{m}{n}\right) = \left(\frac{m}{rs}\right) &= \left(\frac{m}{r}\right)\left(\frac{m}{s}\right)\\ &= (-1)^{\frac{r-1}{2}\frac{m-1}{2}}(-1)^{\frac{s-1}{2}\frac{m-1}{2}}\left(\frac{r}{m}\right)\left(\frac{s}{m}\right)\\ &= \left((-1)^{\frac{r-1}{2}}(-1)^{\frac{s-1}{2}}\right)^{\frac{m-1}{2}}\left(\frac{rs}{m}\right)\\ &= (-1)^{\frac{rs-1}{2}\frac{m-1}{2}}\left(\frac{n}{m}\right) = (-1)^{\frac{n-1}{2}\frac{m-1}{2}}\left(\frac{n}{m}\right) \quad ▮\end{aligned}$$

보기

317은 소수이다. $\left(\frac{105}{317}\right)$을 르장드르 기호와 야코비 기호를 각각 사용하여 계산하여 보자.

(1) 르장드르 기호 사용

$$\left(\frac{105}{317}\right)=\left(\frac{3\cdot5\cdot7}{317}\right)=\left(\frac{3}{317}\right)\left(\frac{5}{317}\right)\left(\frac{7}{317}\right)=\left(\frac{317}{3}\right)\left(\frac{317}{5}\right)\left(\frac{317}{7}\right)$$

$$=\left(\frac{2}{3}\right)\left(\frac{2}{5}\right)\left(\frac{2}{7}\right)=(-1)\cdot(-1)\cdot1=1$$

◀ 정리 14.3

(2) 야코비 기호 사용

$$\left(\frac{105}{317}\right)=\left(\frac{317}{105}\right)=\left(\frac{315+2}{105}\right)=\left(\frac{2}{105}\right)=1$$

◀ $105 \equiv 1 \pmod 8$
정리 14.3

다른 방법 $\left(\frac{2}{105}\right)=\left(\frac{2}{3}\right)\left(\frac{2}{5}\right)\left(\frac{2}{7}\right)=(-1)\cdot(-1)\cdot1=1$

◇ 르장드르 기호를 사용할 때 상호법칙을 적용하기 위해서는 먼저 '분자'를 소인수분해 하여야 한다. 소인수분해가 어려우므로 르장드르 기호를 사용할 때 야코비 기호를 사용할 때 보다 계산이 훨씬 느리다. 이 것이 야코비 기호가 도입된 이유이다.

연습문제 14

E·X·E·R·C·I·S·E·S

1 가우스의 Lemma를 이용하여 $\left(\frac{7}{11}\right)$의 값을 구하여라.

2 $p \equiv 7 \pmod 8$인 소수 p에 대하여 $p \mid (2^{\frac{p-1}{2}} - 1)$임을 증명하여라.

3 $p \neq 2$가 소수일 때, 다음을 증명하여라.

$$\left(\frac{-2}{p}\right) = \begin{cases} 1, & (p \equiv 1, 3 \pmod 8)\text{일 때} \\ -1, & (p \equiv 5, 7 \pmod 8)\text{일 때} \end{cases}$$

4 다음을 계산 하여라.

(1) $\left(\frac{7}{79}\right)$ (2) $\left(\frac{31}{641}\right)$ (3) $\left(\frac{111}{991}\right)$ (4) $\left(\frac{713}{1009}\right)$

5 $p \neq 2$가 소수일 때, 상호법칙을 이용하여 다음을 증명하여라.

$$\left(\frac{3}{p}\right) = \begin{cases} 1, & (p \equiv \pm 1 \pmod{12})\text{일 때} \\ -1, & (p \equiv \pm 5 \pmod{12})\text{일 때} \end{cases}$$

6 다음을 만족하는 소수 p는 어떤 수인가?

(1) $\left(\frac{5}{p}\right) = 1$ (2) $\left(\frac{7}{p}\right) = 1$

7 p, q가 홀수인 소수이고, 어떤 정수 a가 있어서 $p = q + 4a$라고 할 때, $\left(\frac{a}{p}\right) = \left(\frac{a}{q}\right)$임을 보여라.

8 다음 야코비 기호의 값을 구하여라.

(1) $\left(\frac{111}{1001}\right)$ (2) $\left(\frac{1009}{2307}\right)$ (3) $\left(\frac{2663}{3299}\right)$ (4) $\left(\frac{10001}{20003}\right)$

9 $\left(\frac{15}{n}\right) = 1$, $\gcd(15, n) = 1$을 만족하는 홀수 n은 어떤 수인가?

10 $8k - 1$꼴의 소수는 무수히 많음을 증명하여라.

15

이차합동식

Quadratic Congruences

ENV

이 중단원에서 공부할 내용

합성수를 법으로 하는 이차합동식

ENV Number Theory

대표문제

- 합성수 법 이차합동식과 소수 법 이차합동식과의 관계는 무엇일까 ?
- 이차합동식 $x^2 \equiv 17 \pmod{64}$의 모든 해를 구하여라.
- 이차합동식 $x^2 \equiv 23 \pmod{7^2}$의 모든 해를 구하여라.

합성수를 법으로 하는 이차합동식

지금까지 홀수인 소수를 법으로 하는 이차합동식에 대하여 알아 보았다. 이제 임의의 합성수를 법으로 하는 이차 합동식에 대하여 알아 보자.

자연수 n과 $a \in U_n^*$에 대하여 이차합동식

$$x^2 \equiv a \pmod{n} \quad \cdots\cdots \text{①}$$

의 해가 존재할 때, a를 **법 n에 관한 이차잉여**라고 하고, 해가 존재하지 않을 때, a를 **법 n에 관한 비이차잉여**라고 한다.

참고 왜 ① 에서 $a \in U_n^*$, 즉, $\gcd(a, n) = 1$ 을 전제로 할까?

소수 p가 a, n의 공통인수라고 하고 $a = pa_1$, $n = pn_1$이라고 하면 정수 x에 대하여 $x^2 \equiv a \pmod{n}$일 때, $p \mid x$이다. $x = px_1$로 두면

$$x^2 \equiv a \pmod{n} \Leftrightarrow px_1^2 \equiv a_1 \pmod{n_1}$$

(i) $p \nmid n_1$일 때 : 법 n_1에 관한 p의 역원을 k라 하면

$$px_1^2 \equiv a_1 \pmod{n_1} \Leftrightarrow x_1^2 \equiv ka_1 \pmod{n_1}$$

$\gcd(ka_1, n_1) > 1$일 때, 위의 과정을 반복한다.

(ii) $p \mid n_1$일 때 : 정리 7.1에 의하여 $p \mid a_1$이고 이 때,

$$px_1^2 \equiv a_1 \pmod{n_1} \Leftrightarrow x_1^2 \equiv \frac{a_1}{p} \pmod{\frac{n_1}{p}}$$

$\gcd(\frac{a_1}{p}, \frac{n_1}{p}) > 1$일 때, 위의 과정을 반복한다.

이러한 과정을 유한 회 반복하면 ①과 동치인 이차합동식

$$y^2 \equiv b \pmod{m}, \quad \gcd(b, m) = 1$$

을 얻는다.

이차합동식 ①에서 $a \in U_n^*$이므로 $a \in U_n$이라고 해도 좋다. a가 법 n에 관한 이차잉여일 때, $c^2 \equiv a \pmod{n}$을 만족하는 정수 c가 존재한다. 이 때, $\gcd(c, n) = 1$, 즉, $c \in U_n^*$이다.

∵ $\gcd(a, n) = 1$이므로 $1 = ar + ns$, (r, s는 정수)이다.
$a = c^2 + nk$, (k는 정수), 이므로

$$1 = c^2r + n(s + k) = c(cr) + n(s + k)$$

◀ c, n의 일차결합이 1

이고, 따라서 $\gcd(c, n) = 1$이다. ▮

그러므로 ①이 해를 가진다면 U_n 내에서도 해를 가진다.

보기

$U_8 = \{1, 3, 5, 7\}$ 이고,

$$1^2 = 1 \equiv 1 \pmod{8}, \qquad 3^2 = 9 \equiv 1 \pmod{8},$$
$$5^2 = 25 \equiv 1 \pmod{8}, \qquad 7^2 = 49 \equiv 1 \pmod{8}$$

이므로 법 8에 관하여 1은 이차잉여이고 3, 5, 7은 비이차잉여이다.

◇ a가 법 n에 관한 이차잉여일 때, $c^2 \equiv a \pmod{n}$을 만족하는 정수 c가 존재하므로 $\left(\frac{a}{n}\right) = \left(\frac{c^2}{n}\right) = 1$이다. 그러므로

$$\left(\frac{a}{n}\right) = -1 \text{ 일 때, } a\text{는 법 } n\text{에 관한 비이차잉여}$$

이다. 한편, 야코비 기호의 경우에는 르장드르 기호의 경우와는 달리

$\left(\frac{a}{n}\right) = 1$ 이더라도 반드시 a가 법 n에 관한 이차잉여인 것은 아니다.

예를들어 2는 법 15에 관한 비이차잉여이지만

$$\left(\frac{2}{15}\right) = \left(\frac{2}{3}\right)\left(\frac{2}{5}\right) = (-1)\cdot(-1) = 1.$$

◇ 합성수를 법으로 하는 이차 합동식

$$x^2 \equiv a \pmod{n} \quad \cdots\cdots\cdots\cdots\cdots \text{①}$$

은 소수를 법으로 하는 이차 합동식으로 귀착된다. 지금부터 그 전이 과정에 대하여 알아 본다.

합성수 법을 소수의 거듭제곱 법으로! 이차합동식 ①의 n을

$$n = p_1^{e_1} p_2^{e_2} \cdots p_r^{e_r}$$

과 같이 소인수분해한다. ①이 해를 가질 필요충분조건은 연립 이차합동식

$$x^2 \equiv a \pmod{p_i^{e_i}},\ (i = 1, 2, \cdots, r) \quad \cdots\cdots\cdots\cdots \text{②}$$

이 해를 가지는 것이다.

소수의 거듭제곱 법을 소수 법으로! 소수 p와 양의 정수 n에 대하여 $x^2 \equiv a \pmod{p^n}$이 해를 가지면 $x^2 \equiv a \pmod{p}$가 해를 가진다.

◀ $p^n \mid (x^2 - a) \Rightarrow p \mid (x^2 - a)$

지금부터 그 역이 성립하는 것에 대하여 $p = 2$인 경우와 p가 홀수인 경우로 나누어 설명한다.

정리 15.1

홀수 a에 대하여 다음이 성립한다.

(1) $x^2 \equiv a \pmod{2}$는 항상 해를 가진다.

(2) $x^2 \equiv a \pmod{4}$가 해를 가질 필요충분조건은 $a \equiv 1 \pmod{4}$이다.

(3) $x^2 \equiv a \pmod{2^n}$, $n \geq 3$, 이 해를 가질 필요충분조건은 $a \equiv 1 \pmod{8}$이다.

증명 (1)은 명백하다.

(2) 임의의 정수의 제곱은 $4k+1$ 꼴이다. 그러므로 $x^2 \equiv a \pmod{4}$가 해를 가질 때 $a \equiv 1 \pmod{4}$이다. 역은 명백하다.

◀ $a \equiv 1 \pmod{4}$일 때, $x \equiv \pm 1$이 $x^2 \equiv a \pmod{4}$의 해이다.

(3) ($\Rightarrow$) $x^2 \equiv a \pmod{2^n}$, $n \geq 3$, 이 해를 가지면 $x^2 \equiv a \pmod{8}$이 해를 가진다. $U_8 = \{1, 3, 5, 7\}$의 원소의 제곱은 모두 법 8에 관하여 1과 합동이므로, $a \equiv 1 \pmod{8}$이다.

($\Leftarrow$) $a \equiv 1 \pmod{8}$이라고 하고

$$x^2 \equiv a \pmod{2^n}, \quad n = 3, 4, 5, \cdots$$

이 해를 가짐을 수학적 귀납법으로 증명한다.

- $n = 3$일 때, $x \equiv 1, 3, 5, 7 \pmod{8}$이 해이다.
- x_n이 $x^2 \equiv a \pmod{2^n}$의 해임을 가정하고, $x^2 \equiv a \pmod{2^{n+1}}$의 해 x_{n+1}이 존재함을 보인다.

귀납법 가정으로부터 $2^n \mid (x_n^2 - a)$이다.

$$\frac{x_n^2 - a}{2^n} = r$$

로 두면, $x_n^2 = a + r2^n$이다.

$$\delta_n = \begin{cases} 1, & (r\text{이 홀수일 때}), \\ 0, & (r\text{이 짝수일 때}) \end{cases}$$

이라 하면, x_n이 홀수이므로, $r + x_n\delta_n \equiv 0 \pmod{2}$이다.

◀ $x_n^2 \equiv a \equiv 1 \pmod{8}$이므로 x_n^2은 홀수 $\therefore x_n$은 홀수

$$x_{n+1} = x_n + \delta_n 2^{n-1}$$

으로 두면

$$\begin{aligned} x_{n+1}^2 &= x_n^2 + 2x_n\delta_n 2^{n-1} + \delta_n^2 2^{2n-2} \\ &= a + r2^n + x_n\delta_n 2^n + \delta_n^2 2^{2n-2} \\ &= a + (r + x_n\delta_n)2^n + \delta_n^2 2^{2n-2} \end{aligned}$$

◀ $2n - 2 = n + 1 + (n - 3) > n + 1$

이다. 여기서 $2 \mid (r + x_n\delta_n)$이므로 $x_{n+1}^2 \equiv a \pmod{2^{n+1}}$이다. ▌

따름정리 15.2

$n \ge 3$ 일 때, 법 2^n에 관하여 합동이 아닌 법 2^n에 관한 이차잉여의 개수는 2^{n-3}이다.

증명 법 2^n 관한 이차잉여인 U_{2^n}의 원소의 개수 k를 찾으면 된다. 정리 15.1 의 (3)의하여 U_{2^n}의 원소 중 법 2^n 관한 이차잉여는

$$1, 9, 17, \cdots, 8(k-1)+1$$

이므로 k는 $1+8(k-1) \le 2^n$을 만족하는 최대의 정수이다. 따라서

$$k = \left[\frac{2^n - 1}{8}\right] + 1 = \left[2^{n-3} - \frac{1}{8}\right] + 1 = (2^{n-3} - 1) + 1 = 2^{n-3} \quad ■$$

정리 15.3

$n \ge 3$ 일 때, 법 2^n에 관한 임의의 이차잉여 a에 대하여

$$x^2 \equiv a \pmod{2^n} \quad \cdots\cdots \text{①}$$

의 법 2^n에 관하여 합동이 아닌 해의 개수는 4이다.

증명 법 2^n에 관한 이차잉여 a에 대하여

$$X = \{x \in U_{2^n} \mid x^2 \equiv a \pmod{2^n}\}$$

이라 하면, $|X| \ge 4$ 이다.

∵ $X \ne \varnothing$이므로 $x \in X$를 잡을 수 있다.

▶ $x < 2^{n-1}$일 때 : $x^2 \equiv a \pmod{2^n}$이므로,

$$(2^{n-1} - x)^2 = 2^{2n-2} - 2^n + x^2 \equiv a \pmod{2^n}$$

이고, 따라서 $2^{n-1} - x \in X$이다. $z \in X \Leftrightarrow 2^n - z \in X$이므로,

$$x,\ 2^n - x,\ 2^{n-1} - x,\ 2^n - (2^{n-1} - x)$$

는 모두 X에 속한다. 더욱이 위의 각 수는 서로 다른 U_{2^n}의 원소이므로 $|X| \ge 4$ 이다.

▶ $x > 2^{n-1}$일 때 : $2^n - x \in X$이므로 x 대신 $2^n - x$를 생각하면 이 때도 $x,\ 2^n - x,\ 2^{n-1} - x,\ 2^n - (2^{n-1} - x)$ 이 X에 속함을 알 수 있다. ■

법 2^n에 관한 이차 잉여를 $a_1, a_2, \cdots, a_{2^{n-3}}$ 이라 하고 각 $i = 1, 2, \cdots, 2^{n-3}$에 대하여 $X_i = \{x \in U_{2^n} \mid x^2 \equiv a_i \pmod{2^n}\}$라 하면 명백히 $i \ne j$일 때, $X_i \cap X_j = \varnothing$이다. 그러므로

$$2^{n-1} = |U_{2^n}| \ge \sum_{i=1}^{2^{n-3}} |X_i| \ge \sum_{i=1}^{2^{n-3}} 4 = 2^{n-3} \cdot 4 = 2^{n-1}$$

이고, 따라서 각 i에 대하여 $|X_i| = 4$이다. ■

◀ $X_i \cap X_j \ne \varnothing$이면 $a_i \equiv a_j \pmod{2^n}$이고 이때 $a_i = a_j$가 된다.

정리 15.3 의 증명과정에서 다음을 증명하였다.

따름정리 15.4

$n \geq 3$ 일 때, $x^2 \equiv a \pmod{2^n}$의 U_{2^n}에 속하는 한 해가 x일 때, 법 2^n에 관하여 합동이 아닌 모든 해는

$$x, \quad 2^{n-1} - x, \quad 2^n - x, \quad 2^n - 2^{n-1} + x$$

이다.

예제 15.5

이차합동식 $x^2 \equiv 17 \pmod{64}$의 모든 해를 구하여라.

풀 이 $17 \equiv 1 \pmod 8$이므로 이 합동식은 해를 가진다. 직관적으로

$$x^2 \equiv 17 \pmod{2^4} \quad \cdots\cdots\cdots ①$$

은 $x_4 = 1$을 해로 가짐을 바로 알 수 있다.
정리 15.1 의 증명과정을 따라 $x^2 \equiv 17 \pmod{2^n}$ 의 해 x_n을 $n = 5, 6$의 순서대로 구한다.

$$r_4 = \frac{x_4^2 - a}{2^4} = \frac{1^2 - 17}{16} = -1$$

은 홀수이므로 $\delta_4 = 1$이고, 따라서

$$x_5 = x_4 + 2^{4-1}\delta_4 = 1 + 8 = 9$$

이다. 다시

$$r_5 = \frac{{x_5}^2 - a}{2^5} = \frac{9^2 - 17}{32} = 2$$

는 짝수이므로 $\delta_5 = 0$이다. 그러므로

$$x_6 = x_5 + 2^{5-1}\delta_5 = 9 + 16 \cdot 0 = 9$$

이고, $x^2 \equiv 17 \pmod{2^6}$의 한 해 $x_6 = 9$를 구하였다.

◀ 확인
$9^2 = 81 \equiv 17 \pmod{32}$

◀ 확인
$9^2 = 81 \equiv 17 \pmod{64}$

이제 $x^2 \equiv 17 \pmod{2^6}$의 모든 해를 구하여 보자. 따름정리 15.4 에 의하여

$$9, \ 32 - 9 = 23, \ 64 - 9 = 55, \ 64 - 23 = 41$$

은 $x^2 \equiv 17 \pmod{2^6}$의 법 2^6에 관하여 합동이 아닌 해이다. 따라서 모든 해는

$$x \equiv 9 \pmod{2^6}, \ x \equiv 23 \pmod{2^6}, \ x \equiv 41 \pmod{2^6}, \ x \equiv 55 \pmod{2^6}$$

이다. ■

◀ 확인
$23^2 = 529 \equiv 17 \pmod{64}$
$41^2 = 1681 \equiv 17 \pmod{64}$
$55^2 = 3025 \equiv 17 \pmod{64}$

◇ 이제 홀수인 소수의 거듭제곱을 법으로 하는 이차합동식에 대하여 알아 보자.

정리 15.6

홀수인 소수 p와 $a \in U_p^*$에 대하여 대하여 $x^2 \equiv a \pmod{p}$가 해를 가지면

$$x^2 \equiv a \pmod{p^n},\ \ n = 1, 2, \cdots$$

이 해를 가진다.

◀ 역은 항상 성립

증명 n에 관한 수학적 귀납법으로 증명한다.

- $n = 1$일 때는 명백하다.
- x_n이 $x^2 \equiv a \pmod{p^n}$의 해임을 가정하고, $x^2 \equiv a \pmod{p^{n+1}}$의 해 x_{n+1}이 존재함을 보인다.

귀납법 가정으로 부터 $x_n^2 \equiv a \pmod{p^n}$이므로

$$x_n^2 - a \equiv 0 \pmod{p^n} \qquad \cdots\cdots ①$$

또, $p \nmid x_n^2$이므로 $p \nmid x_n$이고 따라서 $\gcd(2x_n, p) = 1$이다. 그러므로 법 p에 관한 $2x_n$의 역원 y_n이 존재한다. 이 때,

$$2x_n y_n \equiv 1 \pmod{p}$$

이고, 따라서

$$1 - 2x_n y_n \equiv 0 \pmod{p} \qquad \cdots\cdots ②$$

이다.

$$x_{n+1} = x_n - y_n(x_n^2 - a)$$

으로 두면

$$\begin{aligned} x_{n+1}^2 &= x_n^2 - 2x_n y_n(x_n^2 - a) + y_n^2(x_n^2 - a)^2 \\ &= a + (x_n^2 - a) - 2x_n y_n(x_n^2 - a) + y_n^2(x_n^2 - a)^2 \\ &= a + (1 - 2x_n y_n)(x_n^2 - a) + y_n^2(x_n^2 - a)^2. \end{aligned}$$

①, ②에서 $p^{n+1} \mid (1 - 2x_n y_n)(x_n^2 - a)$이므로

$$(1 - 2x_n y_n)(x_n^2 - a) \equiv 0 \pmod{p^{n+1}}$$

이고, 또 $p^{2n} \mid (x_n^2 - a)^2$이므로

$$(x_n^2 - a)^2 \equiv 0 \pmod{p^{n+1}}$$

이다. 그러므로 $x_{n+1}^2 \equiv a \pmod{p^{n+1}}$이다. ▌

정리 15.7

p가 홀수인 소수이고 $a \in U_p^*$일 때, 임의의 자연수 n에 대하여

$$x^2 \equiv a \pmod{p^n} \quad \cdots\cdots\cdots\cdots\cdots \text{①}$$

의 법 p^n에 관하여 합동이 아닌 해의 개수는 2이다. 더욱이 x가 ①의 한 해일 때, 다른 한 해는 $-x$이다.

증명 x가 ①의 해일 때, $p \nmid x$이다.
x, y가 ①의 해라고 하면 $x^2 \equiv y^2 \equiv a \pmod{p^n}$이다. 이 때,

$$x^2 - y^2 = (x-y)(x-y) \equiv 0 \pmod{p^n}$$

이고, 따라서 $p^n \mid (x-y)(x+y)$이다. 이 때 $p \mid (x-y)(x+y)$이므로

$$p \mid (x-y) \text{ 또는 } p \mid (x+y)$$

이다. p가 $x-y$, $x+y$ 모두를 나눈다면 p는 이들의 합 $2x$를 나눈다. 이 때, p가 홀수인 소수이므로, $p \nmid 2$이고 따라서 $p \mid x$가 되어 모순이다. 그러므로 p는 $x-y$, $x+y$둘 중 꼭 하나만 나눈다. 그러므로 $p^n \mid (x-y)$ 또는 $p^n \mid (x-y)$ 중 꼭 한 가지 경우가 성립한다.

$$p^n \mid (x-y) \text{ 일 때, } x \equiv y \pmod{p^n},$$
$$p^n \mid (x+y) \text{ 일 때, } x \equiv -y \pmod{p^n}$$

이다. ∎

예제 15.8

이차합동식 $x^2 \equiv 23 \pmod{7^2}$을 풀어라.

풀이 $\left(\frac{23}{7}\right) = \left(\frac{2}{7}\right) = 1$이므로 주어진 합동식은 해를 가진다. 먼저

$$x^2 \equiv 23 \pmod 7\text{, 즉, } x^2 \equiv 2 \pmod 7$$

의 해를 찾는다. $x_1 = 3$이 한 해이다.
정리 15.6의 증명과정을 따라 $x^2 \equiv 23 \pmod{7^2}$의 해 x_2를 구하여 보자.
$2x_1 = 6$의 법 7에 관한 역원은 $y_1 = 6$이고, 따라서

$$x_2 = x_1 - y_1({x_1}^2 - a) = 3 - 6(3^2 - 23) = 87 \equiv 38 \pmod{49}.$$

◀ 확인 $38^2 = 1444 \equiv 23 \pmod{49}$

다른 한 해는 $-x_2 \equiv -38 \equiv 11 \pmod{49}$이다. 정리 15.7에 의하여

$$x \equiv 38 \pmod{49},\ x \equiv 11 \pmod{49}$$

가 모든 해이다. ∎

예제 15.9

이차합동식

$$x^2 \equiv 9 \pmod{200} \quad \cdots\cdots \text{①}$$

을 풀어라.

풀이 $200 = 8 \cdot 25$이므로 ①은 연립 이차합동식

$$x^2 \equiv 9 \pmod{8} \quad \cdots\cdots \text{②}$$
$$x^2 \equiv 9 \pmod{25} \quad \cdots\cdots \text{③}$$

와 동치이다.

9는 $8k+1$꼴의 수이므로 ②는 해를 가진다. 또 $\left(\frac{9}{25}\right) = \left(\frac{9}{5}\right)^2 = 1$이므로 ③도 해를 가진다.

②는 $x^2 \equiv 1 \pmod{8}$과 동치이고, 그 해는

$$x \equiv 1 \pmod{8},\ x \equiv 3 \pmod{8},\ x \equiv 5 \pmod{8},\ x \equiv 7 \pmod{8}$$

$x = 3$이 ③의 해이므로 (직관적으로), $x = 25 - 3 = 22$도 ③의 해이다. 따라서 ③의 해는

$$x \equiv 3 \pmod{25},\ x \equiv 22 \pmod{25}.$$

이로부터 다음과 같은 8개의 연립 일차합동식을 얻는다.

◀ 중국인의 나머지 정리

$$\begin{cases} x \equiv 1 \pmod{8} \\ x \equiv 3 \pmod{25} \end{cases} \qquad \begin{cases} x \equiv 3 \pmod{8} \\ x \equiv 3 \pmod{25} \end{cases}$$

$$\begin{cases} x \equiv 5 \pmod{8} \\ x \equiv 3 \pmod{25} \end{cases} \qquad \begin{cases} x \equiv 7 \pmod{8} \\ x \equiv 3 \pmod{25} \end{cases}$$

$$\begin{cases} x \equiv 1 \pmod{8} \\ x \equiv 22 \pmod{25} \end{cases} \qquad \begin{cases} x \equiv 3 \pmod{8} \\ x \equiv 22 \pmod{25} \end{cases}$$

$$\begin{cases} x \equiv 5 \pmod{8} \\ x \equiv 22 \pmod{25} \end{cases} \qquad \begin{cases} x \equiv 7 \pmod{8} \\ x \equiv 22 \pmod{25} \end{cases}$$

이들 연립 일차합동식의 해는 차례로

$$x \equiv 153, 3, 53, 103, 177, 27, 77, 127 \pmod{200}$$

이다. 이 것이 곧 ①의 해이다. ■

연습문제 15

E·X·E·R·C·I·S·E·S

1 $x^2 \equiv a \pmod{16}$ 이 해를 가지는 $a \in \boldsymbol{U}_{64}$ 를 찾고 그 a 에 대한 $x^2 \equiv a \pmod{16}$ 의 해를 구하여라.

2 $\boldsymbol{U}_{25}$ 내에서 $x^2 \equiv -1 \pmod{25}$의 해를 찾아라.

3 $x^2 \equiv 17 \pmod{64}$의 한 해가 $x = 9$ 임을 이용하여, $x^2 \equiv 17 \pmod{128}$의 모든 해를 구하여라.

4 $x^2 \equiv 23 \pmod{7^2}$의 한 해가 $x = 38$ 임을 이용하여, 모든 해를 구하여라.

5 다음 이차합동식을 풀어라.

(1) $x^2 \equiv 7 \pmod{3^3}$　　(2) $x^2 \equiv 14 \pmod{5^3}$

(3) $x^2 \equiv 2 \pmod{7^3}$　　(4) $x^2 \equiv 31 \pmod{11^4}$

6 다음 이차합동식을 풀어라.

(1) $x^2 + x + 3 \equiv 0 \pmod{3^3}$

(2) $x^2 + 5x + 6 \equiv 0 \pmod{5^3}$

7 $x^2 \equiv 482 \pmod{2773}$이 해를 가지는지 않는지를 판정하여라. ◂ $2773 = 47 \cdot 59$

8 다음 이차합동식을 풀어라.

(1) $x^2 \equiv 4 \pmod{35}$　　(2) $x^2 \equiv 860 \pmod{11021}$ ◂ $11021 = 103 \cdot 107$

9 소수 $p \neq 2$ 에 대하여 이차합동식 $2x^2 + 1 \equiv 0 \pmod{p}$가 해를 가질 필요충분조건은 $p \equiv 1, 3 \pmod{8}$임을 증명하여라.

Ⅳ 넷째 대단원

Easy / New / Visual

연분수와 펠방정식

Continued Fractions and Pell's Equation

16 연분수와 근사분수
17 무한 연분수
18 제곱근의 연분수
19 펠 방정식

페르마의 숱한 증명 없는 정리를 오일러가 완성했지만 정수론에 있어서 페르마의 진정한 후계자는 라그랑즈라고 해야 할 것이다. 라그랑즈는 페르마의 많은 문제를 자기 자신의 독창적인 방법으로 풀었다. 라그랑즈의 업적 중 가장 중요한 것이 아마도 이 단원에서 소개하는 펠 방정식 $x^2 - dy^2 = 1$일 것이다. 라그랑즈는 d의 제곱근의 연분수 전개로써 이 방정식을 풀었다. 실제로 펠은 이 방정식과 거의 관계가 없는 사람이지만 사소한 오해로 인하여 지금까지 그렇게 불려지고 있다. 이 방정식은 최초로 페르마가 Carcavi에 게 보낸 편지에 언급했으므로 페르마의 방정식이라고 불려져야 마땅할 것이다.

16

연분수와 근사분수

Continued Fractions and Convergents

ENV

이 **중단원**에서 공부할 **내용**

- 연분수
- 유한 단순 연분수
- 근사분수
- 단순 연분수의 근사분수의 분포

ENV *Number Theory*

대표문제

- 유리수와 연분수 사이에는 어떤 관계가 있을까 ?
- 연분수의 인접한 근사분수 $\frac{p_k}{q_k}, \frac{p_{k-1}}{q_{k-1}}$ 사이에는 어떤 관계가 있을까 ?
- 연분수를 이용하여 $43x+5y=25$ 를 만족하는 정수 x, y 를 찾아라.
- 연분수의 근사분수의 열은 수직선 상에 어떤 분포를 하고 있을까 ?

00 01 02 03 04 05 06 07 08 09 10 11 12 13 14 15 16 17 18 19 20 21 해답

연분수

$\frac{157}{68}$을 다음과 같이 표할 수 있다.

$$\frac{157}{68}=2+\frac{21}{68}=2+\cfrac{1}{\frac{68}{21}}=2+\cfrac{1}{3+\frac{5}{21}}$$

$$=2+\cfrac{1}{3+\cfrac{1}{\frac{21}{5}}}=2+\cfrac{1}{3+\cfrac{1}{4+\frac{1}{5}}}$$

이와 같이 유한 실수열 $x_0, x_1, x_2, \cdots, x_n$으로써 표현 되는

$$x_0+\cfrac{1}{x_1+\cfrac{1}{x_2+\cfrac{1}{\ddots\,\cfrac{1}{x_{n-1}+\cfrac{1}{x_n}}}}} \quad \cdots\cdots\cdots\cdots \text{①}$$

꼴의 식을 **유한 연분수**라고 한다.

◀ 有限連分數 finite continued fraction

$\sqrt{2}+1=2+(\sqrt{2}-1)$이다. $(\sqrt{2}-1)=\frac{1}{\sqrt{2}+1}$이므로

$$\sqrt{2}+1=2+\frac{1}{\sqrt{2}+1}$$

이 등식의 우변의 분모 $\sqrt{2}+1$을 $2+\frac{1}{\sqrt{2}+1}$로 대치하면

$$\sqrt{2}+1=2+\cfrac{1}{2+\cfrac{1}{\sqrt{2}+1}}$$

이 과정을 반복하면

$$\sqrt{2}+1=2+\cfrac{1}{2+\cfrac{1}{2+\cfrac{1}{2+\cfrac{1}{\ddots}}}}$$

이와 같이 실수열 $x_0, x_1, x_2, \cdots$ 으로써 표현 되는

$$x_0 + \cfrac{1}{x_1 + \cfrac{1}{x_2 + \cfrac{1}{\ddots}}} \quad \cdots\cdots\cdots\cdots ②$$

꼴의 식을 **무한 연분수**라고 한다. 유한 연분수와 무한 연분수를 통틀어서 **연분수**라고 한다.

◂ 無限連分數 infinite continued fraction
連分數 continued fraction

연분수 ①, ②에서 x_0를 제외한 모든 $x_1, x_2, \cdots$ 을 **부분분모**라 하고 **부분분모는 모두 양수**임을 전제로 한다. 또, $x_0, x_1, x_2, \cdots$ 이 모두 정수일 때, 이 연분수를 **단순 연분수**라 하고, 수를 단순 연분수로 나타내는 것을 **연분수 전개**라고 한다.

◂ 部分分母 partial denominator

◂ 單純連分數 simple continued fraction

참고 **부분분모는 왜 양수임을 전제로 할까?** $\frac{-115}{68}$ 을 부분분수로 나타내어 보자.

-115를 68로 나눈 몫은 -2 나머지는 21이다. 따라서

$-115 = (-2)\cdot 68 + 21$이고 그러므로

$$\frac{-115}{68} = -2 + \frac{21}{68} = -2 + \cfrac{1}{3 + \cfrac{1}{4 + \cfrac{1}{5}}}$$

여기서 부분분모 3, 4, 5는 모두 양수이다.

연분수 ①, ②를 각각 간단히

$$[x_0, x_1, x_2, \cdots, x_n], \quad [x_0, x_1, x_2, \cdots]$$

과 같이 나타낸다. 이를테면 연분수

$$2 + \cfrac{1}{3 + \cfrac{1}{4 + \cfrac{1}{5}}}, \qquad 1 + \cfrac{1}{2 + \cfrac{1}{2 + \cfrac{1}{\ddots}}}$$

는 각각 [2, 3, 4, 5], [1, 2, 2, $\cdots$]과 같이 나타낸다.

유한 단순 연분수

임의의 유리수 r은 유한 단순 연분수로 나타낼 수 있다. 이에 대하여 알아 보자.

r이 정수일 때는

$$r=(r-1)+\frac{1}{1}=[r-1,1].$$

r이 정수가 아닐 때는

$$r=\frac{r_0}{r_1},\ (r_0, r_1\text{은 정수},\ r_1>0)$$

과 같이 나타낼 수 있고, 유클리드의 알고리즘에 의하여

$$\begin{aligned}
r_0 &= a_0 r_1 + r_2, && 0<r_2<r_1\\
r_1 &= a_1 r_2 + r_3, && 0<r_3<r_2\\
r_2 &= a_2 r_3 + r_4, && 0<r_4<r_3\\
&\vdots\\
r_{n-1} &= a_{n-1} r_n + r_{n+1}, && 0<r_{n+1}<r_n\\
r_n &= a_n r_{n+1} + 0
\end{aligned}$$

을 만족하는 정수 $a_0, a_1, \cdots, a_n$을 잡을 수 있다. 이 때,

$$a_1, \cdots, a_{n-1} \geq 1,\ a_n \geq 2$$

이고, 또, 각 $i=1, 2, \cdots, n$에 대하여

$$\frac{r_{i-1}}{r_i}=a_{i-1}+\frac{r_{i-1}}{r_i}=a_{i-1}+\cfrac{1}{\cfrac{r_i}{r_{i-1}}}$$

이므로

$$\frac{r_0}{r_1}=a_0+\cfrac{1}{\cfrac{r_1}{r_2}}$$

$$\frac{r_1}{r_2}=a_1+\cfrac{1}{\cfrac{r_2}{r_3}}$$

$$\vdots$$

$$\frac{r_{n-2}}{r_{n-1}}=a_{n-2}+\cfrac{1}{\cfrac{r_{n-1}}{r_n}}$$

$$\frac{r_{n-1}}{r_n}=a_{n-1}+\cfrac{1}{\cfrac{r_n}{r_{n+1}}}=a_{n-1}+\frac{1}{a_n}$$

위 첫 번 째 등식에서부터 시작하여 차례로 각 등식의 우변의 분모에 그 다음 등식을 대입하면

$$r = a_0 + \cfrac{1}{a_1 + \cfrac{1}{a_2 + \cfrac{1}{\ddots \, \cfrac{1}{a_{n-1} + \cfrac{1}{a_n}}}}}$$

즉, $r = [a_0, a_1, \cdots, a_n]$을 얻는다.

명백히 유한 단순 연분수는 유리수이므로, 이상에서 다음 정리를 얻는

정리 16.1

유한 단순 연분수는 유리수이고, 또 임의의 유리수는 유한 단순 연분수로 표현된다.

점화식

$$f_1 = f_2 = 1, \quad f_n = f_{n-1} + f_{n-2}, \ (n \geq 3)$$

로 정의 되는 수열 $f_1, f_2, f_3, \cdots$, 즉,

$$1, 1, 2, 3, 5, 8, 13, 21, \cdots$$

을 피보나치 수열이라고 한다.

보기

피보나치 수열 $f_1, f_2, f_3, \cdots$ 에 대하여 $\frac{13}{8} = \frac{f_7}{f_6}$을 유한 단순 연분수로 전개하여 보자.

오른 쪽 표에서

$$\frac{f_7}{f_6} = 1 + \cfrac{1}{1 + \cfrac{1}{1 + \cfrac{1}{1 + \cfrac{1}{2}}}} = [1, 1, 1, 1, 2]$$

$$f_7 = 1 \cdot f_6 + f_5$$
$$f_6 = 1 \cdot f_7 + f_6$$
$$f_5 = 1 \cdot f_6 + f_5$$
$$f_4 = 1 \cdot f_3 + f_2$$
$$f_3 = 2 \cdot f_2$$

f_1	1
f_2	1
f_3	2
f_4	3
f_5	5
f_6	8
f_7	13

◆ $\frac{10}{7}$의 연분수를 나타내는 다음 등식

$$\frac{10}{7} = 1 + \cfrac{1}{2 + \cfrac{1}{3}} = 1 + \cfrac{1}{2 + \cfrac{1}{2 + \cfrac{1}{1}}}$$

에서 알 수 있듯이 $\frac{10}{7} = [1, 2, 3]$에서 $3 = 2 + \frac{1}{1}$ 이므로

$$[1, 2, 3] = [1, 2, 2, 1]$$

이다. 이와 같이 생각하면 유한 단순 연분수 $[a_0, a_1, \cdots, a_n]$, $a_n \geq 2$,는

$$[a_0, a_1, \cdots, a_{n-1}, a_n] = [a_0, a_1, \cdots, a_{n-1}, a_n - 1, 1]$$

과 같이 2가지로 표현 될 수 있음을 알 수 있다. 그러나 마지막 부분분모를 2 이상으로 제한할 경우 그 표현은 유일하다.

정리 16.2

유리수 r의

$$r = [a_0, a_1, \cdots, a_n],\ a_n > 1$$

꼴의 유한 단순 연분수 표현은 유일하다.

증명 $r = [b_0, b_1, \cdots, b_m]$, $b_m > 1$이라고 할 때,

$$n = m,\ a_i = b_i, (i = 1, 2, \cdots, n)$$

임을 보인다. $n < m$이라고 가정해도 일반성을 잃지 않는다.

■ $n = 0$인 경우, $m \geq 1$이면 $a_0 = r = b_0 + \frac{1}{[b_1, b_2, \cdots, b_m]}$로 부터

$$a_0 - b_0 = \frac{1}{[b_1, b_2, \cdots, b_m]}$$

을 얻는다. 위의 등식의 좌변은 정수이고 우변은 1보다 작은 양수이므로 모순이다. 따라서 $m = 0$이어야 하고 이 때, $a_0 = b_0$이다.

■ $n \geq 1$인 경우, $x = [a_1, a_2, \cdots, a_n]$, $y = [b_1, b_2, \cdots, b_m]$ 이라고 하면 $a_n, b_m > 1$이므로 $x, y > 1$이고 따라서 $0 < \frac{1}{x}, \frac{1}{y} < 1$이다.

$$a_0 + \frac{1}{x} = r = b_0 + \frac{1}{y}$$

에서 정수부분, 소수부분을 비교하면 $a_0 = b_0$, $\frac{1}{x} = \frac{1}{y}$을 얻는다.
따라서 $x = y$, 즉, $[a_1, a_2, \cdots, a_n] = [b_1, b_2, \cdots, b_m]$이다. 여기서 위의 과정을 반복하면 $n = m$, $a_i = b_i$, $(i = 1, 2, \cdots, n)$, 을 얻는다. ∎

근사분수

연분수

$$[x_0, x_1, x_2, x_3, \cdots] = x_0 + \cfrac{1}{x_1 + \cfrac{1}{x_2 + \cfrac{1}{x_3 + \cfrac{1}{\ddots}}}}$$

에 대하여, 유한 연분수

$$[x_0] = x_0$$

$$[x_0, x_1] = x_0 + \frac{1}{x_1}$$

$$[x_0, x_1, x_2] = x_0 + \cfrac{1}{x_1 + \cfrac{1}{x_2}}$$

$$\vdots$$

은 연분수 $[x_1, x_2, x_3, x_4, \cdots]$의 성질 파악에 대단히 중요한 역할을 한다. 각 $k = 1, 2, \cdots$ 에 대하여 $[x_0, x_1, \cdots, x_k]$ 를 연분수 $[x_0, x_1, x_2, x_3, \cdots]$ 의 **제 k 근사분수**라고 한다.

◀ 近似分數 convergent

근사분수는 유한연분수 $[x_0, x_1, \cdots, x_n]$에 대해서도 같은 식으로 정의되며, 제 n근사분수는 $[x_0, x_1, \cdots, x_n]$자신이다.

지금부터 고정된 연분수에 대하여 제 k 근사분수를 C_k로 나타내기로 한다. 즉, $C_k = [x_0, x_1, \cdots, x_k]$이다.

보기

$\frac{157}{68} = [2, 3, 4, 5]$의 근사분수는

$$\frac{157}{68} = 2 + \cfrac{1}{3 + \cfrac{1}{4 + \cfrac{1}{5}}}$$

$$C_0 = 2$$

$$C_1 = [2, 3] = 2 + \frac{1}{3} = \frac{7}{3}$$

$$C_2 = [2, 3, 4] = 2 + \cfrac{1}{3 + \cfrac{1}{4}} = \frac{30}{13}$$

$$C_3 = [2, 3, 4, 5] = \frac{157}{68}$$

연분수 $[x_0, x_1, x_2, \cdots]$의 제 k근사분수는 분모, 분자가 모두 $x_0, x_1, x_2, \cdots, x_k$의 다항식인 분수 꼴로 표현된다. 이제

$$(p_k,\ q_k),\ (k = -2, -1, 0, 1, 2, 3, \cdots)$$

를 다음과 같이 정의한다.

정의 16.3 연분수 $[x_0, x_1, x_2, \cdots]$ 에 대하여

❶ $(p_{-2},\ q_{-2}) = (0, 1),\ (p_{-1},\ q_{-1}) = (1, 0)$

❷ $(p_k,\ p_k) = (x_k p_{k-1} + p_{k-2},\ x_k q_{k-1} + q_{k-2}),\ (k = 0, 1, 2, \cdots)$

이 때, $C_k = \frac{p_k}{q_k}, (k = 0, 1, 2, \cdots)$, 이 성립하며, 더욱이 단순 연분수의 경우에는 p_k, q_k가 서로소인 정수가 되어 $\frac{p_k}{q_k}$는 기약분수가 된다. 근사분수 $\frac{p_k}{q_k}$는 이 대단원의 거의 모든 이론의 바탕이 되는 개념이다. 아울러 $\gcd(a, b) = 1$인 정수 a, b에 대하여 $ax + by = 1$을 만족하는 정수 x, y도 근사분수 $\frac{p_k}{q_k}$를 이용하여 쉽게 찾을 수 있다.

◀ 이 사실은 정리 16.4, 16.6에서 각각 증명한다.

p_k, q_k를 구하는 방법 연분수 $[x_0, x_1, x_2, \cdots]$ 에 대하여, $(p_0, q_0), (p_1, q_1), (p_2, q_2), \cdots$ 는, 정의 16.3에 의하여, 다음 표 ㉮에서 시작하여 ㉯, ㉰과 같이 차례로 기계적으로 구할 수 있다.

㉮

k	-2	-1	0	1	2	3	4	5	$\cdots$
x_k			x_0	x_1	x_2	x_3	x_4	x_5	$\cdots$
p_k	0	1							
q_k	1	0							

㉯

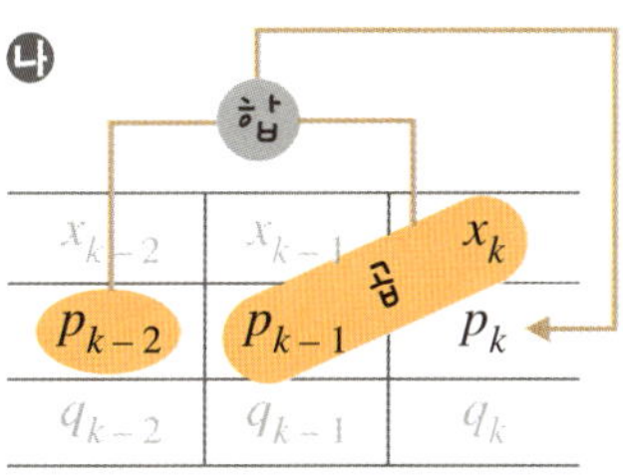

㉰

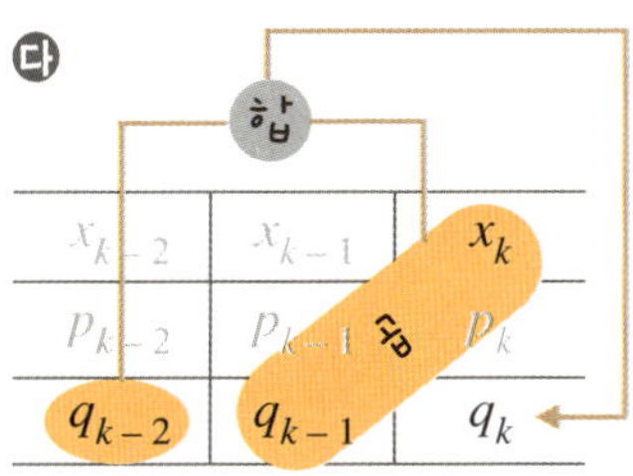

◀ $p_k = x_k p_{k-1} + p_{k-2}$
$q_k = x_k q_{k-1} + q_{k-2}$

보기

연분수 $\frac{21}{13} = [1, 1, 1, 1, 1, 2]$에 대하여 다음 표의 검은 글씨 부분에서 시작, 위의 방법으로 색으로 표시된 p_k, q_k의 값을 차례로 구할 수 있다.

k	-2	-1	0	1	2	3	4	5
a_k			1	1	1	1	1	2
p_k	0	1	1	2	3	5	8	21
q_k	1	0	1	1	2	3	5	13

연분수 $[x_0, x_1, x_2, \cdots]$ 또는 $[x_0, x_1, x_2, \cdots, x_n]$에 대하여 (p_0, q_0), (p_1, q_1)은 다음표와 같이 계산된다.

k	-2	-1	0	1
x_k			x_0	x_1
p_k	0	1	x_0	x_0x_1+1
q_k	1	0	1	x_1

그러므로

$$\frac{p_0}{q_0} = \frac{x_0}{1} = x_0 = C_0, \quad \frac{p_1}{q_1} = \frac{x_0x_1+1}{x_1} = x_0 + \frac{1}{x_1} = C_1.$$

다음 정리에서 일반적인 k값에 대해서도 $\frac{p_k}{q_k} = C_k$가 성립함을 증명한다.

정리 16.4

연분수 $[x_0, x_1, x_2, \cdots]$ 또는 $[x_0, x_1, x_2, \cdots, x_m]$에 대하여 p_k, q_k가 정의 16.3과 같이 주어졌다고 할 때, 각 $k = 0, 1, 2, \cdots$에 대하여

$$[x_0, x_1, x_2, \cdots, x_k] = \frac{p_k}{q_k} \quad \cdots\cdots ①$$

증명 $k = 0, 1$일 때 ①이 성립함은 앞서 확인하였다.

$k = n$일 때 모든 연분수에 대하여 ①이 성립함을 가정하고

$$[x_0, x_1, \cdots, x_{n-1}, x_n, x_{n+1}] = \frac{p_{n+1}}{q_{n+1}}$$

을 보인다.

다음 쪽에 이어짐

← 앞 쪽에서 계속

$$[x_0, x_1, \cdots, x_{n-1}, x_n, x_{n+1}] = [x_0, x_1, \cdots, x_{n-1}, x_n + \frac{1}{x_{n+1}}]$$

이다. $y_n = x_n + \frac{1}{x_{n+1}}$ 로 두고 $[x_0, x_1, \cdots, x_{n-1}, y_n]$의 '$p$값', '$q$값' 을 각각 p'_i, q'_i, $(-2 \le i \le n)$, 이라고 하면

$$(p'_i, q'_i) = (p_i, q_i), (-2 \le i \le n-1),$$
$$(p'_n, q'_n) = (p_{n+1}, q_{n+1})$$

이다. 귀납법 가정에 의하여

$$[x_0, x_1, \cdots, x_{n-1}, y_n] = \frac{p'_n}{q'_n}$$

이고, 또

$$\frac{p'_n}{q'_n} = \frac{y_n p'_{n-1} + p'_{n-2}}{y_n q'_{n-1} + q'_{n-2}} = \frac{(x_n + 1/x_{n+1})p_{n-1} + p_{n-2}}{(x_n + 1/x_{n+1})q_{n-1} + q_{n-2}}$$

$$= \frac{x_n p_{n-1} + p_{n-2} + (1/x_{n+1})p_{n-2}}{x_n q_{n-1} + q_{n-1} + (1/x_{n+1})q_{n-2}} = \frac{p_n + (1/x_{n+1})p_{n-1}}{q_n + (1/x_{n+1})q_{n-1}}$$

$$= \frac{x_{n+1}p_n + p_{n-1}}{x_{n+1}q_n + q_{n-1}} = \frac{p_{n+1}}{q_{n+1}}$$

이므로

$$[x_0, x_1, \cdots, x_{n-1}, x_n, x_{n+1}] = \frac{p_{n+1}}{q_{n+1}}$$

이다. ∎

보기

연분수 [1, 1, 1, 1, 1, 2] 에 대하여, 앞 쪽의 보기에서 얻어진 표로부터 근사분수

$$C_0 = [1],\ \ C_1 = [1, 1],\ \ C_2 = [1, 1, 1],\ \ C_3 = [1, 1, 1, 1],$$
$$C_4 = [1, 1, 1, 1, 1],\ \ C_5 = [1, 1, 1, 1, 1, 2]$$

는 다음과 같이 주어진다.

k	-2	-1	0	1	2	3	4	5
a_k			1	1	1	1	1	2
p_k	0	1	1	2	3	5	8	21
q_k	1	0	1	1	2	3	5	13
C_k			$\frac{1}{1}$	$\frac{2}{1}$	$\frac{3}{2}$	$\frac{5}{3}$	$\frac{8}{5}$	$\frac{21}{13}$

◇ 연분수 $[x_0, x_1, x_2, \cdots]$ 에 대하여 정의 16.3 의 ❶, ❷ 는 각각 다음과 같이 표현될 수 있다.

$$\begin{bmatrix} p_{-2} & p_{-1} \\ q_{-2} & q_{-1} \end{bmatrix} = \begin{bmatrix} 0 & 1 \\ 1 & 0 \end{bmatrix}$$

$$\begin{bmatrix} p_{k-2} & p_{k-1} \\ q_{k-2} & q_{k-1} \end{bmatrix}\begin{bmatrix} 1 \\ x_k \end{bmatrix} = \begin{bmatrix} p_k \\ q_k \end{bmatrix}, (k=0, 1, 2, \cdots)$$

'p값', 'q값'과 'x값' 사이의 관계를 행렬을 이용하여 관찰하여 보자.

정리 16.5

연분수 $[x_0, x_1, x_2, \cdots]$ 에 대하여 p_k, q_k가 정의 16.3과 같이 주어졌다고 하고, 행렬 R_k, A_k가 각각

$$R_k = \begin{bmatrix} p_{k-1} & p_k \\ q_{k-1} & q_k \end{bmatrix}, (-1 \le k \le n), \quad A_k = \begin{bmatrix} 0 & 1 \\ 1 & x_k \end{bmatrix}, (0 \le k \le n)$$

과 같이 정의 되었다고 할 때, 각 $k = 0, 1, 2, \cdots, n$에 대하여 다음이 성립한다.

(1) $R_{k-1}A_k = R_k$

(2) $R_k = R_{-1}A_0A_1A_2 \cdots A_k$

(3) $\det R_k = (-1)^k$

증명 (1) $$R_{k-1}\begin{bmatrix} 0 \\ 1 \end{bmatrix} = \begin{bmatrix} p_{k-2} & p_{k-1} \\ q_{k-2} & q_{k-1} \end{bmatrix}\begin{bmatrix} 0 \\ 1 \end{bmatrix} = \begin{bmatrix} p_{k-1} \\ q_{k-1} \end{bmatrix},$$

$$R_{k-1}\begin{bmatrix} 1 \\ x_k \end{bmatrix} = \begin{bmatrix} p_{k-2} & p_{k-1} \\ q_{k-2} & q_{k-1} \end{bmatrix}\begin{bmatrix} 1 \\ x_k \end{bmatrix} = \begin{bmatrix} p_k \\ q_k \end{bmatrix}$$

이므로

$$R_{k-1}A_k = \begin{bmatrix} p_{k-2} & p_{k-1} \\ q_{k-2} & q_{k-1} \end{bmatrix}\begin{bmatrix} 0 & 1 \\ 1 & x_k \end{bmatrix} = \begin{bmatrix} p_{k-1} & p_k \\ q_{k-1} & q_k \end{bmatrix} = R_k$$

(2) (1)에 의하여

$$\begin{aligned} R_{-1}A_0A_1A_2 \cdots A_k &= R_0A_1A_2 \cdots A_k = R_2A_2 \cdots A_k \\ &= \cdots = R_{k-1}A_k = R_k \end{aligned}$$

(3) $\det R_{-1} = \det\begin{bmatrix} 0 & 1 \\ 1 & 0 \end{bmatrix} = -1$, $\det A_i = \det\begin{bmatrix} 0 & 1 \\ 1 & x_i \end{bmatrix} = -1$, $(0 \le i \le n)$

이므로 (2)에 의하여

$$\det R_k = \det(R_{-1}) \det A_0 \det A_1 \cdots \det A_k = (-1)^{k+2} = (-1)^k \quad ▮$$

$\det R_k = (-1)^k$ 이고, 한편

$$\det R_k = \det \begin{bmatrix} p_{k-1} & p_k \\ q_{k-1} & q_k \end{bmatrix} = p_{k-1}q_k - p_k q_{k-1}$$

이므로 다음 따름정리를 얻는다.

따름정리 16.6

연분수 $[x_0, x_1, x_2, \cdots]$ 에 대하여 $p_k, q_k, (1 \le k \le n)$, 가 정의 16.3 과 같이 주어졌다고 할 때,

$$p_k q_{k-1} - p_{k-1} q_k = (-1)^{k-1}$$

◇ 단순 연분수 $[a_0, a_1, a_2, \cdots]$ 의 경우에는 p_k, q_k가 모두 정수이다. 따름정리 16.6 의 등식은

$$p_k((-1)^{k-1}q_{k-1}) + q_k((-1)^k p_{k-1}) = 1$$

과 같다. 이 등식은 p_k, q_k의 일차결합이 1 임을 나타내고 있으므로 p_k, q_k는 서로 소이다. 그러므로 $\frac{p_k}{q_k}$는 기약분수이다.

따름정리 16.6 의 등식의 양 변을 $q_k q_{k-1}$로 나누면 다음 따름정리를 얻는다.

따름정리 16.7

연분수 $[x_0, x_1, x_2, \cdots]$ 의 근사분수의 값 $C_k = \frac{p_k}{q_k}, (k = 1, 2, \cdots)$, 는 다음 등식을 만족한다.

$$C_k - C_{k-1} = \frac{p_k}{q_k} - \frac{p_{k-1}}{q_{k-1}} = \frac{(-1)^{k-1}}{q_k q_{k-1}}$$

◇ 연분수 $[x_0, x_1, x_2, \cdots]$ 에서 $x_1, x_2, \cdots$ 이 양수이므로 $q_0, q_1, q_2, \cdots$ 은 모두 양수이다.

x_k			x_0	x_1	x_2	$\cdots$
p_k	0	1				
q_k	1	0	q_0	q_1	q_2	$\cdots$

부정방정식에의 응용 부정방정식 $ax + by = c$는 $\gcd(a, b) = 1$인 경우로 귀착되고, $au + bv = 1$을 만족하는 u, v를 찾는 것이 그 풀이의 관건이다.

$\frac{a}{b}$를 $\frac{a}{b} = [a_0, a_1, \cdots, a_n]$와 같이 유한 단순 연분수로 나타내었을 때,

$$C_n = \frac{p_n}{q_n} = \frac{a}{b},\ C_{n-1} = \frac{p_{n-1}}{q_{n-1}}$$

을 사용하면 정리 15.2에 의하여, $a\,q_{n-1} - p_{n-1}b = (-1)^{n-1}$, 즉,

$$a((-1)^{n-1}q_{n-1}) + b((-1)^n p_{n-1}) = 1$$

이다. 여기서 $u = (-1)^{n-1}q_{n-1},\ v = (-1)^n p_{n-1}$을 찾을 수 있다.

예제 16.8

부정방정식 $129x + 15y = 75$를 풀어라.

증명 $\gcd(129, 15) = 3$으로 양 변을 나누면 주어진 부정방정식과 동치인 부정방정식

$$43x + 5y = 25 \quad \cdots\cdots ①$$

를 얻는다. 먼저 1을 43과 5의 일차결합으로 나타내어 보자

$$\frac{43}{5} = 8 + \cfrac{1}{1 + \cfrac{1}{1 + \cfrac{1}{2}}} = [8, 1, 1, 2]$$

로 부터 다음 표를 얻는다.

k	-2	-1	0	1	2	3
a_k			8	1	1	2
p_k	0	1	8	9	17	43
q_k	1	0	1	1	2	5

따름정리 16.6으로 부터

$$43 \cdot 2 - 5 \cdot 17 = (-1)^2 = 1 \quad \cdots\cdots ②$$

◀ $p_k q_{k-1} - p_{k-1} q_k = (-1)^{k-1}$

이다. ②의 양변에 25를 곱하면

$$43 \cdot (2 \cdot 25) + 5 \cdot (-17 \cdot 25) = 25$$

이고 여기서 한 특수해

$$x_0 = 2 \cdot 25 = 50,\ y_0 = -17 \cdot 25 = -425$$

를 얻는다. 그러므로 ①의 일반해는

$$x = 50 + 5m,\ y = -425 - 43m,\ (m\text{은 정수}).$$ ■

참고 $C_n = [a_0, a_1, \cdots, a_n] = \frac{p_n}{q_n} = \frac{a}{b}$, $C_{n-1} = \frac{p_{n-1}}{q_{n-1}}$

일 때, aq_{n-1}, bp_{n-1}의 차는 1이다. 그러므로 오른쪽 그림과 같이 교차되게 곱했을 때, 그 곱이 작은 쪽에 음의 부호를 붙이면 a, b의 일차결합이 1이 되게 할 수 있다.

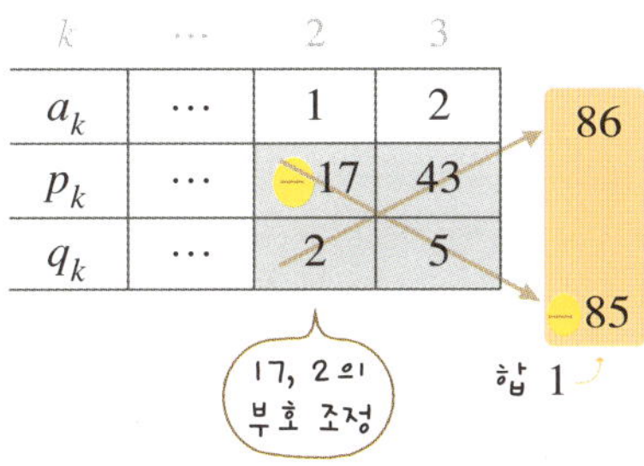

단순 연분수의 근사분수의 분포

단순 연분수 $[a_0, a_1, a_2, \cdots]$의 근사 분수 $C_0, C_1, C_2, \cdots$ 에 대하여 $C_0, C_2, C_4, \cdots$ 은 증가 수열이고 $C_1, C_3, C_5, \cdots$ 은 감소 수열이다. 이에 대하여 알아 보자.

보조정리 16.9

단순 연분수 $[a_0, a_1, a_2, \cdots]$의 제 k 근사분수가 $\frac{p_k}{q_k}$일 때,

$$q_{k+1} > q_k, \ (k = 1, 2, \cdots)$$

증명 모든 $k \geq 0$에 대하여 $q_k > 0$이므로 각 $k = 0, 1, 2, \cdots$ 에 대하여 $q_{k+1} = a_{k+1}q_k + q_{k-1} > a_{k+1}q_k \geq q_k$ ▮

정리 16.10

유한 단순 연분수 $r = [a_0, a_1, \cdots, a_n]$의 근사 분수 $C_0, C_1, \cdots, C_n$은 다음을 만족한다.

$$C_0 < C_2 < C_4 < \cdots < r < \cdots < C_5 < C_3 < C_1$$

증명 $C_k = \frac{p_k}{q_k}$라고 할 때, 따름정리 16.7에 의하여

$$C_{k+2} - C_k = (C_{k+2} - C_{k+1}) + (C_{k+1} - C_k)$$

$$= \frac{(-1)^{k+1}}{q_{k+2}q_{k+1}} + \frac{(-1)^k}{q_{k+1}q_k} = \frac{(-1)^k(q_{k+2} - q_k)}{q_{k+2}q_{k+1}q_k}$$

다음 쪽에 이어짐

← 앞 쪽에서 계속

보조정리 16.9에 의하여 $q_{k+2} > q_k$이고 또 모든 $k \geq 0$에 대하여 $q_k > 0$이므로 $C_{k+2} - C_k$의 부호는 $(-1)^k$이다. 따라서

$$C_0 < C_2 < C_4 < \cdots \quad \text{이고} \quad C_1 > C_3 > C_5 > \cdots$$

이다.

◀ k가 짝수일 때, $C_{k+2} - C_k > 0$
k가 홀수일 때, $C_{k+2} - C_k < 0$

이제 $r = C_n$의 위치를 결정한다. 따름정리 16.7에 의하여

$$C_k - C_{k-1} = \frac{(-1)^{k-1}}{q_k q_{k-1}} \begin{cases} < 0, & (k\text{가 짝수 일 때}), \\ > 0, & (k\text{가 홀수 일 때}) \end{cases}$$

이다.

- $n = 2m$일 때 : $C_{2m} - C_{2m-1} < 0$이므로 $C_n < C_{n-1}$이다.
  $\therefore\ C_0 < C_2 < C_4 < \cdots < C_{2m} = r < C_{2m-1} < \cdots < C_5 < C_3 < C_1$
- $n = 2m+1$일 때 : $C_{2m+1} - C_{2m} > 0$이므로 $C_{2m} < C_{2m+1}$이다.
  $\therefore\ C_0 < C_2 < C_4 < \cdots < C_{2m} < r = C_{2m+1} < \cdots < C_5 < C_3 < C_1$ ▮

보기

$\frac{21}{13} = 1.615\cdots$이다.

$\frac{21}{13} = [1, 1, 1, 1, 1, 2]$이므로

k	-2	-1	0	1	2	3	4	5
a_k			1	1	1	1	1	2
p_k	0	1	1	2	3	5	8	21
q_k	1	0	1	1	2	3	5	13

여기서 $C_k = \frac{p_k}{q_k}$, $(k = 0, 1, 2, 3, 4, 5)$, 의 값의 분포는 다음과 같다.

k	0	1	2	3	4	5
C_k	1	2	1.5	1.666⋯	1.6	1.615⋯

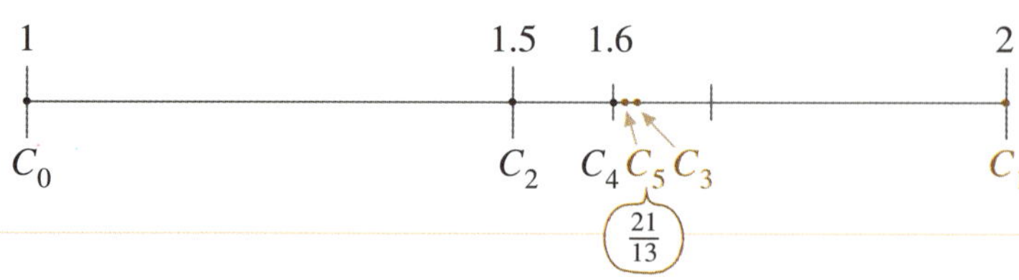

연습문제 16

EXERCISES

1 다음 분수를 유한 단순 연분수로 전개하여라.

(1) $-\frac{9}{51}$ (2) $\frac{28}{47}$ (3) $\frac{178}{75}$ (4) $\frac{111}{203}$

2 다음 연분수를 분수로 나타내어라.

(1) $[0, 3, 1, 1, 2]$ (2) $[3, 3, 1, 1, 3, 2]$

(3) $[1, 3, 2, 3, 2]$ (4) $[1, 2, 5, 1, 2]$

3 문제 2 의 각 연분수의 근사분수를 구하여라.

4 단순 연분수 $[a_0, a_1, a_2, \cdots]$의 제 k 근사분수를 $\frac{p_k}{q_k}$라고 할 때, 다음을 증명하여라.

(1) $q_k > 2^{(k-1)/2}$, $(k = 2, 3, \cdots)$

(2) $q_k \geq f_k$, $(k = 1, 2, \cdots)$, (단, f_k는 피보나치수열의 제 k 항)

5 연분수 $[a_0, a_1, a_2, \cdots]$의 제 k 근사분수를 $\frac{p_k}{q_k}$라고 할 때, 각 $k = 1, 2, \cdots$ 에 대하여 다음이 성립함을 증명하여라.

(1) $\frac{p_k}{p_{k-1}} = [a_k, a_{k-1}, \cdots, a_1, a_0]$

(2) $\frac{q_k}{q_{k-1}} = [a_k, a_{k-1}, \cdots, a_1]$

6 다음 부정방정식을 풀어라.

(1) $19x + 51y = 1$ (2) $18x + 51y = 24$

(3) $364x + 227y = 1$ (4) $158x - 57y = 1$

7 실수 $a_0, a_1, a_2, \cdots, a_k, x$에 대하여 $a_1, a_2, \cdots, a_k, x > 0$일 때,

$$[a_0, a_1, a_2, \cdots, a_{k-1}, a_k + x] - [a_0, a_1, a_2, \cdots, a_{k-1}, a_k]$$

는 k가 짝수일 때는 양수, k가 홀수일 때는 음수임을 증명하여라.

8 유리수 $\alpha > 1$ 의 단순 연분수 전개식이 $[a_0, a_1, a_2, \cdots, a_n]$일 때, $\frac{1}{\alpha}$의 단순연분수 표현을 구하여라.

17

무한 연분수

Infinite Continued Fractions

ENV Number Theory

이 중단원에서 공부할 내용

무한 연분수

무리수의 연분수 표현

무리수의 최적의 유리수 근사값

대표문제

- 임의의 무한 연분수는 수렴할까 ?
- 무리수와 연분수 사이에는 어떤 관계가 있을까 ?
- 분모가 200 이하인 분수 중 $\sqrt{2}$에 가장 가까운 수를 찾아라.

무한 연분수

이 중단원부터는 생각하는 모든 **연분수는 단순 연분수**인 것을 전제로 한다. 연분수 $[a_0, a_1, a_2, \cdots]$의 근사분수

$$C_n = [a_0, a_1, a_2, \cdots, a_n], \quad n \geq 0$$

을 항으로 하는 수열 $C_0, C_1, C_2, \cdots$ 은 수렴한다. 극한값 $\lim_{n \to \infty} C_n$으로써 연분수 $[a_0, a_1, a_2, \cdots]$의 값을 정의한다.

정리 17.1

연분수 $[a_0, a_1, a_2, \cdots]$의 근사분수의 열 $C_0, C_1, C_2, \cdots$ 은 수렴한다.

증명 정리 16.10의 부등식은 연분수의 유한성과 무관하게 유도 되었으므로 무한 연분수의 경우에도

$$C_0 < C_2 < C_4 < \cdots C_{2n} < \cdots < C_{2n+1} < \cdots < C_5 < C_3 < C_1$$

이 성립한다.

$C_0, C_2, C_4, \cdots$ 는 상방으로 유계(C_1에 의하여)인 단조증가 수열이므로 극한값 α를 가지며, $C_1, C_3, C_5, \cdots$ 는 하방으로 유계(C_0에 의하여)인 단조감소수열이므로 극한값 β를 가진다. 임의의 n에 대하여,

$$C_{2n} < \alpha, \quad \beta < C_{2n+1}$$

이므로

$$\beta - \alpha < C_{2n+1} - C_{2n} = \frac{p_{2n+1}}{q_{2n+1}} - \frac{p_{2n}}{q_{2n}} = \frac{(-1)^{2n}}{q_{2n+1}q_{2n}} = \frac{1}{q_{2n+1}q_{2n}}$$

◀ 따름정리 16.7

이고 따라서

$$|\beta - \alpha| < \frac{1}{q_{2n}^2}$$

이다. $\lim_{n \to \infty} q_{2n} = \infty$이므로 $\lim_{n \to \infty} \frac{1}{q_{2n}^2} = 0$이다. 그러므로 $\alpha = \beta$이고,

◀ 보조정리 16.9에 의하여 $q_0, q_1, q_2, q_3, \cdots$ 은 증가수열이고 또 정수의 수열이므로
$q_{k+1} \geq q_k + 1, (\forall k \geq 0)$
이다. 따라서
$k \to \infty$일 때, $q_k \to \infty$

따라서 $\lim_{n \to \infty} C_n = \alpha$이다. ∎

◇ 지금부터 근사 분수의 열 $C_0, C_1, C_2, \cdots$ 의 극한값 α는 무한 연분수 $[a_0, a_1, a_2, \cdots]$ 및 극한값 α 모두를 나타내는 것으로 한다.

◀ 둘 중 어느 것을 나타내는 지는 문맥상에서 명백할 것이다.

보기

연분수 $\theta = [4, 4, 4, 4, \cdots]$ 의 값을 구하여 보자.

$$C_n = 4 + \frac{1}{C_{n-1}}, \ (n \geq 1)$$

이다. $\lim_{n \to \infty} C_n$ 이 존재하고, 그 극한값이 θ 이므로

$$\theta = \lim_{n \to \infty} C_n = 4 + \frac{1}{\lim_{n \to \infty} C_{n-1}} = 4 + \frac{1}{\theta}$$

이고 따라서 $\theta^2 = 4\theta + 1$ 이다. $x^2 - 4x - 1 = 0$ 의 근은 $x = 2 \pm \sqrt{5}$ 인데 이 중 양의 값을 택하면

$$\theta = 2 + \sqrt{5}$$

무리수의 연분수 표현

이제 임의의 무리수는 무한 연분수로 유일하게 표현된다는 사실에 대하여 알아 본다.

정리 17.2

무한 연분수 $\theta = [a_0, a_1, a_2, \cdots]$ 의 값은 무리수이다.

증명 x는 $C_n = [a_0, a_1, a_2, \cdots, a_n] = \frac{p_n}{q_n}$ 의 극한값이다.

θ는 C_n, C_{n+1} 사이에 있는 값이므로

$$0 < |\theta - C_n| < |C_{n+1} - C_n| = \left| \frac{p_{n+1}}{q_{n+1}} - \frac{p_n}{q_n} \right| = \frac{1}{q_n q_{n+1}} .$$

θ가 유리수 라고 하고 $\theta = \frac{a}{b}$, (a, b는 정수 $b > 0$), 로 둔다. 이 때,

$$0 < \left| \frac{a}{b} - \frac{p_n}{q_n} \right| < \frac{1}{q_n q_{n+1}} .$$

이 부등식의 양변에 bq_n 을 곱하면

$$0 < |aq_n - bp_n| < \frac{b}{q_{n+1}} .$$

$q_{n+1} > b$ 가 되도록 n을 택하면 $0 < |aq_n - bp_n| < 1$ 을 얻게 되는데, $aq_n - bp_n$ 가 정수이므로 이는 불가능하다. ▌

◀ $q_1, q_2, q_3, \cdots$ 은 증가 수열

◇ 임의의 무리수는 다음 연분수 알고리즘에 의하여 연분수로 표현된다.

> **연분수 알고리즘 :** 무리수 θ가 주어졌을 때, 다음과 같이 $a_0, a_1, a_2, \cdots$을 정의한다.
> ▸ $\theta_0 = \theta$
> ▸ $a_k = [\theta_k]$, $\theta_{k+1} = \dfrac{1}{\theta_k - a_k}$, $(k = 0, 1, 2, \cdots)$

◂ 알고리즘은 보통 유한 회의 과정 후에 끝나는 것을 말하지만 여기서는 무한회 반복되더라도 알고리즘이라고 불렀다.

$\theta_0 = \theta$가 무리수이므로 $\theta_0 - a_0 = \theta - [\theta_0]$ 는 무리수이다. 더욱이 $0 < \theta_0 - a_0 < 1$ 이므로 $\theta_1 = \frac{1}{\theta_0 - a_0} > 1$ 이고, θ_1 은 무리수이다. 따라서 $a_1 = [\theta_1] \geq 1$ 이다. 같은 논리로 θ_2는 1 보다 큰 무리수이고 $a_2 \geq 1$ 이다. 이와 같은 과정의 반복을 통하여 $a_1, a_2, \cdots$ 는 1 이상의 정수의 열임을 알 수 있다. 이제
$\theta_{k+1} = \frac{1}{\theta_k - a_k}$로 부터 $\theta_k - a_k = \frac{1}{\theta_{k+1}}$, 즉,

$$\theta_k = a_k + \frac{1}{\theta_{k+1}}$$

이므로

$$\begin{aligned}
\theta &= a_0 + \frac{1}{\theta_1} \\
&= a_0 + \cfrac{1}{a_1 + \cfrac{1}{\theta_2}} \\
&= a_0 + \cfrac{1}{a_1 + \cfrac{1}{a_2 + \cfrac{1}{\theta_3}}} \\
&\ \ \vdots \\
&= [a_0, a_1, a_1, \cdots, a_n, \theta_{n+1}] \\
&\ \ \vdots
\end{aligned}$$

◇ 다음에, 무리수 θ로써 연분수 알고리즘에 의하여 정의된 무한 연분수 $[a_0, a_1, a_2, \cdots]$의 값은 실제로 θ임을 보이려고 한다.

보조정리 17.3

무리수 θ로써 연분수 알고리즘에 의하여 정의된 무한 연분수 $\theta=[a_0, a_1, a_2, \cdots]$의 제 k근사분수를 $C_k=\frac{p_k}{q_k}$라고 할 때,

$$|\theta-C_n|<\frac{1}{q_{n+1}q_n}<\frac{1}{q_n^2}, (n=0, 1, 2, \cdots)$$

증명 고정된 n에 대하여, 유한 연분수

$$[a_0, a_1, a_1, \cdots, a_n, \theta_{n+1}]$$

과 무한 연분수

$$[a_0, a_1, a_2, \cdots]$$

의 제 k근사분수를 각각

$$C_k', \quad C_k=\frac{p_k}{q_k}$$

라 하자. $k=0, 1, 2, \cdots, n$일 때, $C_k'=C_k$이다. 그런데,

$$C'_{n+1}=[a_0, a_1, a_1, \cdots, a_n, \theta_{n+1}]$$

은

$$C_{n+1}=[a_0, a_1, a_1, \cdots, a_n, a_{n+1}]$$

에서 a_{n+1}을 θ_{n+1}로 바꾸어 넣은 것이다. 따라서 $C'_{n+1}-C_n$의 값도

$$C_{n+1}-C_n=\frac{(-1)^n}{q_{n+1}q_n}=\frac{(-1)^n}{(a_{n+1}q_n+q_{n-1})q_n}$$

에서 a_{n+1}을 θ_{n+1}로 바꾸어 넣은 것이다. 그러므로

$$\theta-C_n=C'_{n+1}-C_n=\frac{(-1)^n}{(\theta_{n+1}q_n+q_{n-1})q_n}$$

이다. 여기서

$$\theta_{n+1}=[a_{n+1}, a_{n+2}, \cdots]>a_{n+1}$$

이므로

$$|\theta-C_n|=\frac{1}{(\theta_{n+1}q_n+q_{n-1})q_n}$$

$$<\frac{1}{(a_{n+1}q_n+q_{n-1})q_n}=\frac{1}{q_{n+1}q_n}$$

$q_{n+1}<q_n$이므로 위의 부등식으로 부터

$$|\theta-C_n|=\frac{1}{q_n^2} \quad ▮$$

보기

$\pi = 3.141592653 \cdots$ 을 연분수로 나타내어 보자.
연분수 알고리즘에 의하여

$$\theta_0 = 3.141592653\cdots \qquad \therefore a_0 = [\theta_0] = 3$$

$$\theta_1 = \frac{1}{\theta_0 - a_0} = \frac{1}{0.141592653\cdots} = 7.06251330\cdots \qquad \therefore a_1 = [\theta_1] = 7$$

$$\theta_2 = \frac{1}{\theta_1 - a_1} = \frac{1}{0.06251330\cdots} = 15.99659440\cdots \qquad \therefore a_2 = [\theta_2] = 15$$

$$\theta_3 = \frac{1}{\theta_2 - a_2} = \frac{1}{0.00341723\cdots} = 292.63467\cdots \qquad \therefore a_3 = [\theta_3] = 292$$

$$\vdots$$

그러므로 $\pi = [3, 7, 15, 292, \cdots]$ 이다.

$$\frac{p_0}{q_0} = 3 = \frac{3}{1}, \qquad \frac{p_1}{q_1} = [3; 7] = \frac{22}{7},$$

$$\frac{p_2}{q_2} = [3; 7, 15] = \frac{333}{106}, \qquad \frac{p_3}{q_3} = [3; 7, 15, 292] = \frac{355}{113},$$

$$\cdots$$

여기서

$$\left|\pi - \frac{p_2}{q_2}\right| \le \left|\pi - \frac{22}{7}\right| = \frac{22}{7} - \pi = \frac{22}{7} - \frac{314}{100} = \frac{1}{7\cdot 50} = \frac{1}{7^2}$$

이므로 보조정리 17.3 이 성립함을 확인할 수 있다.

◇ 보조정리 17.3 에 의하여 $|\theta - C_n| < \dfrac{1}{q_n^2}$ 이다. $\lim_{n\to\infty} q_n = \infty$ 이므로 $\lim_{n\to\infty} |\theta - C_n| = 0$ 이고, 따라서 다음 정리를 얻는다. ▌

정리 17.4

무리수 θ로써 연분수 알고리즘에 의하여 정의된 무한 연분수 $[a_0, a_1, a_2, \cdots]$의 제 k근사분수를 C_k라고 할 때,

$$\lim_{n\to\infty} C_n = \theta$$

◇ 무한 연분수 $[a_0, a_1, a_2, \cdots]$에 대하여

$$[a_0, a_1, a_2, \cdots] = a_0 + \frac{1}{[a_1, a_2, a_3, \cdots]}$$

이 성립한다.

$\because$ $[a_0, a_1, a_2, \cdots] = \lim_{n \to \infty}[a_0, a_1, a_2, \cdots, a_n]$

$$= \lim_{n \to \infty}\left(a_0 + \frac{1}{[a_1, a_2, \cdots, a_n]}\right) = a_0 + \frac{1}{\lim_{n \to \infty}[a_1, a_2, \cdots, a_n]}$$

$$= a_0 + \frac{1}{[a_1, a_2, a_3, \cdots]}$$ ▮

◇ 무한 연분수 $[a_0, a_1, a_2, \cdots]$, $[b_0, b_1, b_2, \cdots]$의 값이 같으면

$$a_n = b_n, \ (n = 1, 2, \cdots)$$

이다.

$\because$ $\theta = [a_0, a_1, a_2, \cdots]$이라고 하면

$$C_0 < \theta < C_1, \text{ 즉, } a_0 < \theta < a_0 + \frac{1}{a_1}$$

이다. $a_1 \geq 1$이므로 $a_0 < \theta < a_0 + 1$이고, 따라서 $a_0 = [\theta]$이다.
$\theta = [b_0, b_1, b_2, \cdots]$이기도 하므로 $b_0 = [\theta]$이다.

$$a_0 + \frac{1}{[a_1, a_2, a_3, \cdots]} = \theta = b_0 + \frac{1}{[b_1, b_2, b_3, \cdots]}$$

으로 부터

$$\frac{1}{[a_1, a_2, a_3, \cdots]} = \frac{1}{[b_1, b_2, b_3, \cdots]}$$

이고, 따라서

$$[a_1, a_2, a_3, \cdots] = [b_1, b_2, b_3, \cdots]$$

를 얻는다. 이제 n에 관한 귀납법에 의하여 $a_n = b_n$, $(n = 1, 2, \cdots)$, 이 성립한다. ▮

◇ 지금까지의 일련의 논의에서 우리는 다음 정리를 증명하였다.

정리 17.5

임의의 무리수는 무한 연분수로 유일하게 표현된다.

무리수의 최적의 유리수 근사값

무리수 θ에 임의로 가까운 유리수는 존재한다. 즉, 임의로 주어진 양의 실수 ε에 대하여 $\left|\theta - \frac{a}{b}\right| < \varepsilon$을 만족하는 유리수 $\frac{a}{b}$가 존재한다. 그러나 이 근사값은 분모의 크기를 제한할 경우 θ에 임의로 가까워질 수 없다. 일정한 정수 b를 분모로 하는 유리수를 θ의 근사값으로 잡을 때,
$\frac{c}{b} < \theta < \frac{c+1}{b}$인 정수 c가 존재하므로 그 오차의 범위는 $\left|\theta - \frac{a}{b}\right| < \frac{1}{b}$
이다. $\theta = [a_0, a_1, a_2, \cdots]$의 제 k근사분수 $\frac{p_k}{q_k}$를 α의 근사값으로 잡으면 보조정리 17.3에 의하여 그 오차는 $\frac{1}{q_k^2}$ (또는 $\frac{1}{q_k q_{k+1}}$)보다 작게 된다.

이제 분모의 크기에 제한을 둘 때, 어떤 유리수가 주어진 무리수에 가장 가까운 근사값인지에 대하여 알아 보자. 예를 들어, 분모가 $q_3 = 5$ 이하인 분수 중 어떤 수가 $\sqrt{2}$에 가장 가까울까?

$\sqrt{2} = 1.41421356\cdots = [1; 2, 2, 2, \cdots]$의 제 3 근사분수는

$$C_3 = 1 + \cfrac{1}{2 + \cfrac{1}{2}} = \frac{7}{5} = \frac{p_3}{q_3}$$

이다.
$2 \le b \le 5 = q_3$인 정수 b를 분모로 하는 분수 $\frac{b}{a}$를 나타내는 다음 표를 살펴 보자.

b \ a	2	3	4	5	6	7 (p_3)	8	$\cdots$
2	1	1.5	2	2.5	3	3.5	4	$\cdots$
3	0.66$\cdots$	1	1.33$\cdots$	1.66$\cdots$	2	2.33$\cdots$	2.66$\cdots$	$\cdots$
4	0.5	0.75	1	1.25	1.5	1.75	2	$\cdots$
(q_3) 5	0.4	0.6	0.8	1.2	1.2	1.4	1.6	$\cdots$

이 표에 나타나 있는 수 중에서 $\sqrt{2}$에 가장 가까운 수는

$$1.4 = \frac{7}{5} = \frac{p_3}{q_3}$$

이다. 실제로 연분수 $\theta = [a_0, a_1, a_2, \cdots]$의 제 k근사분수를 $\frac{p_k}{q_k}$라고 할 때, q_{k+1} 보다 작은 자연수를 분모로 하는 분수 중에서 θ에 가장 가까운 수는 $\frac{p_k}{q_k}$이다. (이런 뜻에서 $\frac{p_k}{q_k}$를 θ의 **최적의 유리수 근사값**이라고 한다.) 이 사실에 대하여 알아 보자.

보조정리 17.6

무리수 θ를 나타내는 연분수의 제 n 근사분수가 $\frac{p_n}{q_n}$일 때, q_{n+1}보다 작은 임의의 양의 정수 b와 임의의 양의 정수 a에 대하여

$$|q_n\theta - p_n| \le |b\alpha - a|$$

증명 연립방정식

$$p_n x + p_{n+1} y = a \quad \cdots\cdots \text{①}$$
$$q_n x + q_{n+1} y = b \quad \cdots\cdots \text{②}$$

의 해는

$$x = (-1)^{n+1}(aq_{n+1} - bp_{n+1}),$$
$$y = (-1)^{n+1}(bp_n - aq_n).$$

이 때, 명백히 x, y는 정수이다.

$y = 0$ 이라면, ①, ②에서 $a = p_n x$, $b = q_n x$이고 따라서

$$|b\alpha - a| = |x||q_n\alpha - p_n| \ge |q_n\alpha - p_n|$$

이 되어 보조정리의 부등식이 성립한다. 따라서 $y \ne 0$ 라고 한다.

$$x = 0 \Rightarrow aq_{n+1} = bp_{n+1} \Rightarrow q_{n+1} \mid b \Rightarrow q_{n+1} \le b$$

이고 이는 $b \le q_{n+1}$라는 가정에 위배된다. 따라서 $x \ne 0$이다.

x, y는 서로 다른 부호를 가진다.

$\because$
- $y < 0 \Rightarrow q_n x \underset{②}{=} b - q_{n+1}y > 0 \Rightarrow x > 0$
- $y > 0$이면,

$$\underset{\text{최초 가정}}{b < q_{n+1}} \Rightarrow b < q_{n+1}y \Rightarrow q_n x \underset{②}{=} b - q_{n+1}y < 0 \Rightarrow x < 0$$

θ는 $\frac{p_n}{q_n}$, $\frac{p_{n+1}}{q_{n+1}}$ 사이에 있는 수이다.

- $\frac{p_n}{q_n} < \alpha < \frac{p_{n+1}}{q_{n+1}}$일 때 : $q_n\theta - p_n > 0$, $q_{n+1}\theta - p_{n+1} < 0$
- $\frac{p_{n+1}}{q_{n+1}} < \alpha < \frac{p_n}{q_n}$일 때 : $q_n\theta - p_n < 0$, $q_{n+1}\theta - p_{n+1} > 0$

그러므로 $q_n\theta - p_n$, $q_{n+1}\theta - p_{n+1}$은 서로 다른 같은 부호를 가진다.

이 때, $x(q_n\theta - p_n)$, $y(q_{n+1}\theta - p_{n+1})$은 서로 같은 부호를 가지고 따라서 그들의 합의 절대값은 절대값의 합과 같다. 이제

$$\begin{aligned} |b\theta - a| &= |(q_n x + q_{n+1}y)\theta - (p_n x + p_{n+1}y)| \\ &= |x(q_n\theta - p_n) + y(q_{n+1}\theta - p_{n+1})| \\ &\ge |x||q_n\theta - p_n| \\ &\ge |q_n\theta - p_n| \quad \blacksquare \end{aligned}$$

정리 17.7

무리수 θ를 나타내는 연분수의 제 n 근사분수가 $\frac{p_n}{q_n}$일 때, q_{n+1}보다 작은 자연수 b를 분모로 하는 임의의 유리수 $\frac{a}{b}$에 대하여

$$\left|\theta-\frac{p_n}{q_n}\right| \le \left|\theta-\frac{a}{b}\right|$$

증명

$$\left|\theta-\frac{p_n}{q_n}\right| > \left|\theta-\frac{a}{b}\right|$$

라고 하면

$$|q_n\theta-p_n| = q_n\left|\theta-\frac{p_n}{q_n}\right| > b\left|\theta-\frac{a}{b}\right| = |b\theta-a|$$

이 되어 보조정리 17.6에 위배된다. ▌

정리 17.8

무리수 θ에 대하여, 분모가 자연수인 기약분수 $\frac{a}{b}$가

$$\left|\theta-\frac{a}{b}\right| < \frac{1}{2b^2}$$

을 만족할 때, $\frac{a}{b}$는 θ의 연분수의 근사분수 $\frac{p_n}{q_n}$ 중 하나이다.

증명 $q_0, q_1, q_2, \cdots$ 이 증가 수열이므로 $q_n \le b < q_{n+1}$을 만족하는 유일한 자연수 n이 존재한다. 이 때, 보조정리 17.6에 의하여

$$|q_n\theta-p_n| \le |b\theta-a|$$

이다.

$$|b\theta-a| = b\left|\theta-\frac{a}{b}\right| < b\frac{1}{2b^2} = \frac{1}{2b}$$

이므로

$$|q_n\theta-p_n| < \frac{1}{2b}, \text{ 즉, } \left|\theta-\frac{p_n}{q_n}\right| < \frac{1}{2bq_n}.$$

$\frac{a}{b}$가 근사분수가 아니라고 하면 $\frac{a}{b} \ne \frac{p_n}{q_n}$이므로 $bp_n-aq_n \ne 0$이고 따라서 $|bp_n-aq_n| \ge 1$이다. 이제

$$\begin{aligned}\frac{1}{bq_n} &\le \left|\frac{bp_n-aq_n}{bq_n}\right| = \left|\frac{p_n}{q_n}-\frac{a}{b}\right| \\ &\le \left|\frac{p_n}{q_n}-\theta\right| + \left|\theta-\frac{a}{b}\right| < \frac{1}{2bq_n}+\frac{1}{2b^2}.\end{aligned}$$

그러므로 $\frac{1}{2bq_n} < \frac{1}{2b^2}$이고, 따라서 $b < q_n$이다. 이 것은 n의 선택에 위배된다. ▌

정리 17.8은 q_{n+1}보다 작은 자연수를 분모로 하는 분수 중에서 θ에 가장 가까운 값은 $\frac{p_n}{q_n}$이라는 뜻이다.

◇ 우리는 앞서 π를 나타내는 연분수는 $[3; 7, 15, 292, \cdots]$이고,

$$\frac{p_0}{q_0} = 3 = \frac{3}{1}, \quad \frac{p_1}{q_1} = [3, 7] = \frac{22}{7}, \quad \frac{9}{51} = [3, 7, 15] = \frac{333}{106}$$

임을 알아 보았다. 정리 17.8에 의하여 $q_2 = 106$보다 작은 자연수를 분모로 하는 분수 중에서 π에 가장 가까운 값은 $\frac{p_1}{q_1} = \frac{22}{7}$이다.

연습문제 17

E·X·E·R·C·I·S·E·S

1 $\sqrt{5}$ 의 소수부분을 $\frac{1}{x}$ 이라고 할 때, 다음 물음에 답하여라.

(1) $x = 2 + \frac{1}{x}$ 임을 증명하여라.

(2) $\sqrt{5}$ 의 연분수 전개식을 구하여라.

2 문제 1 의 방법을 이용하여 다음 수의 연분수 전개식을 구하여라.

(1) $\sqrt{10}$ (2) $\sqrt{17}$ (4) $\sqrt{26}$ (1) $\sqrt{36}$

3 임의 양의 정수 n 에 대하여 $(n^2 + 1)^{1/2}$ 의 연분수 전개식은 $[n, 2n, 2n, 2n, \cdots]$ 임을 보여라.

4 자기 자신의 역수보다 양의 정수 n 만큼 큰 양의 실수 $T(n)$을 silver mean 이라고 한다. ($T(1)$은 golden mean). 다음을 구하여라.

(1) $T(1)$의 값 (2) $T(n)$의 연분수 전개식

5 다음 연분수가 나타내는 수를 찾아라.

(1) $[0, 1, 1, 1, \cdots]$ (2) $[3, 2, 2, 2, \cdots]$

6 무리수 θ의 연분수의 인접한 두 근사분수중 적어도 하나, $\frac{a}{b}$, 는 부등식 $\left|\theta - \frac{a}{b}\right| < \frac{1}{2b^2}$ 을 만족함을 보여라.

7 분모 b가 다음 조건을 만족하는 분수 $\frac{a}{b}$ 중에서 $\sqrt{2}$에 가장 가까운 수를 찾아라.

(1) $b \le 100$ (2) $b \le 500$

8 자연로그의 밑 e 의 연분수 전개식은 다음과 같다.

$e = [2, 1, 2, 1, 1, 4, 1, 1, 6, 1, 1, 8, 1, 1, 10, 1, 1, \cdots]$

(1) $k = 1, 2, \cdots, 8$ 에 대하여 제 k 근사분수를 구하여라.

(2) 분모가 100 이하인 분수 중 e에 가장 가까운 수를 구하여라.

18

제곱근의 연분수

Continued Fractions of Square Roots

ENV

이 중단원에서 공부할 내용

순환 연분수

이차무리수와 연분수

ENV Number Theory

대표문제

- 순환연분수로 표현되는 무리수의 특징은 무엇일까 ?
- 완전제곱수가 아닌 자연수의 제곱근의 연분수의 특징은 무엇일까 ?

순환 연분수

연분수 $[1, 2, 3, 4, 2, 3, 4, 2, 3, 4, \cdots]$와 같이 어떤 블락 "$b_1, b_2, \cdots, b_n$"이 반복되는 무한 연분수

$$[a_0, a_1, a_2, \cdots, a_m, b_1, b_2, \cdots, b_n, b_1, b_2, \cdots, b_n, \cdots]$$

을 **순환 연분수**라고 한다. 이 때, 반복되는 부분 "$b_1, b_2, \cdots, b_n$"을 **순환마디**라고 하고 순환마디에 들어 있는 숫자의 개수를 **순환마디의 길이**라고 하며, 순환마디의 길이 중 최소값을 **주기**라고 한다. 이를테면 순환 연분수 $[1, 2, 3, 4, 2, 3, 4, 2, 3, 4, \cdots]$에서 블락 "2, 3, 4"가 순환마디이고 주기는 3이다.

◀ 循環連分數 periodic continued fraction

$b_1, b_2, \cdots, b_n$이 순환마디인 순환 연분수는

$$[a_0, a_1, a_2, \cdots, a_m, \overline{b_1, b_2, \cdots, b_n}] \quad \cdots\cdots ①$$

와 같이 나타낸다. 이를테면 순환 연분수 $[1, 2, 3, 4, 2, 3, 4, \cdots]$은 $[1, \overline{2, 3, 4}]$와 같이 나타낸다. 순환 연분수 ①은

$$x = [a_0, a_1, a_2, \cdots, a_m, y]$$
$$y = [\overline{b_1, b_2, \cdots, b_n}] \quad \cdots\cdots ②$$

와 같이 나타낼 수 있다.

특히 ②와 같은 꼴의 연분수를 **순 순환 연분수**라고 한다.

보기

순환 연분수 $x = [3, \overline{2, 1}]$의 값을 구하여 보자.
주어진 연분수는

$$x = [3; y], \quad y = [\overline{2, 1}]$$

와 같이 쓸 수 있다. $y = [2, 1, y]$이므로

$$y = 2 + \cfrac{1}{1 + \cfrac{1}{y}} = 2 + \frac{y}{y+1} = \frac{3y+2}{y+1}$$

따라서 $y^2 + y = 3y + 2$, 즉, $y = 1 \pm \sqrt{3}$이다. 여기서 $y > 0$이므로 $y = 1 + \sqrt{3}$이다. 그러므로

$$x = 3 + \frac{1}{y} = 3 + \frac{1}{1+\sqrt{3}} = 3 + \frac{\sqrt{3}-1}{2} = \frac{5+\sqrt{3}}{2}$$

이차무리수와 순환연분수

완전제곱수가 아닌 정수 d에 대하여, 유리수와 $\sqrt{d}$의 유리수배와의 합

$$\alpha = r + s\sqrt{d},\ (s \neq 0,\ r\text{은 유라수})$$

꼴로 표현되는 무리수를 **이차무리수**라고 한다. 이를테면

$$\sqrt{2},\quad 1+\sqrt{2},\quad \frac{5+\sqrt{3}}{2}$$

은 이차무리수이다.

◇ 이차무리수 $\alpha = r + s\sqrt{d}$에 대하여 $\alpha^* = r - s\sqrt{d}$를 α의 (대수적)**켤레짝**이라고 한다. 이때, α, α^*의 합과 곱

◂ (algebraic) conjugate

$$\alpha + \alpha^* = 2r,\quad \alpha\alpha^* = r^2 - s^2 d$$

는 모두 유리수이다. 따라서 α, α^*는 유리수 계수 이차방정식

$$x^2 - 2rx + r^2 - s^2 d = 0$$

의 두 근이고 따라서 정수 계수 이차방정식의 두 근이다. 또 정수계수 이차방정식 $ax^2 + bx + c = 0$의 근이 무리수라면 그 두 근은

$$\frac{-b}{2a} + \frac{1}{2a}\sqrt{d},\quad \frac{-b}{2a} - \frac{1}{2a}\sqrt{d},\quad (\text{단}, d = b^2 - 4ac)$$

로서 서로의 켤레짝인 이차무리수이다. 따라서 무리수 α가 이차무리수일 필요충분조건은 α는 어떤 정수 계수 이차방정식의 근일 것이다.

◇ 이차무리수 $\alpha = r + s\sqrt{d}$, $\beta = u + v\sqrt{d}$에 대하여 다음이 성립한다.

(i) $(\alpha+\beta)^* = \alpha^* + \beta^*$ (ii) $(\alpha\beta)^* = \alpha^*\beta^*$ (iii) $\left(\dfrac{\alpha}{\beta}\right)^* = \dfrac{\alpha^*}{\beta^*}$

$\because$ $\alpha^* = r - s\sqrt{d}$, $\beta^* = u - v\sqrt{d}$

(i) $(\alpha+\beta)^* = (r+u+(s+v)\sqrt{d})^* = r+u-(s+v)\sqrt{d}$
$= (r - s\sqrt{d}) + (u - v\sqrt{d}) = \alpha^* + \beta^*$

(ii) $(\alpha\beta)^* = (r+s\sqrt{d})(u+v\sqrt{d}) = (ru + svd + (su+rv)\sqrt{d})^*$
$= ru + svd - (su+rv)\sqrt{d} = (r - s\sqrt{d})(u - v\sqrt{d})$
$= \alpha^*\beta^*$

(iii) $\left(\dfrac{\alpha}{\beta}\right)^* = \left(\dfrac{\alpha\beta^*}{\beta\beta^*}\right)^* \underset{㉮}{=} \dfrac{(\alpha\beta^*)^*}{\beta\beta^*} \underset{㉯}{=} \dfrac{\alpha^*\beta}{\beta\beta^*} = \dfrac{\alpha^*}{\beta^*}$ ▮

◂ ㉮ : $\beta\beta^*$는 유리수
㉯ : (ii)에 의함

◇ 이제 이차무리수와 순환 연분수 사이의 관계에 대하여 알아 본다.

정리 18.1

순환 연분수는 이차무리수이다.

증명 순환 연분수 θ가 주어졌다고 하자.

▶ θ가 순 순환연분수일 때 : $\theta = [\overline{a_0, a_1, a_2, \cdots, a_n}]$ 라 하면

$$\theta = [a_0, a_1, a_2, \cdots, a_n, \theta]$$

로 쓸 수 있다. 유한 연분수 $\theta = [a_0, a_1, a_2, \cdots, a_n, \theta]$의 제 k 근사분수를 $\frac{p_k}{q_k}$라고 하면

$$\theta = \frac{p_{n+1}}{q_{n+1}} = \frac{\theta p_n + p_{n-1}}{\theta q_n + q_{n-1}}$$

이다. 그러므로 θ는 정수계수 이차방정식

$$x(xq_n + q_{n-1}) = xp_n + p_{n-1}$$

의 근, 즉, 이차무리수이다.

▶ θ가 순 순환연분수가 아닌 연분수일 때,

$$\theta = [a_0, a_1, a_2, \cdots, a_n, \overline{b_1, b_2, \cdots, b_n}].$$

$\beta = [\overline{b_1, b_2, \cdots, b_n}]$로 두면 β는 이차무리수이고

$$\theta = [a_0, a_1, a_2, \cdots, a_n, \beta], \quad \theta = \frac{\beta p_n + p_{n-1}}{\beta q_n + q_{n-1}}$$

이다. θ는 β의 유리식이므고, β는 이차무리수이므로 β가 $r + s\sqrt{d}$ 꼴일 때, θ도 $u + v\sqrt{d}$ 꼴이다. ∎

보기

$\theta = [1, \overline{1, 1, 2}]$일 때, $\theta = [1, \beta]$, $\beta = [1, 1, 2, \beta]$.

$\beta = \dfrac{3\beta + 2}{2\beta + 1}$에서 $\beta = \dfrac{2 + \sqrt{5}}{2}$

$\theta = 1 + \dfrac{1}{\beta} = 1 + \dfrac{2}{2 + \sqrt{5}}$

$= -3 + 2\sqrt{5}$

k	-2	-1	0	1	2	3
a_k			1	1	2	β
p_k	0	1	1	2	3	$3\beta + 2$
q_k	1	0	1	1	2	$2\beta + 1$

◇ 정리 18.1 의 역도 성립한다. 이를 증명하기 의하여 이차무리수에만 적용되는 다음과 같은 새로운 연분수 전개 알고리즘을 채용한다.

라그랑즈 알고리즘 : 이차무리수 $\theta = \dfrac{a+\sqrt{b}}{c}$ 가 주어졌을 때, 다음과 같이 $\theta_k, a_k, m_k, \lambda_k, (k = 0, 1, 2, \cdots)$을 정의한다.

❶ $\theta = \dfrac{m_0 + \sqrt{d}}{\lambda_0}, \quad \lambda_0 \mid (d - m_0^2)$

을 만족하는 정수 m_0, λ_0과 완전제곱수가 아닌 정수 d를 잡는다.

❷ $k = 0, 1, 2, \cdots$ 에 대하여

(i) $\theta_k = \dfrac{m_k + \sqrt{d}}{\lambda_k}$, (ii) $a_k = [\theta_k]$,

(iii) $m_{k+1} = a_k\lambda_k - m_k$, (iv) $\lambda_{k+1} = \dfrac{d - m_{k+1}^2}{\lambda_k}$

Lagrange (1736-1813)
이태리의 수학자 / 수학뿐 아니라 역학, 천문학에 이르기까지 많은 학술적 업적을 남긴 위대한 수학자이다.

알고리즘의 정당성 ❶ $\theta = \dfrac{a+\sqrt{b}}{c} = \dfrac{ac + \sqrt{bc^2}}{c^2}$ 이다.

$d = bc^2$ 으로 두면 d는 완전제곱수가 아니다.

$m_0 = ac, \ \lambda_0 = c^2$ 으로 두면

$d - m_0^2 = bc^2 - a^2c^2 = (b - a^2)c^2 = (b - a^2)\lambda_0. \quad \therefore \lambda_0 \mid (d - m_0^2).$

❷ 각 $k = 0, 1, 2, \cdots$ 에 대하여,

m_k, λ_k는 정수, $\lambda_k \mid (d - m_k^2)$ ··············· ①

이다.

$\because$ k에 관한 귀납법으로 증명한다.
$k = 0$일 때는 ①이 성립한다. $k = n$일 때 ①이 성립한다고 가정하자. 명백히 $m_{n+1} = a_n\lambda_n - m_n$은 정수이다.

$$\lambda_{n+1} = \frac{d - (a_n\lambda_n - m_n)^2}{\lambda_n} = \frac{d - a_n^2\lambda_n^2 + 2a_n\lambda_n m_n - m_n^2}{\lambda_n}$$

$$= \frac{d - m_n^2}{\lambda_n} - a_n^2\lambda_n + 2a_n m_n. \quad \therefore \lambda_{n+1} \text{은 정수}$$

(iv)에서 $\lambda_n = \dfrac{d - m_{n+1}^2}{\lambda_{n+1}}$ 이므로 $\lambda_{n+1} \mid (d - m_{n+1}^2)$ ▮

이차무리수 θ에 라그랑즈 알고리즘을 적용하여 얻는 수열을 $a_0, a_1, a_2, \cdots$ 라고 할 때,

$$\theta = [a_0, a_1, a_2, \cdots]$$

이다.

∵ 각 $k = 0, 1, 2, \cdots$ 에 대하여

$$\theta_k - a_k = \frac{m_k + \sqrt{d}}{\lambda_k} - a_k = \frac{-a_k\lambda_k + m_k + \sqrt{d}}{\lambda_k}$$

($-a_k\lambda_k + m_k = -m_{k+1}$)

$$= \frac{\sqrt{d} - m_{k+1}}{\lambda_k} \underset{㉮}{=} \frac{d - m_{k+1}^2}{\lambda_k(\sqrt{d} + m_{k+1})}$$

($\dfrac{d - m_{k+1}^2}{\lambda_k} = \lambda_{k+1}$)

$$= \frac{\lambda_{k+1}}{m_{k+1} + \sqrt{d}} = \frac{1}{\theta_{k+1}}$$

◀ ㉮ : 분자의 유리화

이므로

$$\theta_k = a_k + \frac{1}{\theta_{k+1}}, (k = 0, 1, 2, \cdots),$$

따라서

$$\theta = \theta_0 = a_0 + \frac{1}{\theta_1} = [a_0, \theta_1] = [a_0, a_1, \theta_2] = [a_0, a_1, a_2, \theta_3]$$

$$= \cdots = [a_0, a_1, a_2, a_3, \cdots]$$ ▮

보기

라그랑즈 알고리즘에 의하여 $\sqrt{3}$을 연분수로 나타내어 보자.

$\theta = \theta_0 = \sqrt{3} = \dfrac{m_0 + \sqrt{3}}{\lambda_0}$에서, $m_0 = 0,\ \lambda_0 = 1$로 잡는다.

$a_0 = [\theta_0] = [\sqrt{3}] = 1$

$m_1 = a_0\lambda_0 - m_0 = 1 \cdot 1 - 0 = 1,\qquad \lambda_1 = \dfrac{d - m_1^2}{\lambda_0} = \dfrac{3 - 1^2}{1} = 2$

$\theta_1 = \dfrac{m_1 + \sqrt{3}}{\lambda_1} = \dfrac{1 + \sqrt{3}}{2},\qquad a_1 = [\theta_1] = 1$

이 과정을 반복하여, 오른쪽 표를 얻고 여기서

$$\sqrt{3} = [1, \overline{1, 2}]$$

를 얻는다.

k	0	1	2	3
m_k	0	1	1	1
λ_k	1	2	1	1
θ_k	$\sqrt{3}$	$\frac{1+\sqrt{3}}{2}$	$1+\sqrt{3}$	$\frac{1+\sqrt{3}}{2}$
a_k	1	1	2	1

반복 시작

정리 18.2

이차무리수의 연분수는 순환 연분수이다.

증명 이차무리수 θ의 연분수를

$$\theta = [a_0, a_1, a_2, \cdots]$$

이라 하고

$$\theta_n = [a_n, a_{n+1}, a_{n+2}, \cdots], (n = 0, 1, 2, \cdots)$$

라 하면, 각 $n = 0, 1, 2, \cdots$에 대하여,

$$\theta = [a_0, a_1, a_2, \cdots, a_{n-1}, \theta_n]$$

이다. 이 때,

$$\theta^* = [a_0, a_1, a_2, \cdots, a_{n-1}, \theta_n^*]$$

이고, 따라서

$$\theta^* = \theta_0^* = \frac{\theta_n^* p_{n-1} + p_{n-2}}{\theta_n^* q_{n-1} + q_{n-2}}$$

이등식을 θ_n^*에 관하여 풀면

$$\theta_n^* = -\frac{q_{n-2}}{q_{n-1}}\left(\frac{\theta_0^* - (p_{n-2}/q_{n-2})}{\theta_0^* - (p_{n-1}/q_{n-1})}\right)$$

괄호 안의 수는 $n \to \infty$ 일 때, $1 = \dfrac{\theta_0^* - \theta}{\theta_0^* - \theta}$에 수렴한다. 따라서 어떤 N이 존재하여 $n \geq N$일 때, $\theta_n^* < 0$이다. $\theta_n > 0$이므로 $\theta_n - \theta_n^* > 0$이다. 라그랑즈 알고리즘의 정의 ❷ (i)에 의하여

$$\theta_n - \theta_n^* = \frac{m_n + \sqrt{d}}{\lambda_n} - \frac{m_n - \sqrt{d}}{\lambda_n} = \frac{2\sqrt{d}}{\lambda_n}$$

이므로 $\lambda_n > 0$이고, 그러므로 $\lambda_n > 1$이다. 따라서

$$0 < \lambda_n < \lambda_n \lambda_{n+1} = d - m_{n+1}^2 < d \quad \cdots\cdots ①$$

$\lambda_n \lambda_{n+1} > 0$이고 또 라그랑즈의 알고리즘 정의 ❷ (iv)에 의하여 $\lambda_n \lambda_{n+1} = d - m_{n+1}^2$이므로 $m_{n+1}^2 < m_{n+1}^2 + \lambda_n \lambda_{n+1} = d$ 이다.

$$\therefore \ |m_{n+1}| < \sqrt{d}. \quad \cdots\cdots ②$$

①, ②로 부터 $n > N$일 때, m_n, λ_n이 취할 수 있는 값은 유한개이다. 따라서 $n < j$가 있어서 $m_n = m_j$, $\lambda_n = \lambda_j$이고, 그러므로 $\theta_n = \theta_j$이다. 이 때,

$$\begin{aligned}\theta &= [a_0, a_1, a_2, \cdots, a_{n-1}, \theta_n] \\ &= [a_0, a_1, a_2, \cdots, a_{n-1}, \overline{a_n, \cdots, a_{j-1}}]\end{aligned}$$ ▌

◇ 무리수 $\sqrt{d}$는 특별한 이차무리수이다. 특별한 이차무리수인 만큼 그 연분수도 특별한 성질을 가지는 순 순환 연분수이다. 이에 대한 증명은 다음 보조정리에 의존한다.

보조정리 18.3

이차무리수 θ의 연분수가 순 순환연분수일 필요충분 조건은

$$\theta > 1, \quad -1 < \theta^* < 0 \quad \cdots\cdots ①$$

증명 ($\Leftarrow$) ①을 가정하고, 정리 18.2 의 증명에서와 같이 θ_k를 정의한다. $\theta_k = a_k + \frac{1}{\theta_{k+1}}$이므로 $\theta_k^* = \frac{1}{\theta_{k+1}^*} + a_k$, 즉, $\frac{1}{\theta_{k+1}^*} = \theta_k^* - a_k$이다. 연분수의 정의에서 $a_k \geq 1, (k = 1, 2, \cdots)$이다. 또 $\theta > 1$이므로 $a_0 \geq 1$이다. 그러므로 모든 $k = 0, 1, 2, \cdots$에 대하여

$$\theta^* < 0 \Rightarrow \frac{1}{\theta_{k+1}^*} = \theta_k^* - a_k < -a_k \leq -1 \Rightarrow -1 < \theta_{k+1}^* < 0.$$

또, $-1 < \theta^* = \theta_0^* < 0$이므로 모든 $k = 0, 1, 2, \cdots$에 대하여 $-1 < \theta_k^* < 0$, 즉, $0 < -\theta_k^* < 1$이다. 따라서 $0 < -\frac{1}{\theta_{k+1}^*} - a_k < 1$이고 그러므로

$$a_k = \left[-\frac{1}{\theta_{k+1}^*} \right], \ (k = 0, 1, 2, \cdots).$$

θ가 이차무리수이므로 그 연분수 $\theta = [a_0, a_1, a_2, \cdots]$는 순환 연분수이다. 따라서 어떤 $n < j$가 있어서 $\theta_n = \theta_j$이다.

$$\theta_n = \theta_j \Rightarrow \frac{1}{\theta_n} = \frac{1}{\theta_j} \Rightarrow -\frac{1}{\theta_n^*} = -\frac{1}{\theta_j^*} \Rightarrow a_{n-1} = a_{j-1}$$

이므로, $\theta_n = \theta_j$일 때,

$$\theta_{n-1} = [a_{n-1}, \theta_n] = [a_{j-1}, \theta_j] = \theta_{j-1}$$

을 또한 얻는다. 이러한 과정을 반복하면

$$\theta = \theta_0 = \theta_{j-n}$$

을 얻고 이 때,

$$\begin{aligned}\theta &= [a_0, a_1, a_2, \cdots, a_{j-n-1}, \theta_{j-n}] \\ &= [a_0, a_1, a_2, \cdots, a_{j-n-1}, \theta] \\ &= [\overline{a_0, a_1, a_2, \cdots, a_{j-n-1}}]\end{aligned}$$

이다.

다음 쪽에 이어짐

← 앞 쪽에서 계속

(⟹) θ의 연분수 $\theta = [a_0, a_1, a_2, \cdots]$ 가 순 순환 연분수 $\theta = [\overline{a_0, a_1, a_2, \cdots, a_{n-1}}]$ 라고 하자. 이 때,
$a_k \geq 1, (k = 1, 2, \cdots)$, 이고 또 $a_0 = a_n$ 이므로 $a_0 \geq 1$ 이다. 따라서
$a_k \geq 1, (k = 0, 1, 2, \cdots)$이다. $\theta = [a_0, a_1, a_2, \cdots, a_{n-1}, \theta]$ 이므로

$$\theta = \frac{\theta p_{n-1} + p_{n-2}}{\theta q_{n-1} + q_{n-2}}$$

이고, 따라서 θ는 이차방정식

$$f(x) = x^2 q_{n-1} + x(q_{n-2} - p_{n-1}) - p_{n-2} = 0$$

의 근이다. 그러므로 θ^*도 $f(x) = 0$의 근이다. $\theta > 1$ 이므로 $-1, 0$ 사이에 $f(x) = 0$의 근이 존재함을 보이면 $-1 < \theta^* < 0$이 성립하게 된다.

$$f(0) = -p_{n-2} < 0$$

이다. $n \geq 1$ 일 때,

$$\begin{aligned} f(-1) &= q_{n-1} - q_{n-2} + p_{n-1} - p_{n-2} \\ &= (q_{n-2} + p_{n-2})(a_{n-1} - 1) + q_{n-3} + p_{n-3} \\ &\geq q_{n-3} + p_{n-3} > 0 \end{aligned}$$

이므로 중간값의 정리에 의하여 $-1, 0$ 사이에 $f(x) = 0$의 근이 존재한다. 그러므로 $-1 < \theta^* < 0$이고, 따라서 ①이 성립한다. ▌

정리 18.4

완전제곱수가 아닌 양의 정수 d에 대하여 $\sqrt{d}$ 의 연분수는

$$\sqrt{d} = [b, \overline{a_1, a_2, \cdots, a_{n-1}, 2b}]$$

와 같은 꼴이다. (단, n은 주기)

증명 $\theta = \sqrt{d} + [\sqrt{d}]$라고 하면 $\theta > 1$, $\theta^* = -\sqrt{d} + [\sqrt{d}]$이다. 이 때, $-1 < \theta^* < 0$이다. 따라서, 보조정리 18.3에 의하여, θ의 연분수는 순 순환 연분수이다. θ의 연분수의 주기를 n이라고 하면

$$\begin{aligned} \theta &= [\overline{a_0, a_1, a_2, \cdots, a_{n-1}}] \\ &= [a_0, \overline{a_1, a_2, \cdots, a_{n-1}, a_0}] \end{aligned}$$

이다. 여기서 $a_0 = [\sqrt{d} + [\sqrt{d}]] = 2[\sqrt{d}]$이므로

$$\begin{aligned} \sqrt{d} &= -[\sqrt{d}] + (\sqrt{d} + [\sqrt{d}]) \\ &= -[\sqrt{d}] + [2[\sqrt{d}], \overline{a_1, a_2, \cdots, a_{n-1}, a_0}] \\ &= [[\sqrt{d}], \overline{a_1, a_2, \cdots, a_{n-1}, 2[\sqrt{d}]}] \end{aligned}$$ ▌

◀ 가우스 기호는 색으로 표시하였다.

◆ 주기가 n인 $\theta=\sqrt{d}+\lfloor\sqrt{d}\rfloor$의 연분수

$$\theta=[a_1, a_1, a_2, \cdots]=[\overline{a_0, a_1, a_2, \cdots, a_{n-1}}]$$

에 대하여

$$\theta_k=[a_k, a_{k+1}, a_{k+2}, \cdots], (k=0, 1, 2, \cdots)$$

도 모두 순 순환연분수이고

$$\theta=\theta_0=\theta_n=\theta_{2n}=\cdots$$

이다. 이 때, $\theta_0, \theta_1, \theta_2, \cdots, \theta_{n-1}$은 모두 서로 다르다. 따라서

$$\theta_k=\theta_0 \Leftrightarrow n \mid k$$

◂ 같은 것이 있다면 주기가 n보다 작다.

■ $\theta=\sqrt{d}+[\sqrt{d}]$에 라그랑즈 알고리즘의 ❷ (iv)를 적용하여 얻는 수 λ_k에 대하여

$$\lambda_k=1 \Leftrightarrow n \mid k$$

∵ (⇒) $\lambda_k=1$이면 $\theta_k=m_k+\sqrt{d}$이다. $\theta_k=[a_k, a_{k+1}, a_{k+2}, \cdots]$가 순 순환 연분수이므로, 보조정리 18.3에 의하여,

$$-1<\theta_k^*<0, \quad \text{즉,} \quad -1<m_k-\sqrt{d}<0$$

이다. 여기서 $\sqrt{d}-1<m_k<\sqrt{d}$이므로 $m_k=[\sqrt{d}]$이다. 이 때, $\theta_k=[\sqrt{d}]+\sqrt{d}=\theta_0$이므로 $n \mid k$이다.

(⇐) $\theta_0=m_0+\sqrt{d}, \quad m_0=[\sqrt{d}], \quad \lambda_0=1.$

이 때,

$$\frac{m_{nj}+\sqrt{d}}{\lambda_{nj}}=\theta_{nj}=\theta_0=\frac{m_0+\sqrt{d}}{\lambda_0}=[\sqrt{d}]+\sqrt{d}$$

$$\therefore \ m_{nj}-\lambda_{nj}[\sqrt{d}]=(\lambda_{nj}-1)\sqrt{d}$$

위 등식의 좌변은 유리수이므로 $\lambda_{nj}=1$을 얻는다. ▮

■ 또한, 어떠한 k에 대해서도 $\lambda_k \neq -1$이다.

∵ $\lambda_k=-1$이면 $\theta_k=-m_k-\sqrt{d}$이다. 보조정리 18.3에 의하여

$$-m_k-\sqrt{d}>1,$$

$$-1<-m_k+\sqrt{d}<0.$$

이 때, $\sqrt{d}<m_k<-\sqrt{d}-1$이 되어 모순이다. ▮

◇ 두 무리수 $\theta=\sqrt{d}+[\sqrt{d}]$, $\theta'=\sqrt{d}$ 의 'λ값' 을 비교하여 보자. θ, τ 의 연분수는 각각

$$\theta=[a_0, a_1, a_2, \cdots], \ a_0=2[\sqrt{d}]$$
$$\theta'=[a_0', a_1', a_2', \cdots]=[a_0', a_1, a_2, \cdots], \ a_0'=[\sqrt{d}]$$

와 같은 꼴이다.

라그랑즈 알고리즘을 θ에 적용하여, $\theta_k, a_k, m_k, \lambda_k$를 얻고, θ'에 적용하여, $\theta_k', a_k', m_k', \lambda_k'$을 얻었다고 할 때, 위의 두 연분수를 비교하면

$$\theta_k=\theta_k', \ a_k'=a_k, \ (k=1, 2, 3, \cdots)$$

임을 알 수 있다.

$$\theta_0=[\sqrt{d}]+\sqrt{d}=\frac{m_0+\sqrt{d}}{\lambda_0}, \qquad \theta_0'=\sqrt{d}=\frac{m_0'+\sqrt{d}}{\lambda_0'}$$

에서,

$$m_0=[\sqrt{d}], \ \lambda_0=1, \ m_0'=0, \ \lambda_0'=1$$

이다. 이로 부터

$$m_1=a_0\lambda_0-m_0=2[\sqrt{d}]\cdot 1-[\sqrt{d}]=[\sqrt{d}]$$
$$m_1'=a_0'\lambda_0'-m_0'=[\sqrt{d}]\cdot 1-0=[\sqrt{d}]$$

이므로 $m_1'=m_1$ 이고, 또

$$\lambda_1'=\frac{d-(m_1')^2}{\lambda_0'}=\frac{d-m_1^2}{\lambda_0}=\lambda_1$$

이다. 이로써 $a_1'=a_1, \ m_1'=m_1, \ \lambda_1'=\lambda_1$ 임이 밝혀졌다. 그러므로 라그랑즈의 알고리즘 ❷ (iii), (iv) 와 귀납법에 의하여

$$\lambda_k'=\lambda_k, \ (k=0, 1, 2, \cdots)$$

이다. 이 사실과 앞서 논의한 바로 부터 다음 정리가 성립한다.

정리 18.5

완전제곱수가 아닌 양의 정수 d에 대하여 $\sqrt{d}$ 의 연분수의 주기를 n이라고 하고, $\lambda_k, (k=0, 1, 2, \cdots)$, 가 라그랑즈 알고리즘을 $\sqrt{d}$에 적용하여 얻은 수값이라고 할 때

(1) $\lambda_k=1 \Leftrightarrow n \mid k$

(2) $\lambda_k \neq -1, (k=0, 1, 2, \cdots)$

연습문제 18

E·X·E·R·C·I·S·E·S

1 다음 연분수가 나타내는 이차무리수를 구하여라.

(1) $[1, 1, \overline{6, 2}]$　　(2) $[6, \overline{1, 2, 3}]$

(2) $[8, \overline{1, 6}]$　　(4) $[1, 5, \overline{8, 4}]$

2 $n > 1$ 일 때, 다음이 성립함을 증명하여라.

(1) $(n^2 - 1)^{1/2} = [n - 1, \overline{1, 2n - 2}]$

(2) $(n^2 - n)^{1/2} = [n - 1, \overline{2, 2n - 2}]$

(3) $(n^2 + 2)^{1/2} = [n - 1, \overline{n, 2n}]$

(4) $(n^2 + 2n)^{1/2} = [n, \overline{1, 2n}]$

3 다음 수의 단순 연분수 전개식을 구하여라.

(1) $\sqrt{99}$　　(2) $\sqrt{38}$　　(3) $\sqrt{51}$

(2) $\sqrt{110}$　　(4) $\sqrt{272}$　　(1) $\sqrt{600}$

4 다음 중 그 연분수 표현이 순 순환연분수인 수를 찾아라.

$1 + \sqrt{5}$,　　$2 + \sqrt{8}$,　　$4 + \sqrt{17}$,

$\dfrac{11 - \sqrt{10}}{9}$,　　$\dfrac{3 - \sqrt{23}}{2}$,　　$\dfrac{17 - \sqrt{188}}{3}$

5 $\sqrt{n}$ 의 단순연분수의 주기가 1 일 필요충분조건은

$$n = a^2 + 1, \text{ (단, } a \text{는 음이 아닌 정수)}$$

임을 증명하여라.

6 보조정리 18.3 의 조건 ①을 만족하는 이차무리수 θ를 **축소이차무리수**라고 한다. θ가 축소이차무리수라고 할 때, $-\frac{1}{\theta^*}$도 축소이차무리수임을 보여라.

7 고정된 d에 대하여 $\frac{a + \sqrt{d}}{b}$ 꼴의 축소이차무리수는 유한개 뿐임을 증명하여라.

19

펠 방정식

Pell's Equation

Number Theory

이 중단원에서 공부할 내용

- 펠 방정식
- 연분수와 펠 방정식

대표문제

- 부정방정식 $x^2 - dy^2 = \pm 1$ 과 $\sqrt{d}$ 의 연분수 사이에는 어떤 관계가 있을까 ?
- 부정방정식 $x^2 - 7y^2 = \pm 1$ 을 풀어라.

펠 방정식

페르마는 1657년에 다음과 같은 문제를 제기하였다.

■ 어떤 수의 세제곱에 그 수 자신 보다 작은 약수의 합을 더한 수가 완전제곱수가 되는 수를 찾아라.

이를테면

$$1 + 7 + 7^2 + 7^3 = 20^2$$

이므로 7^3이 그러한 수 중 하나이다. 부정정방정식

$$1 + x + x^2 + x^3 = y^2, \text{(단, } x, y \text{는 홀수)} \quad \cdots\cdots\cdots \text{①}$$

의 해를 구하는 문제를 생각해 보자. ①은

$$(1 + x)(1 + x^2) = y^2 \quad \cdots\cdots\cdots \text{②}$$

과 같다. x가 홀수이므로 $2 \mid (1 + x)$, $2 \mid (1 + x^2)$이고, 따라서 $4 \mid y^2$이다. 그러므로 ②는

$$\frac{1+x}{2}\,\frac{1+x^2}{2} = \left(\frac{y}{2}\right)^2$$

와 같이 써질 수 있다.

$$a = \frac{1+x}{2}, \quad b = \frac{1+x^2}{2}$$

으로 두면, a, b는 서로 소이다. 서로 소인 두 수의 곱 ab가 완전제곱수라면 a, b 각각이 완전제곱수이므로 (보조정리 20.5 참조), $a = u^2$, $b = v^2$, (u, v는 정수), 로 둘 수 있다. 이 때,

$$1 + x = 2u^2, \quad 1 + x^2 = 2v^2$$

이다. 따라서 원래 생각했던 방정식 ①은

$$x = 2u^2 - 1, \quad x^2 = 2v^2 - 1$$

로 귀착된다.

이 중단원에서는 위의 두 번 째 방정식의 일반형인

$$x^2 - dy^2 = \pm 1$$

꼴의 부정방정식에 대하여 논의한다. 이와 같은 꼴의 부정방정식을 **펠 방정식**이라고 한다.

◀ 이 중단원에서 다룰 펠 방정식은 실제로 펠에 의한 것이 아니지만, 라그랑즈가 실수로 그의 논문에 펠의 이름을 붙인 것이 오늘날까지 펠 방정식으로 불리게 된 이유이다.

실제로는 페르마의 방정식이라고 불러야 마땅할 것이다.

◀ $a(1 - x) + b = 1$: a, b의 일차결합이 1이다.

◀ Pell's equation

d가 완전제곱수일 때, $d = n^2$, (n은 양의 정수), 이고, 펠 방정식 $x^2 - dy^2 = \pm 1$은

$$(x + ny)(x - ny) = \pm 1$$

와 같이 써질 수 있다. 따라서

$$x + ny = \pm 1, \ x - ny = \pm 1$$

◂ $x \pm ny$는 정수

이다.

$$x = \frac{(x + ny) + (x - ny)}{2}$$

이므로 $x = \pm 1$, 또는 $x = 0$이고, 이에 따라 y의 값을 쉽게 찾을 수 있다. 따라서 펠 방정식 $x^2 - dy^2 = \pm 1$을 고찰함에 있어서 정수 d는 완전제곱수가 아닌 양수로 가정한다.

◇ 펠 방정식 $x^2 - dy^2 = \pm 1$의 해 (x, y)중에서 $x > 0$, $y > 0$인 해를 **양의 해**라고 한다. (x, y)가 $x^2 - dy^2 = \pm 1$의 해이면 $(\pm x, \pm y)$도 해이므로 해가 존재하면 양의 해가 존재하고 또 양의 해를 모두 찾을 수 있으면 모든 해를 찾을 수 있다.

연분수와 펠 방정식

펠 방정식 $x^2 - dy^2 = \pm 1$의 해는 $\sqrt{d}$의 연분수와 밀접한 관계가 있다. 먼저 다음 보조정리로써 우리의 논의를 시작한다.

보조정리 19.1

무리수 θ의 연분수의 제 k근사분수가 $\frac{p_k}{q_k}$일 때, $\frac{1}{\theta}$의 연분수의 제 k근사분수는 $\frac{q_{k-1}}{p_{k-1}}$이다.

증명 $\theta = [a_0, a_1, a_2, \cdots]$이라고 하면

$$\frac{1}{\theta} = 0 + \frac{1}{\theta} = [0, \theta] = [0, a_0, a_1, a_2, \cdots]$$

이다. $[0, a_0, a_1, a_2, \cdots]$의 제 k근사분수를 $\frac{p'_k}{q'_k}$이라고 하면

$$\begin{aligned}\frac{p'_k}{q'_k} &= [0, a_0, a_1, a_2, \cdots, a_{k-1}] \\ &= 0 + \frac{1}{[a_0, a_1, a_2, \cdots, a_{k-1}]} = \frac{1}{\frac{p_{k-1}}{q_{k-1}}} = \frac{q_{k-1}}{p_{k-1}}\end{aligned}$$ ▮

정리 19.2

(p, q)가 $x^2 - dy^2 = \pm 1$의 양의 해일 때, $\frac{p}{q}$는 $\sqrt{d}$의 연분수의 근사분수이다.

증명 ■ $p^2 - dq^2 = 1$일 때 : $(p - q\sqrt{d})(p + q\sqrt{d}) = 1$이다. 이 때, $p > \sqrt{d}\,q$이고, 따라서

$$0 < p - q\sqrt{d} = \frac{1}{p + q\sqrt{d}} < \frac{1}{q\sqrt{d} + q\sqrt{d}} < \frac{1}{2q\sqrt{d}} < \frac{1}{2q}$$

◂ $p > q\sqrt{d}$이므로 $p + \sqrt{d}q > \sqrt{d}q + \sqrt{d}q$ 또, 명백히 $1 < \sqrt{d}$

양 변을 q로 나누면

$$0 < \frac{p}{q} - \sqrt{d} < \frac{1}{2q^2}.$$

그러므로, 정리 17.8에 의하여, $\frac{p}{q}$는 $\sqrt{d}$의 연분수의 근사분수이다.

■ $p^2 - dq^2 = -1$일 때 : $(q\sqrt{d} - p)(q\sqrt{d} + p) = 1$이다. 이 때, $\sqrt{d}\,q > p$이고, 따라서

$$0 < \sqrt{d}\,q - p = \frac{1}{q\sqrt{d} + p} < \frac{1}{p + p} = \frac{1}{2p}$$

양 변을 $p\sqrt{d}$로 나누면

$$0 < \frac{q}{p} - \frac{1}{\sqrt{d}} < \frac{1}{2p^2\sqrt{d}} < \frac{1}{2p^2}.$$

그러므로, 정리 17.8에 의하여, $\frac{q}{p}$는 $\frac{1}{\sqrt{d}}$의 연분수의 근사분수이고, 따라서, 보조정리 19.1에 의하여, $\frac{p}{q}$는 $\sqrt{d}$의 연분수의 근사분수이다. ▌

정리 19.2에 의하여 $x^2 - dy^2 = \pm 1$의 모든 해는 $\sqrt{d}$의 연분수의 근사분수 중에서 찾을 수 있다. 그렇지만 $\sqrt{d}$의 모든 근사분수가 $x^2 - dy^2 = \pm 1$의 해인 것은 아니다. 예를 들어

$$[1, 1, 2] = 1 + \cfrac{1}{1 + \cfrac{1}{2}} = \frac{5}{3}$$

는 $\sqrt{3} = [1, 1, 2, 1, 2, \cdots]$의 근사분수이지만 $(x, y) = (5, 3)$은 $x^2 - 3y^2 = \pm 1$의 해가 아니다.

◇ 이제 $\sqrt{d}$ 의 연분수의 성질을 이용하여 $x^2 - dy^2 = \pm 1$ 의 모든 양의 해를 구하려고 한다.

보조정리 19.3

$\frac{p_k}{q_k}$가 $\sqrt{d}$ 의 연분수의 근사분수이고, λ_k가 라그랑즈 알고리즘을 $\sqrt{d}$에 적용하여 얻은 수값이라고 할 때

$$p_{k-1}^2 - dq_{k-1}^2 = (-1)^k \lambda_k, \ (k = 1, 2, 3, \cdots)$$

◀ 제 18 중단원 참조

증명 $\theta = \sqrt{d} = [a_0, a_1, a_2, \cdots],$

$$\theta_k = [a_k, a_{k+1}, a_{k+2}, \cdots], (k = 0, 1, 2, \cdots)$$

라고 하면, 각 $k = 1, 2, \cdots$에 대하여,

$$\theta = [a_0, a_1, a_2, \cdots, a_{k-1}, \theta_k]$$

이다. 이 때,

$$\sqrt{d} = \theta = \frac{\theta_k p_{k-1} + p_{k-2}}{\theta_k q_{k-1} + q_{k-2}} = \frac{\frac{m_k + \sqrt{d}}{\lambda_k} p_{k-1} + p_{k-2}}{\frac{m_k + \sqrt{d}}{\lambda_k} q_{k-1} + q_{k-2}}$$

$$\therefore \ \sqrt{d} = \frac{m_k p_{k-1} + \sqrt{d}\, p_{k-1} + \lambda_k p_{k-2}}{m_k q_{k-1} + \sqrt{d}\, q_{k-1} + \lambda_k q_{k-2}}$$

양 변에 우변의 분모를 곱한 다음 정리하여 유리수, 무리수를 비교하면

$$dq_{k-1} = m_k p_{k-1} + \lambda_k p_{k-2} \quad \cdots\cdots \text{①}$$

$$p_{k-1} = m_k q_{k-1} + \lambda_k q_{k-2} \quad \cdots\cdots \text{②}$$

①의 $-q_{k-1}$배를 ②의 p_{k-1}배에 더하면

$$p_{k-1}^2 - dq_{k-1}^2 = \lambda_k (p_{k-1} q_{k-2} - p_{k-2} q_{k-1})$$

정리 16.6에 의하여 $p_{k-1}q_{k-2} - p_{k-2}q_{k-1} = (-1)^{k-2} = (-1)^k$이므로 $p_{k-1}^2 - dq_{k-1}^2 = (-1)^k \lambda_k$를 얻는다. ▌

◇ $\sqrt{d}$의 연분수의 주기를 n이라고 할 때, 따름정리 18.5에 의하여

$$\lambda_k = 1 \Leftrightarrow n \mid k$$

이고 또,

$$n \nmid k \Rightarrow \lambda_k \neq 1, -1$$

◀ $\lambda_k \neq -1, \forall k$

이다. 그러므로 보조정리 19.3에 의하여 다음 따름정리를 얻는다.

따름정리 19.4

$\sqrt{d}$의 연분수의 주기가 n이고, 근사분수가 $\frac{p_k}{q_k}$라고 할 때,

(1) $p_{nj-1}^2 - dq_{nj-1}^2 = (-1)^{nj}$, $(j = 1, 2, 3, \cdots)$

(2) $n \nmid k$일 때, $p_{k-1}^2 - dq_{k-1}^2 \neq \pm 1$

지금까지의 논의에서 $\sqrt{d}$의 연분수의 주기가 n이고, 근사분수가 $\frac{p_k}{q_k}$라고 할 때, 펠 방정식 $x^2 - dy^2 = \pm 1$의 양의 해는

$$(x, y) = (p_{nj-1}, q_{nj-1}),\ (j = 1, 2, 3, \cdots)$$

꼴 이외에는 존재하지 않는다는 사실이 밝혀졌다. 위에 열거된 쌍 중 어떤 쌍이 해인지는 따름정리 19.4의 (1)에 의하여 다음과 같이 결정된다.

정리 19.5

$\sqrt{d}$의 연분수의 주기가 n이고, 근사분수가 $\frac{p_k}{q_k}$라고 하자.

(1) n이 짝수일 때 :

- $x^2 - dy^2 = -1$은 해를 가지지 않는다.
- $x^2 - dy^2 = 1$의 모든 양의 해는

$$(x, y) = (p_{nj-1}, q_{nj-1}),\ (j = 1, 2, 3, \cdots)$$

(2) n이 홀수일 때 :

- $x^2 - dy^2 = -1$의 모든 양의 해는

$$(x, y) = (p_{nj-1}, q_{nj-1}),\ (j = 1, 3, 5, \cdots)$$

- $x^2 - dy^2 = 1$의 모든 양의 해는

$$(x, y) = (p_{nj-1}, q_{nj-1}),\ (j = 2, 4, 6, \cdots)$$

증명 모든 해는 $(x, y) = (p_{nj-1}, q_{nj-1})$, $(j = 1, 2, 3, \cdots)$, 꼴이며

$$p_{nj-1}^2 - dq_{nj-1}^2 = (-1)^{nj}$$

을 만족한다.

(1) n이 짝수일 때 $(-1)^{nj} = 1$이므로 $p_{nj-1}^2 - dq_{nj-1}^2 = 1$.

(2) n이 홀수일 때 $(-1)^{nj} = (-1)^j$이다.

$$(-1)^j = -1 \Leftrightarrow j\text{는 홀수}, \qquad (-1)^j = 1 \Leftrightarrow j\text{는 짝수}$$

이므로 (2)가 성립한다. ▮

보기

다음 펠 방정식을 살펴 보자.

(1) $x^2 - 7y^2 = -1$ (2) $x^2 - 7y^2 = 1$

(3) $x^2 - 13y^2 = -1$ (4) $x^2 - 13y^2 = 1$

- $\sqrt{7} = [2, \overline{1, 1, 1, 4}]$의 주기는 4이다. 주기가 짝수이므로 (1)의 해는 존재하지 않는다.

주기

k	−2	−1	0	1	2	**3**	**4**	5	6	**7**	8	9	10	**11**
a_k			2	1	1	1	4	1	1	1	4	1	1	1
p_k	0	1	2	3	5	**8**	37	45	82	**127**	590	717	1307	**2024**
q_k	1	0	1	1	2	**3**	14	17	31	**48**	223	271	494	**765**

위의 표에서 $(x, y) = (8, 3), (172, 48), (2024, 765)$는 (2)의 해이다.

- $\sqrt{13} = [2, \overline{1, 1, 1, 1, 6}]$의 주기는 5이다. 주기가 홀수이므로 (3), (4) 모두 해를 가진다.

주기

k	−2	−1	0	1	2	3	**4**	**5**	6	7	8	**9**
a_k			3	1	1	1	1	6	1	1	1	1
p_k	0	1	3	4	7	11	**18**	119	137	256	393	**649**
q_k	1	0	1	1	2	3	**5**	33	38	71	109	**180**

4는 (5의 홀수배) − 1 꼴이므로 $(x, y) = (18, 5)$는 (3)의 해이고,
9는 (5의 짝수배) − 1 꼴이므로 $(x, y) = (649, 180)$은 (4)의 해이다.

최소 양의 정수해

정수의 쌍 $(a, b), (c, d)$에 대하여 $a < c,\ b < d$일 때, 이를

$$(a, b) < (c, d)$$

와 같이 나타낸다. 이를테면 $(1, 2) < (3, 4)$이다.

펠 정식 $x^2 - dy^2 = 1$ 또는 $x^2 - dy^2 = -1$의 모든 양의 해는

$$(p_0, q_0), (p_1, q_1), (p_2, q_2), \cdots$$

중에서 찾을 수 있다.

보조정리 16.9에 의하여 $0 < q_0 < q_1 < q_2 < \cdots$ 이다. 여기에서는 $a_0 = [\sqrt{d}\,] > 0$ 이므로 $0 < p_0 < p_1 < p_2 < \cdots$ 이기도 하다. 따라서

$$(0, 0) < (p_0, q_0) < (p_1, q_1) < (p_2, q_2) < \cdots$$

이다.

$(p_0, q_0), (p_1, q_1), (p_2, q_2), \cdots$ 중 첫번 째로 $x^2 - dy^2 = 1$ 의 해가 되는 쌍을 (x_1, y_1)이라고 하면 다른 임의의 해 (x, y)에 대하여

$$(x_1, y_1) < (x, y)$$

가 성립한다. 이러한 해 (x_1, y_1)을 $x^2 - dy^2 = 1$ 의 **최소 양의 해**또는 **기본해**라고 한다. 이를테면, 앞의 보기에서, $(x_1, y_1) = (8, 3)$은 $x^2 - 7y^2 = 1$ 의 최소 양의 해이고, $(x_1, y_1) = (18, 5)$는 $x^2 - 13y^2 = 1$ 의 최소 양의 해이다.

◂ least positive solution

◂ fundamental solution

$x^2 - dy^2 = -1$ 의 최소 양의 해도 같은 식으로 정의한다.

$(p_0, q_0) < (p_1, q_1) < (p_2, q_2) < \cdots$ 이므로 정리 19.5에 의하여 다음 정리를 얻는다.

정리 19.6

$\sqrt{d}$의 연분수의 주기가 n이고, 근사분수가 $\frac{p_k}{q_k}$라고 하면,

(1) n이 짝수일 때 :

- $x^2 - dy^2 = 1$ 의 최소 양의 해는 (p_{n-1}, q_{n-1})이다.

(2) n이 홀수일 때 :

- $x^2 - dy^2 = -1$ 의 최소 양의 해는 (p_{n-1}, q_{n-1})이다.
- $x^2 - dy^2 = 1$ 의 최소 양의 해는 (p_{2n-1}, q_{2n-1})이다.

참고 p_k, q_k의 값은 d의 성격에 따라 엄청나게 커질수 있기 때문에 비록 d가 아주 큰 수가 아니더라도 최소 양의 해를 구하기는 그다지 녹녹한 일이 아니다. 예를 들어 어수룩하게 보이는 $x^2 - 61y^2 = 1$도 그 최소 양의 해는

$$x = 1{,}766{,}319{,}049$$
$$y = 226{,}153{,}980$$

이다. 또, $x^2 - 991y^2 = 1$의 최소 양의 해 x, y는 각각 30자리의 수, 29자리의 수이다.

◇ 실제로 최소 양의 해만 알면 다른 모든 해를 구할 수 있다. 이에 대하여 알아 보자. 우선 다음 정리는 최소 양의 해로 부터 다른 해를 생성하는 방법을 제시하고 있다.

정리 19.7

(x_1, y_1)이 $x^2 - dy^2 = 1$의 최소 양의 해일 때,

$$x_n + y_n\sqrt{d} = (x_1 + y_1\sqrt{d})^n,\ (n = 1, 2, 3, \cdots)$$

으로 정의되는 x_n, y_n에 대하여 (x_n, y_n)은 $x^2 - dy^2 = 1$의 양의 정수해이다.

증명 먼저 $x_n > 0,\ y_n > 0$이다.

$x_n + y_n\sqrt{d} = (x_1 + y_1\sqrt{d})^n$의 양변에 켤레짝을 취하면

$$(x_n + y_n\sqrt{d})^* = ((x_1 + y_1\sqrt{d})^n)^*,$$

즉,

$$x_n - y_n\sqrt{d} = (x_1 - y_1\sqrt{d})^n$$

따라서

$$\begin{aligned} x_n^2 - dy_n^2 &= (x_n + y_n\sqrt{d})(x_n - y_n\sqrt{d}) \\ &= (x_1 + y_1\sqrt{d})^n(x_1 - y_1\sqrt{d})^n \\ &= (x_1^2 - dy_1^2)^n = 1^n = 1 \end{aligned}$$

이고, 그러므로 (x_n, y_n)은 $x^2 - dy^2 = 1$의 양의 해이다. ▌

보기

$(x_1, y_1) = (8, 3)$은 $x^2 - 7y^2 = 1$의 최소 양의 정수해이다.

$$x_2 + y_2\sqrt{7} = (x_1 + y_1\sqrt{7})^2 = (8 + 3\sqrt{7})^2 = 127 + 48\sqrt{7}$$
$$x_3 + y_3\sqrt{7} = (x_1 + y_1\sqrt{7})^3 = (8 + 3\sqrt{7})^3 = 2024 + 765\sqrt{7}$$
$$x_4 + y_4\sqrt{7} = (x_1 + y_1\sqrt{7})^4 = (8 + 3\sqrt{7})^4 = 22264 + 12192\sqrt{7}$$

따라서

$$(127, 48),\ (2024, 765),\ (22264, 12192)$$

도 모두 $x^2 - 7y^2 = 1$의 양의 정수해이다.

◇ 정리 19.7은 $x^2 - dy^2 = 1$의 한 양의 해를 생성하는데 그치지 않고 모든 양의 해를 생성한다. 다음 정리에서 이를 증명한다.

정리 19.8

(x_1, y_1)이 $x^2 - dy^2 = 1$의 최소 양의 해일 때, $x^2 - dy^2 = 1$의 양의 해 전체의 집합은

$$S = \{(x_n, y_n) \mid x_n + y_n\sqrt{d} = (x_1 + y_1\sqrt{d})^n,\ n = 1, 2, 3, \cdots\}$$

이다.

증명 정리 19.7에 의하여 S의 모든 원소는 $x^2 - dy^2 = 1$의 해이다. S에 속하지 않는 $x^2 - dy^2 = 1$의 양의 해 (u, v)가 존재한다고 하자.
(x_1, y_1)이 최소 양의 해이므로 $x_1 + y_1\sqrt{d} < u + v\sqrt{d}$이다.
$x_1 + y_1\sqrt{d} > 1$이므로 $n \to \infty$일 때, $(x_1 + y_1\sqrt{d})^n \to \infty$이다.
그러므로 $(x_1 + y_1\sqrt{d})^n < u + v\sqrt{d} < (x_1 + y_1\sqrt{d})^{n+1}$, 즉,

$$x_n + y_n\sqrt{d} < u + v\sqrt{d} < (x_n + y_n\sqrt{d})(x_1 + y_1\sqrt{d}) \quad \cdots\cdots \text{①}$$

를 만족하는 n이 존재한다.

$$(x_n - y_n\sqrt{d})(x_n + y_n\sqrt{d}) = x_n^2 - dy_n^2 = 1 > 0$$

이므로 $x_n - y_n\sqrt{d} > 0$이다. ①에 양수 $x_n - y_n\sqrt{d}$를 곱하면

$$1 < (x_n - y_n\sqrt{d})(u + v\sqrt{d}) < (x_1 + y_1\sqrt{d})$$

이제

$$r + s\sqrt{d} = (x_n - y_n\sqrt{d})(u + v\sqrt{d}) \quad \cdots\cdots \text{②}$$

를 만족하는 정수 r, s를 잡는다. 이 때

$$1 < r + s\sqrt{d} < x_1 + y_1\sqrt{d} \quad \cdots\cdots \text{③}$$

이고 또

$$r - s\sqrt{d} = (x_n + y_n\sqrt{d})(u - v\sqrt{d}) \quad \cdots\cdots \text{④}$$

이다. ②, ④를 변 끼리 곱하면

$$r^2 - ds^2 = (x_n^2 - dy_n^2)(u^2 - dv^2) = 1 \cdot 1 = 1$$

이므로 (r, s)도 $x^2 - dy^2 = 1$의 해이다.

한 편, $1 < r + s\sqrt{d}$이고 $(r + s\sqrt{d})(r - s\sqrt{d}) = 1$이므로
$0 < r - s\sqrt{d} < 1$이다.

$$2r = (r + s\sqrt{d}) + (r - s\sqrt{d}) > 1 + 0 = 1$$

$$2s\sqrt{d} = (r + s\sqrt{d}) - (r - s\sqrt{d}) > 1 - 1 = 0$$

이므로 (r, s)는 $x^2 - dy^2 = 1$의 양의 해이다. 이는, ③에 의하여, (x_1, y_1)이 최소 양의 해라는 사실에 위배된다. ∎

◀ 실제로 r, s는
$r = x_n u - y_n v d$,
$s = x_n v - y_n u$

◀ $r - s\sqrt{d}$
$= (r + s\sqrt{d})^*$
$= ((x_n - y_n\sqrt{d})(u + v\sqrt{d}))^*$
$= (x_n - y_n\sqrt{d})^*(u + v\sqrt{d})^*$
$= (x_n + y_n\sqrt{d})(u - v\sqrt{d})$

◇ $\sqrt{d}$의 연분수의 주기 n이 홀수이고, 근사분수가 $\frac{p_k}{q_k}$라고 할 때, 정리 18.5에 의하여 $|x^2 - dy^2| = 1$의 해 전체의 집합은

$$\{(p_{nj-1}, q_{nj-1}) \mid j = 1, 2, 3, \cdots\}$$

이고, $x^2 - dy^2 = -1$의 최소 양의 해는

$$(x_1, y_1) = (p_{n-1}, q_{n-1})$$

이다. (x_1, y_1)는 $|x^2 - dy^2| = 1$의 최소 양의 해이기도 하다.

$$x_k + y_k\sqrt{d} = (x_1 + y_1\sqrt{d})^k, \ (k = 1, 2, 3, \cdots)$$

으로 정의되는 x_k, y_k에 대하여, 정리 19.8의 증명과 유사한 논리로 $|x^2 - dy^2| = 1$의 양의 해 전체의 집합은

$$\{(x_k, y_k) \mid k = 1, 2, 3, \cdots\}$$

임을 보일 수 있다. 따라서

$$\begin{aligned}&\{(x_1, y_1), (x_2, y_2), (x_3, y_3), \cdots\}\\ &= \{(p_{n-1}, q_{n-1}), (p_{2n-1}, q_{2n-1}), (p_{3n-1}, q_{3n-1}), \cdots\}\end{aligned}$$

이다. 각 $k = 1, 2, 3, \cdots$에 대하여 $(x_1 + y_1\sqrt{d})^k < (x_1 + y_1\sqrt{d})^{k+1}$이므로 $x_k + y_k\sqrt{d} < x_{k+1} + y_{k+1}\sqrt{d}$이다. 그러므로 $(x_k, y_k) < (x_{k+1}, y_{k+1})$이고 따라서 $(x_k, y_k) = (p_{nk-1}, q_{nk-1})$이다.

이제 정리 19.5에 의하여 다음 정리를 얻는다.

정리 19.9

$\sqrt{d}$의 연분수의 주기가 홀수이고, (x_1, y_1)이 $x^2 - dy^2 = -1$의 최소 양의 해일 때,

(1) $x^2 - dy^2 = -1$의 양의 해 전체의 집합은

$$\{(x_k, y_k) \mid x_k + y_k\sqrt{d} = (x_1 + y_1\sqrt{d})^k, \quad k = 1, 3, 5, \cdots\}$$

(2) $x^2 - dy^2 = 1$의 최소 양의 해는 (x_2, y_2)이고 양의 해 전체의 집합은

$$\{(x_k, y_k) \mid x_k + y_k\sqrt{d} = (x_1 + y_1\sqrt{d})^k, \quad k = 2, 4, 6, \cdots\}$$

연습문제 19

EXERCISES

1 d의 값이 다음과 같을 때, $x^2 - dy^2 = 1$의 최소 양의 정수해를 구하여라.

(1) 2　(2) 3　(3) 5　(4) 6
(5) 7　(6) 8　(7) 10　(8) 11

2 문제 2의 (1), (2), (3), (4)의 경우 각각 3개씩의 양의 해를 구하여라.

3 다음 펠 방정식의 최소 양의 정수해를 구하여라.

(1) $x^2 - 13y^2 = -1$　(2) $x^2 - 26y^2 = -1$
(3) $x^2 - 29y^2 = -1$　(4) $x^2 - 41y^2 = -1$

4 $x^2 - dy^2 = 1$의 최소 양의 정수해 (x_1, y_1)에 대하여

$$x_n + y_n\sqrt{d} = (x_1 + y_1\sqrt{d})^n, \quad (n = 1, 2, \cdots)$$

이라고 할 때,

$$x_n = \frac{1}{2}((x_1 + y_1\sqrt{d})^n + (x_1 - y_1\sqrt{d})^n)$$

$$y_n = \frac{1}{2\sqrt{d}}((x_1 + y_1\sqrt{d})^n - (x_1 - y_1\sqrt{d})^n)$$

임을 증명하여라.

5 d가 $4k + 3$꼴의 소인수를 가질 때, $x^2 - dy^2 = -1$은 해를 가지지 않음을 증명하여라.

6 $x^4 - 2y^4 = 1$은 $(x, y) = (\pm 1, 0)$ 이외의 해를 가지지 않음을 증명하여라.

7 $(r, s), (a, b)$가 각각 $x^2 - dy^2 = 1$, $x^2 - dy^2 = n$의 해일 때, $(ra \pm dsb,\ sa \pm rb)$도 $x^2 - dy^2 = n$의 해임을 증명하여라.

8 $x^2 - dy^2 = n$이 해를 가질 때, 무수히 많은 해를 가짐을 증명하여라.

Easy / New / Visual

V

다섯 째 대단원

다원 부정방정식

Diophantine Equations with Many Unknowns

20 페르마의 마지막 정리

21 제곱의 합

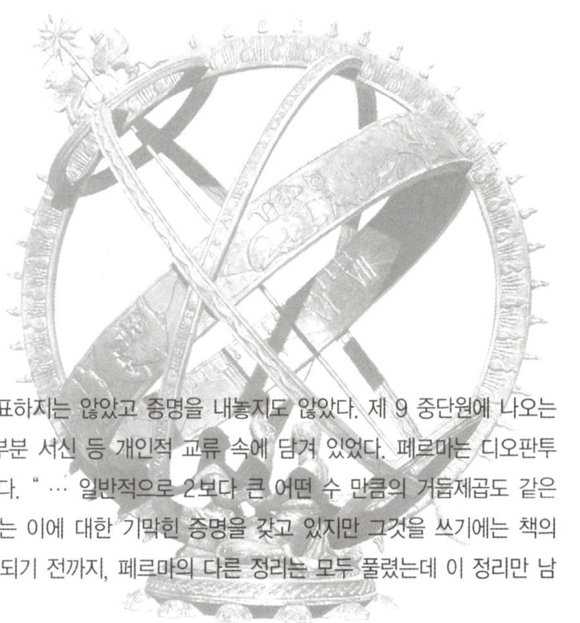

페르마는 법률가로서 수학은 취미로 하였다. 그는 논문을 발표하지는 않았고 증명을 내놓지도 않았다. 제 9 중단원에 나오는 페르마의 정리도 라이프니츠가 증명하였다. 그의 결과는 대부분 서신 등 개인적 교류 속에 담겨 있었다. 페르마는 디오판투스의 Arithmetica 란 책의 라틴어 번역본에 다음과 같이 썼다. "… 일반적으로 2보다 큰 어떤 수 만큼의 거듭제곱도 같은 수 만큼의 거듭제곱의 합으로 나타내는 것은 불가능하다. 나는 이에 대한 기막힌 증명을 갖고 있지만 그것을 쓰기에는 책의 여백이 너무 좁다." 1993년 외일즈에 의하여 이 정리가 증명되기 전까지, 페르마의 다른 정리는 모두 풀렸는데 이 정리만 남아 있다고 해서 페르마의 마지막 정리라고 불리게 되었다.

20

페르마의 마지막 정리

Fermat's Last Theorem

이 중단원에서 공부할 내용

- 피타고라스의 세짝
- 페르마의 마지막 정리

ENV Number Theory

대표문제

- 부정방정식 $x^2+y^2=z^2$을 만족하는 자연수의 세짝 (x, y, z)의 특징은 무엇인가?
- 부정방정식 $x^n+y^n=z^n$을 만족하는 자연수의 세짝 (x, y, z)이 존재하는 n이 있을까?

피타고라스 세짝

유명한 '페르마의 마지막 정리'는 다음과 같다.

- n이 3 이상의 자연수일 때, 부정방정식

$$x^n + y^n = z^n$$

은, x, y, z 중 하나가 0인 특별한 경우를 제외 하고는, 정수해를 가지지 않는다.

◀ 이 정리는 디오판투스의 Arithmetica라는 책의 여백에 페르마가 쓴 것으로 그 시기는 1637년 경으로 추정된다.

페르마는 이 문제에 대한 일반적인 증명을 제시하지 못했지만 $n = 4$인 경우의 증명을 남겼다. 이에 대한 설명을 위하여 먼저

$$x^2 + y^2 = z^2 \quad \cdots\cdots \text{①}$$

꼴의 부정방정식의 모든 해를 조사할 필요가 있다.

부정방정식 ①을 만족하는 정수의 트리플 (x, y, z)를 **피타고라스 세짝**이라고 하고, 특히 $\gcd(x, y, z) = 1$일 때, 이를 **원시 피타고라스 세짝**이라고 한다. 이를테면 (3, 4, 5), (6, 8, 10)은 피타고라스 세짝이고 (3, 4, 5)는 원시 피타고라스 세짝이다.

◀ Pythagorean triple

◀ primitive Pythagorean triple

Pythagoras (BCE582-?)
그리스의 수학자 / 피타고라스 정리로 유명한다.

(x, y, z)가 $\gcd(x, y, z) = d > 1$인 피타고라스 세짝일 때, $x = ud$, $y = vd$, $z = wd$로 두면 명백히 $u^2 + v^2 = w^2$이 성립하고 $\gcd(u, v, w) = 1$이다. 그러므로 피타고라스의 세짝을 찾을 때, 세 수가 모두 양수인 원시 피타고라스 세짝만 생각하면 충분하다.

보조정리 20.1

(x, y, z)가 원시 피타고라스 세짝일 때 x, y중 하나는 짝수이고 다른 하나는 홀수이다.

◀ 이 정리에 의하여 세 수가 모두 소수인 원시 피타고라스 세짝은 존재하지 않는다. 그러나 x, y 중 하나와 z가 소수인 원시 피타고라스 세짝은 존재한다.
예 : (3, 4, 5), (11, 60, 61), (19, 180, 181)

이러한 원시 피타고라스 세짝이 무수히 많이 존재하는지에 대해서는 알려진 바가 없다.

증명 x, y가 모두 짝수이면 $x^2 + y^2$, 즉, z^2도 짝수이다. 따라서 z도 짝수이고 이 때, $\gcd(x, y, z) \geq 2$이다.
x, y가 모두 홀수라 하면 z는 짝수이므로 $x = 2n + 1$, $y = 2m + 1$, $z = 2k$와 같이 쓸 수 있다. 이 때,

$$(4n^2 + 4n + 1) + (4m^2 + 4m + 1) = 4k^2$$

이 성립한다. 그러나 위 등식의 우변은 4의 배수이지만 좌변은 4의 배수가 아니므로 모순이다. ∎

따름정리 20.2

(x, y, z)가 원시 피타고라스 세짝일 때 z는 홀수이다.

◇ 세 변의 길이가 정수인 직각삼각형을 **피타고라스 삼각형**이라고 한다.

따름정리 20.3

피타고라스 삼각형의 내접원의 반지름의 길이는 정수이다.

증명 직각을 낀 두 변의 길이를 x, y라 하고 빗 변의 길이를 z라고 하면 (x, y, z)는 파타고라스 세짝이다. (x, y, z)가 원시 파타고라스 세짝이라고 가정해도 좋다. 이 삼각형의 내접원의 반지름의 길이를 r이라고 하면, 오른쪽 그림에서 같은 색의 선분은 길이가 같으므로

$$r = \frac{x+y-z}{2}$$

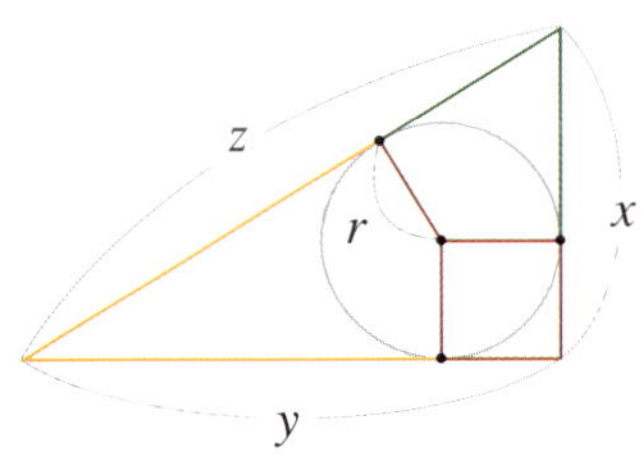

이다. 정리 20.1에 의하여 $x+y$는 홀수이다. z가 홀수이므로 $x+y-z$는 짝수이고 따라서 r은 정수이다. ▌

보조정리 20.4

파타고라스 세짝을 이루는 x, y, z 중 어느 두 수의 소인수는 x, y, z 모두의 소인수이다.

증명 p가 x, y의 소인수라고 하면 $p \mid x,\ p \mid y$ 이다.

$$p \mid x,\ p \mid y \Rightarrow p \mid x^2,\ p \mid y^2 \Rightarrow p \mid (x^2 + y^2) \Rightarrow p \mid z^2 \Rightarrow p \mid z$$

이므로 p는 x, y, z 모두의 소인수이다.
같은 논리로 p가 x, z의 소인수 또는 y, z의 소인수일 때도 p는 x, y, z 모두의 소인수임을 알 수 있다. ▌

◇ 보조정리 20.4로부터, 파타고라스 세짝을 이루는 세 수는 쌍마다 서로 소임을 알 수 있다.

보조정리 20.5

$\gcd(a, b) = 1$ 인 자연수 a, b에 대하여, ab가 완전제곱수이면 a, b 각각이 완전제곱수이다.

증명 a, b의 표준형 소인수분해를 각각

$$a = p_1^{k_1} p_2^{k_2} \cdots p_r^{k_r}, \quad b = q_1^{m_1} q_2^{m_2} \cdots q_s^{m_s}$$

라고 하면 $\gcd(a, b) = 1$ 이므로

$$\{p_1, p_2, \cdots, p_r\} \cap \{q_1, q_2, \cdots, q_s\} = \varnothing$$

이고 따라서 ab의 표준형 소인수분해는

$$ab = p_1^{k_1} p_2^{k_2} \cdots p_r^{k_r} q_1^{m_1} q_2^{m_2} \cdots q_s^{m_s}$$

이다. ab가 완전제곱수이므로 $k_i, m_j, (1 \le i \le r, 1 \le j \le s)$, 는 모두 짝수이다. 그러므로 a, b도 각각 완전제곱수이다. ▌

정리 20.6

(x, y, z)가 원시 피타고라스 세짝, (단, x는 짝수), 이라고 하면 다음 조건

(i) $\gcd(s, t) = 1, \quad s > t > 0, \quad s \not\equiv t \pmod 2$

(ii) $x = 2st, \quad y = s^2 - t^2, \quad y = s^2 + t^2$

을 만족하는 정수 s, t가 존재한다.

더욱이 s, t, x, y, z가 조건 (i), (ii)를 만족하는 정수일 때, (x, y, z)는 원시 피타고라스 세짝을 이룬다.

증명 x가 짝수라고 가정하고 있으므로 y, z는 홀수이고, 따라서 $z - y, z + y$는 모두 짝수이다. $z - y = 2a, \ z + y = 2b$라고 하자.

$$x^2 = z^2 - y^2 = (z - y)(z + y)$$

이므로

$$\left(\frac{x}{2}\right)^2 = \left(\frac{z-y}{2}\right)\left(\frac{z+y}{2}\right) = ab$$

이고, 따라서 ab는 완전제곱수이다.

a, b의 공약수는 $a + b = z$와 $b - a = y$의 공약수이다. 그런데 $\gcd(z, y) = 1$이므로 $\gcd(a, b) = 1$이다. 그러므로 보조정리 20.5에 의하여 $a = t^2, b = s^2$을 만족하는 양의 정수 s, t가 존재한다. 이 때,

$$z = a + b = s^2 + t^2, \qquad y = b - a = s^2 - t^2 \quad \cdots\cdots\cdots \ ①$$

이고, 또 $x^2 = 4ab = 4s^2t^2$이므로 $x = 2st$이다.

다음 쪽에 이어짐

← 앞 쪽에서 계속

①에 의하여 s, t의 공약수는 y, z의 공약수이다. 따라서 $\gcd(y, z) = 1$로 부터 $\gcd(s, t) = 1$이 나온다.
$\gcd(s, t) = 1$이므로 s, t가 모두 짝수일 수는 없다. 또, $y = s^2 - t^2$가 홀수이므로 s, t가 모두 홀수일 수도 없다. 그러므로 s, t 중 하나는 홀수이고 다른 하나는 짝수, 즉,

$$s \not\equiv t \pmod 2$$

이다.

s, t, x, y, z가 조건 (i), (ii)를 만족하는 자연수라고 하면,

$$x^2 + y^2 = (2st)^2 + (s^2 - t^2)^2 = (s^2 + t^2)^2 = z^2$$

$\gcd(x, y, z) = g > 1$이라 하고 g의 소인수 p를 잡는다. $z = s^2 + t^2$는 홀수와 짝수의 합으로서 홀수이므로, $p \neq 2$이다.
p는 y, z의 공약수이므로 $z + y = 2s^2, z - y = 2t^2$의 공약수이다.
p가 홀수이므로 $p \mid s^2$, $p \mid t^2$이고 따라서 $p \mid s$, $p \mid t$이다. 이는 $\gcd(s, t) = 1$이란 사실에 위배된다. 그러므로 $\gcd(x, y, z) = 1$이 증명되었고 따라서 (x, y, z)는 원시 피타고라스 세짝이다. ▮

◇ 다음은 몇 개의 작은 s, t값에 대한 원시 피타고라스 세짝 (x, y, z)를 찾아 만든 표이다.

s	t	x	y	z
		$2st$	$s^2 - t^2$	$s^2 + t^2$
2	1	4	3	5
3	2	12	5	13
4	1	8	15	17
4	3	24	7	25
5	2	20	21	29
5	4	40	9	41
6	1	12	35	37
6	5	60	11	61
7	2	28	45	53
7	4	56	33	65
7	6	84	13	85

◂ $s = 2, 3, 4, 5, 6, 7$값에 대하여 s와 서로 소인 t값을 찾아 만든 표이다.

이 표의 각 피타고라스 세짝 x, y, z 중 하나는 3의 배수이고 하나는 5의 배수이다. 이 것은 일반적인 성질로서 다음 정리에서 증명한다.

정리 20.7

원시 피타고라스 세짝 (x, y, z)에 대하여 다음이 성립한다.

(1) x, y 중 꼭 하나가 3의 배수이다.

(2) x, y, z 중 꼭 하나가 5의 배수이다.

증명 x, y, z가 쌍마다 서로 소이므로 이들 중 2개를 나누는 소수는 존재하지 않는다.

(1) $x = 2st,\ y = s^2 - t^2,\ z = s^2 + t^2$이고, $\gcd(s, t) = 1$이다.
3이 s, t 중 하나를 나눈다면 x는 3의 배수이다.
$3 \nmid s,\ 3 \nmid t$라고 하면 페르마의 정리에 의하여

$$s^2 \equiv 1 \pmod 3, \quad t^2 \equiv 1 \pmod 3$$

이다. 이 때, $y = s^2 - t^2 \equiv 0 \pmod 3$, 즉, $3 \mid y$이다.

(2) 5의 배수가 아닌 임의의 정수 a에 대하여 $a^2 \equiv \pm 1 \pmod 5$이다.
$5 \nmid x,\ 5 \nmid y$라고 하면

$$x^2 \equiv \pm 1 \pmod 5, \quad y^2 \equiv \pm 1 \pmod 5$$

이고 따라서

$$z^2 \equiv 0 \pmod 5 \text{ 또는 } z^2 \equiv \pm 2 \pmod 5$$

이다. $z^2 \equiv \pm 2 \pmod 5$을 만족하는 정수 z는 존재하지 않으므로 $z^2 \equiv 0 \pmod 5$이다. 이 때, $z \equiv 0 \pmod 5$이고, 따라서 $5 \mid z$이다. ▌

◀ $a = 5k \pm 1,\ a = 5k \pm 2$ 둘 중 하나이다.
$(5k \pm 1)^2 = 5k^2 \pm 10k + 1$
$(5k \pm 2)^2 = 5k^2 \pm 20k + 4$
$= 5k^2 \pm 20k + 5 - 1$

◀ 법 5에 관한 이차잉여는 1, 4, 즉, ± 1뿐이다.

페르마의 '마지막 정리'

다시 페르마의 마지막 정리

- n이 3이상의 자연수일 때, 부정방정식 $x^n + y^n = z^n$은 정수해를 가지지 않는다. (x, y, z중 하나가 0인 특별한 경우 제외)

  나는 이에 대한 기막힌 증명을 갖고 있지만 그것을 쓰기에는 책의 여백이 너무 좁다.

로 돌아 가자. $n = 4$인 경우의 이 정리에 대한 페르마의 증명의 키 아이디어는 부정방정식 $x^4 + y^4 = z^4$이 해를 가지면 더 작은 해를 가진다는 사실을 보이는 것이다.

먼저 유사한 부정방정식 $x^4 + y^4 = z^2$이 해를 가지지 않음을 보인다.

◀ 페르마가 이 코멘트를 썼던 책(Arithmetica)은 1621년 판이다. 사진은 페르마의 사후 그의 아들이 이 코멘트까지 넣어 다시 출간한 1670년 판

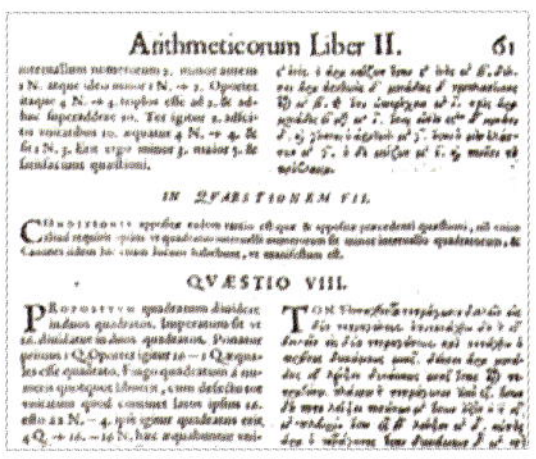
Arithmeticorum Liber II. 61

IN QVAESTIONEM VII.

QVAESTIO VIII.

정리 20.8 (페르마)

부정방정식 $x^4 + y^4 = z^2$은 양의 정수해를 가지지 않는다.

증명 $x^4 + y^4 = z^2$이 해를 가진다고 하자. z값이 최소인 해 (x, y, z)를 잡는다. 이 때, $\gcd(x, y) = 1$이다.

∵ p가 $\gcd(x, y)$의 소인수라면 $p \mid x$, $p \mid y$이다.

$$p \mid x,\ p \mid y \Rightarrow p^4 \mid x^4,\ p^4 \mid y^4 \Rightarrow p^4 \mid z^2 \Rightarrow p^2 \mid z$$

이때,

$$\left(\frac{x}{p}\right)^4 + \left(\frac{y}{p}\right)^4 = \frac{x^4 + y^4}{p^4} = \frac{z^4}{p^4} = \left(\frac{z}{p^2}\right)^2$$

이 성립한다. 이 것은 z의 최소성에 위배된다. ▮

◀ $\frac{x}{p}$, $\frac{y}{p^2}$, $\frac{z}{p^2}$는 모두 정수

그러므로 (x^2, y^2, z)는 원시 피타고라스 세짝이다. 여기서 x^2은 짝수 y^2은 홀수라고 할 수 있다. 따라서

$$x^2 = 2st, \quad y^2 = s^2 - t^2, \quad z = s^2 + t^2$$
$$\gcd(s, t) = 1, \quad s > t > 0$$

을 만족하는 정수 s, t가 존재한다. 여기서

$$t^2 + y^2 = s^2, \ \gcd(s, t) = 1$$

이므로 (t, y, s)는 원시 피타고라스 세짝을 이룬다. y^2이 홀수이므로 y가 홀수이고, 따라서, 원시 피타고라스 세짝의 성질에 의하여, t가 짝수이다. 다시

◀ 이 때, 보조정리 20.4에 의하여 $\gcd(t, y, s) = 1$

$$t = 2uv, \quad y = u^2 - v^2, \quad s = u^2 + v^2$$
$$\gcd(u, v) = 1, \quad u > v > 0$$

을 만족하는 정수 u, v가 존재한다. 이 때, $x^2 = 2st = 4suv$이고, 따라서

$$\left(\frac{x}{2}\right)^2 = \frac{x^2}{4} = suv.$$

그러므로 suv는 완전제곱수이다. $\gcd(s, t) = \gcd(s, 2uv) = 1$이므로 $\gcd(s, uv) = 1$이다. 그러므로 보조정리 20.5에 의하여 s, uv는 각각 완전제곱수이다. 다시 $\gcd(u, v) = 1$이므로 u, v도 각각 완전제곱수이다. 그러므로 $u = a^2$, $v = b^2$, $s = c^2$와 같이 쓸 수 있다. 이 때,

$$c^2 = s = u^2 + v^2 = a^4 + b^4$$

이다.

$$c \le c^2 = s \le s^2 < s^2 + t^2 = z$$

이므로 이는 z의 최소성에 위배된다. ▮

따름정리 20.9

부정방정식 $x^4 + y^4 = z^4$ 은 양의 정수해를 가지지 않는다.

증 명 (a, b, c)가 $x^4 + y^4 = z^4$ 의 양의 정수해라면 (a, b, c^2)은 $x^4 + y^4 = z^2$ 의 양의 정수해가 되어 정리 20.8과 모순이다. ▌

페르마의 방정식

$$x^n + y^n = z^n$$

에서, n이 합성수라면 $n = dk$, (단, d는 홀수인 소수 또는 $d = 4$), 로 쓸 수 있다. 이 때,

$$(x^k)^d + (y^k)^d = (z^k)^d$$

이므로 $d = 4$일 수는 없다. 그러므로 d는 홀수인 소수이다. 그러므로 페르마의 마지막 정리는

'홀수인 소수 p에 대하여, 부정방정식 $x^p + y^p = z^p$은 양의 정수해를 가지지 않는다.'

라는 명제로 귀착된다. 이 정리에 대해서는 여러 가지의 부분해 정도가 있었으나 완전한 증명은 1995년 와일즈에 의하여 만들어 졌다.

◀ Andrew Wiles (1953 -)
영국 수학자 / 프린스턴대 교수
Wiles는 7년간의 집요한 연구 끝에 1993년 페르마의 최후 정리에 대한 증명을 발표했으나 논리상의 gap이 발견되었다. 그러나 그의 제자 Taylor와 함께 gap을 보완하여 마침내 1995년 그 증명을 완성하기에 이른다.

페르마의 방정식 $x^n + y^n = z^n$은

$$\left(\frac{x}{z}\right)^n + \left(\frac{y}{z}\right)^n = 1$$

과 같이 나타낼 수 있다. 그러므로 페르마의 마지막 정리는 곡선

$$u^n + v^n = 1$$

상에 유리점 (각 좌표가 유리수인 점)이 존재하지 않는다는 것이다.

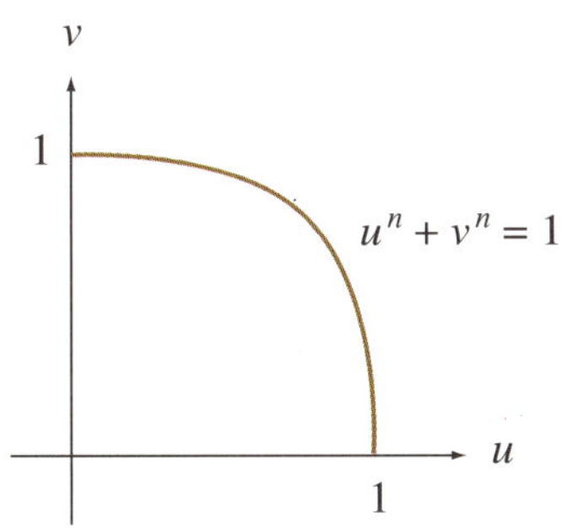

폴팅은 이 곡선위에는 있을 수 있는 유리점은 기껏해야 유한 개라는 사실을 증명하였다. 이 것은 와일즈 이전의 연구로서는 가장 앞선 결과이었다.

◀ Falting (1954 -)
독일의 수학자

연습문제 20

E·X·E·R·C·I·S·E·S

1 $(12, y, z)$가 원시 피타고라스 세짝이 되는 (y, z)의 쌍을 모두 찾아라.

2 3 이상의 임의의 양의 정수 n에 대하여 다음을 증명하여라.
(1) n을 포함하는 피타고라스 세짝이 존재한다.
(2) $n \not\equiv 2 \pmod 4$일 때, x, y 중 하나가 n인 원시 피타고라스 세짝 (x, y, z)가 존재한다.

3 x, y, z가 등차수열을 이루는 피타고라스 세짝 (x, y, z)를 모두 찾아라.

4 (x, y, z)가 원시 피타고라스 세짝일 때, 다음을 증명하여라.
(1) x, y 중 짝수는 4의 배수이다.
(2) $12 \mid xy, \ 60 \mid xyz$

5 (x, y, z)가 원시 피타고라스 세짝일 때,

$$x + y \equiv \pm 1 \pmod 8, \quad x - y \equiv \pm 1 \pmod 8$$

임을 증명하여라.

6 짝수 x가 완전제곱수인 피타고라스 세짝 (x, y, z)는 무수히 많음을 보여라.

7 $(x_1, y_1, z_1) = (3, 4, 5)$라고 할 때,

$$x_{n+1} = 3x_n + 2z_n + 1$$
$$y_{n+1} = 3x_n + 2z_n + 2$$
$$z_{n+1} = 4x_n + 3z_n + 2$$

로 정의되는 $(x_{n+1}, x_{n+2}, x_{n+3})$, $(i = 1, 2, \cdots)$, 은 원시 피타고라스 세짝임을 증명하여라.

8 넓이와 둘레의 길이가 같은 피타고라스 삼각형의 세 변의 길이를 구하여라.

20 연습문제

EXERCISES

9 임의의 양의 정수 n에 대하여 내접원의 반지름이 n인 피타고라스 삼각형이 존재함을 증명하여라.

◂ $r = \frac{1}{2}(x+y-z)$

10 부정방정식 $x^4 - y^4 = z^2$은 $(0, 0, 0)$ 이외의 정수해를 가지지 않음을 증명하여라.

11 피타고라스 삼각형의 넓이는 완전제곱수가 아님을 증명하여라.

12 부정방정식 $x^2 + y^2 = z^3$은 무수히 많은 정수해를 가짐을 증명하여라.

13 (x, y, z)가 피타고라스 세짝일 때, 임의의 정수 $n > 2$에 대하여 $x^n + y^n \neq z^n$임을 증명하여라.

14 임의의 소수 p에 대하여 다음을 증명하여라.

(1) $x^{p-1} + y^{p-1} = z^{p-1} \Rightarrow p \mid xyz$

◂ 정리 9.1 (페르마의 정리)

(2) $x^p + y^p = z^p \Rightarrow p \mid (x+y-z)$

21 제곱의 합

Sum of Squares

이 중단원에서 공부할 내용

- 2개의 제곱의 합
- 4개의 제곱의 합

대표문제

- 임의의 자연수는 2개, 3개, 4개의 제곱의 합으로 표현될 수 있을까?
- $496125 = 3^4 \cdot 5^3 \cdot 7^2 \cdot 13$을 2개의 제곱의 합으로 나타내어라.
- 28을 4개의 제곱의 합으로 나타내어라.

2개의 제곱의 합

양의 정수를 제곱의 합으로 나타내어 보자. 예를 들어

$$1 = 1^2, \quad 2 = 1^2 + 1^2, \quad 3 = 1^2 + 1^2 + 1^2,$$
$$4 = 2^2, \quad 5 = 2^2 + 1^2, \quad 6 = 2^2 + 1^2 + 1^2,$$
$$7 = 2^2 + 1^2 + 1^2 + 1^2, \quad 8 = 2^2 + 2^2, \quad 9 = 3^2 + 3^2$$

위의 예에서 9 이하의 양의 정수는 4 개 이하의 제곱의 합으로 표현될 수 있음을 알 수 있다. 실제로 임의의 양의 정수는 4 개 이하의 제곱의 합으로 표현될 수 있다.

이에 대한 논의에 앞서 먼저 2 개의 제곱의 합으로 표현될 수 있는 수의 특성을 규명하는 것으로써 이 중단원을 시작한다.

◇ 임의의 정수의 제곱은 $4k$꼴 또는 $4k+1$꼴 중 하나이다. 따라서 정수 a, b에 대하여, a^2+b^2은 $4k$꼴, $4k+1$꼴, $4k+2$꼴 중 하나이다. 그러므로

◂ $(2k)^2 = 4k^2$
$(2k+1)^2 = 4k^2 + 4k + 1$

$4k+3$꼴의 정수는 2 개의 제곱의 합으로 표현될 수 없다.

$4k+3$ 꼴의 정수는 2 개의 제곱의 합으로 표현될 수 없지만 $4k$, $4k+1$, $4k+2$의 각 꼴의 양의 정수는 2 개의 제곱의 합으로 표현될 수도 있고 그렇지 않을 수도 있다. 예를 들어, $4k$, $4k+1$, $4k+2$꼴의 수 4, 9, 10은 각각

$$4 = 2^2 + 0^2, \qquad 9 = 3^2 + 0^2, \qquad 10 = 3^2 + 1^2$$

으로 표현 되지만 12, 21, 6은 2 개의 제곱의 합으로 표현될 수 없다.

∵ 제곱수 0, 1, 4, 9, 16, 25, ⋯ 중 어느 2개의 합 (같은 것의 합도 허용함)도 12, 21, 6이 될 수 없다. ▮

그러나 $4k+1$ 꼴의 소수는 모두 2 개의 제곱의 합으로 표현될 수 있다. 이에 대하여 알아 보자.

보조정리 21.1

소수 p와 $a \in \boldsymbol{U}_p^*$에 대하여

$$ax \equiv y \pmod p, \quad 0 < |x|, |y| < \sqrt{p}$$

을 만족하는 정수 x, y가 존재한다.

증명 $k = [\sqrt{p}\,]$, $S = \{0, 1, 2, \cdots, k\} \times \{0, 1, 2, \cdots, k\}$ 라 하고, $(i, j) \in S$에 대하여 (i, j) 성분이 $ai - j$인 $(k+1) \times (k+1)$행렬을 A라고 하자. (A의 성분의 개수) $= (k+1)^2 > p$이므로, 비둘기집의 원리에 의하여, A의 성분 중에는 p로 나눈 나머지가 같은 두 수가 존재한다. 그러므로 $(x_1, y_1) \neq (x_2, y_2)$인 $(x_1, y_1), (x_2, y_2) \in S$가 있어서

◀ A의 행번호 열번호는 $0, 1, 2, \cdots, k$로 한다.

$$ax_1 - y_1 \equiv ax_2 - y_2 \pmod p$$

이다. 이 때,

$$a(x_1 - x_2) \equiv y_1 - y_2 \pmod p. \quad \cdots\cdots ①$$

$x_0 = x_1 - x_2$, $y_0 = y_1 - y_2$로 두면 $ax_0 \equiv y_0 \pmod p$이다.

$0 \le x_1, y_1, x_2, y_2 < p$이고 $\gcd(a, p) = 1$이므로 ①로 부터

$$x_1 - x_2 = 0 \Leftrightarrow y_1 - y_2 = 0. \quad \cdots\cdots ②$$

◀ $0 \le x_i, y_i < p$이므로 $x_1 - x_2 \equiv 0 \pmod p$ $\Leftrightarrow x_1 - x_2 = 0$ $y_1 - y_2 \equiv 0 \pmod p$ $\Leftrightarrow y_1 - y_2 = 0$

$(x_1, y_1) \neq (x_2, y_2)$이므로 ②로 부터 $x_1 - x_2 \neq 0 \neq y_1 - y_2$이고 따라서 $x_0 \neq 0 \neq y_0$이다.

$$0 < |x_0| = |x_1 - x_2| \le k < p, \quad 0 < |y_0| = |y_1 - y_2| \le k < p$$

이므로 증명이 완료되었다. ∎

정리 21.2

소수 $p > 2$가 2개의 제곱의 합으로 표현될 필요충분조건은 p가 $4k+1$꼴의 수인 것이다.

증명 p가 $4k+1$꼴일 때 -1은 법 p에 관한 이차잉여이므로 어떤 $a \in \boldsymbol{U}_p^*$가 있어서 $a^2 \equiv -1 \pmod p$이다. 보조정리 21.1에 의하여

$$ax \equiv y \pmod p, \quad 0 < |x|, |y| < \sqrt{p}$$

를 만족하는 정수 x, y가 존재한다. $a^2 + 1 \equiv 0 \pmod p$이므로 $x^2a^2 + x^2 \equiv 0 \pmod p$이고, 따라서 $y^2 + x^2 \equiv 0 \pmod p$, 즉, $p \mid (x^2 + y^2)$이다. 한 편, $0 < x^2 + y^2 < 2p$이므로 $x^2 + y^2 = p$이다.

역은 이전의 논의로 부터 성립한다. ∎

정리 21.2에서 p가 2개의 제곱의 합 $p = x^2 + y^2$으로 표현될 때, x, y를 음이 아닌 수로 한정할 경우 그러한 x, y의 존재는 유일하다. (연습문제 7 참조). 그러나

$$25 = 5^2 + 0^2 = 4^2 + 3^2$$

에서 알 수 있듯이, 2개의 제곱의 합으로의 표현되는 $4k+1$꼴의 수가 소수가 아닌 경우에는 그 표현이 반드시 유일한 것은 아니다.

◂ x, y가 음이 아닌 정수로서
$$p = x^2 + y^2$$
일 때, 제곱의 합이 p가 되는 모든 정수의 쌍은 $(\pm x, \pm y)$, $(\pm x, \pm x)$, 뿐이다.

보조정리 21.1, 정리 21.2의 증명과정에서, p가 $4k+1$꼴의 소수일 때, $p = x^2 + y^2$을 만족하는 x, y는 다음과 같이 찾을 수 있다.

❶ $a^2 \equiv -1 \pmod p$을 만족하는 a를 찾는다. 그러한 a로서 $a = \left(\frac{p-1}{2}\right)!$ 또는 $a = r^{\frac{p-1}{4}}$, (단 r은 법 p에 관한 원시근), 을 잡을 수 있다.

◂ 정리 13.8

❷ $ax \equiv y \pmod p$, $0 < |x|, |y| < \sqrt{p}$을 만족하는 x, y를 찾는다.

보기

$p = 13$을 위의 절차에 따라 2개의 제곱의 합으로 나타내어 보자.

❶ $a = \left(\frac{p-1}{2}\right)! = \left(\frac{13-1}{2}\right)! = 6! = 720 \equiv 5 \pmod{13}$

❷ $k = [\sqrt{13}] = [3.6055\cdots] = 3,\quad S = \{(i, j) \mid 0 \le i \le 3,\ 0 \le j \le 3\}$

다음과 같이 (i, j) 성분이 $5i - j$인 4×4 행렬을 만든다.

x \ y	0	1	2	3
0	0	−1	−2	−3
1	5	4	3	2
2	10	9	8	7
3	15	14	13	12

이 행렬에는 차가 13의 배수인 두 성분 $15 = 5\cdot 3 - 0$, $2 = 5 \cdot 1 - 3$이 있다. $5\cdot 3 - 0 \equiv 5\cdot 1 - 3 \pmod{13}$에서 $5(3-1) \equiv 0 - 3 \pmod{13}$, 즉,

$$5\cdot 2 \equiv -3 \pmod{13}$$

을 얻는다. 따라서 $x = 2$, $y = -3$을 잡을 수 있다. 이 때,

$$13^2 = x^2 + y^2 = 2^2 + (-3)^2 = 2^2 + 3^2$$

◇ 양의 정수 x, y가 각각 2개의 제곱의 합으로 표현될 수 있을 때, 어떤 정수 a, b, c, d가 있어서

$$x = a^2 + b^2, \quad y = c^2 + d^2$$

이다. 이에 대하여 복소수 z, w를 각각

$$z = a + bi, \quad w = c + di, \text{(단, } i\text{는 허수 단위)}$$

와 같이 잡으면

$$zw = ac - bd + (ad + bc)i$$

이고,

$$\begin{aligned} xy &= (a^2 + b^2)(c^2 + d^2) = |z|^2|w|^2 = |zw|^2 \\ &= (ac - bd)^2 + (ad + bc)^2 \end{aligned}$$

이다. 그러므로

> **양의정수 x, y가 각각 2 개의 제곱의 합으로 표현 될 수 있을 때, xy도 2 개의 제곱의 합으로 표현될 수 있다.**

위의 설명에서 z, w로서 각각

$$\pm a \pm bi, \quad \pm c \pm di$$

중 어떤 복소수로 잡더라도 $(a^2 + b^2)(c^2 + d^2) = |zw|^2$은 zw의 실수부분과 허수부분의 제곱의 합과 같음을 알 수 있다.

보기

5, 25는 각각 다음과 같이 2개의 제곱의 합이다.

$$5 = 1^2 + 2^2, \quad 25 = 3^2 + 4^2$$

$5 \cdot 25 = 125$를 2개의 제곱의 합으로 나타내어 보자.

(1) $z_1 = 1 + 2i,\ w_1 = 3 + 4i$ 라고 하면 $z_1 w_1 = -5 + 10i$

$\therefore\ |z_1 w_1|^2 = (-5)^2 + 10^2 = 125$

(2) $z_2 = 1 - 2i,\ w_2 = 4 + 3i$ 라고 하면 $z_2 w_2 = 11 - 2i$

$\therefore\ |z_2 w_2|^2 = 11^2 + 2^2 = 125$

양의 정수 n의 임의의 소인수 p에 대하여 $\varepsilon_p(n) = 1$일 때 n은 **제곱인수를 가지지 않는다**고 한다. 이를테면 $6 = 2 \cdot 3$, $30 = 2 \cdot 3 \cdot 5$는 제곱인수를 가지지 않는 수이다.

◂ square free

$$2^4 \cdot 3^3 = (2^2 \cdot 3)^2 \cdot 3 = 12^2 \cdot 3,$$
$$2^5 \cdot 3^4 \cdot 5^3 = (2^2 \cdot 3^2 \cdot 5)^2 \cdot 2 \cdot 5 = 180^2 \cdot (2 \cdot 5)$$

에서 알 수 있듯이 임의의 양의 정수 n은

$$n = m^2 a, \text{ (단, } a\text{는 제곱인수를 가지지 않는 수)}$$

와 같이 완전제곱수와 제곱인수를 가지지 않는 수의 곱으로 표현된다.

이 때 m^2, a를 각각 n의 **제곱부분**, **비제곱부분**이라고 한다. 이를테면 $2^4 \cdot 3^3 = 12^2 \cdot 3$의 제곱부분은 12^2, 비제곱부분은 3이다.

◂ square part
nonsquare part

$n = m^2 a$의 비제곱부분 a가 2개의 제곱의 합으로 표현될 수 있으면 n도 2개의 제곱의 합으로 표현될 수 있다. 왜냐 하면

$$a = b^2 + c^2 \Rightarrow n = m^2 a = m^2(b^2 + c^2) = (mb)^2 + (mc)^2.$$

정리 21.3

양의 정수 n이 2개의 제곱의 합으로 표현될 수 있을 필요충분조건은 임의의 $4k+3$꼴의 소수 p에 대하여 $\varepsilon_p(n)$이 짝수일 것이다.

증명 ($\Leftarrow$) $n = m^2 a$라 하자. 단, m^2, a는 각각 n의 제곱부분과 비제곱부분이다. 이 때, a의 표준형 소인수분해는

$$a = p_1 p_2 \cdots p_r$$
$$(\text{단}, p_1, p_2, \cdots, p_r\text{은 2 또는 } 4k+1\text{꼴의 서로 다른 소수})$$

와 같다. 각 p_i는 2개의 제곱의 합으로 표현될 수 있으므로 k도 2개의 제곱의 합으로 표현될 수 있고, 따라서 n도 2개의 제곱의 합으로 표현될 수 있다.

($\Rightarrow$) p를 $4k+3$꼴의 소수라고 하자. n에 관한 귀납법으로 $\varepsilon_p(n)$이 짝수임을 증명한다.

먼저, $\varepsilon_p(1) = 0$은 짝수이다. 2개의 제곱의 합으로 표현될 수 있는 모든 양의 정수 $m < n$에 대하여 $\varepsilon_p(m)$이 짝수임을 가정한다.

$n = a^2 + b^2$이라 하자. $\varepsilon_p(n) > 0$이라면 $p \mid n$이므로

다음 쪽에 이어짐

$$a^2 + b^2 \equiv 0 \pmod{p} \quad \cdots\cdots ①$$

← 앞 쪽에서 계속

이다. 이 때, $p \mid a$, $p \mid b$임을 보인다.

$p \nmid a$이면 법 p에 관한 a의 역원 c가 존재한다. ①의 양 변에 c^2을 곱하면,

$$1 + (bc)^2 \equiv 0 \pmod{p}, \text{ 즉, } (bc)^2 \equiv -1 \pmod{p}.$$

p가 $4k+3$꼴이므로, 이 합동식은 -1이 법 p에 관한 이차잉여가 아니라는 사실에 위배된다. 그러므로 $p \mid a$이고, 같은 이유로 $p \mid b$이다.

◀ 정리 9.7, 정리 13.6 (5)

$a = px$, $b = py$라고 하면 $n = p^2(x^2 + y^2)$이다. 귀납법 가정으로부터 $\varepsilon_p(x^2 + y^2)$이 짝수이므로

$$\varepsilon_p(n) = \varepsilon_p(p^2) + \varepsilon_p(x^2 + y^2) = 2 + \varepsilon_p(x^2 + y^2)$$

은 짝수이다. ▌

보기

$496125 = 3^4 \cdot 5^3 \cdot 7^2 \cdot 13$의 $4k+3$꼴의 소인수는 3, 7이고,

$$\varepsilon_3(496125) = 4, \quad \varepsilon_7(496125) = 2$$

는 모두 짝수이므로 496125는 2개의 제곱의 합으로 표현될 수 있다.

496125를 실제로 2개의 제곱의 합으로 나타내어 보자.

$$3^4 \cdot 5^3 \cdot 7^2 \cdot 13 = 315^2 \cdot 5 \cdot 13$$

$$5 = 1^2 + 2^2, \quad 13 = 2^2 + 3^2$$

이므로

$$z = 1 + 2i, \quad w = 2 + 3i$$

로 두면

$$zw = (1 + 2i)(2 + 3i) = -4 + 7i$$

$$5 \cdot 13 = (1^2 + 2^2)(2^2 + 3^2) = |z|^2 |w|^2 = |zw|^2 = 4^2 + 7^2$$

이고 따라서

$$496125 = 315^2(4^2 + 7^2) = (315 \cdot 4)^2 + (315 \cdot 7)^2 = 1260^2 + 2201^2$$

본론을 약간 벗어난 이야기 임의의 정수는 제곱의 차로 표현될 수 있을까? 꼭 그런 것은 아니다. 그 예로 2, 6, 10 등이 있다.

그렇다면 제곱의 차로 표현될 수 있는 수는 어떤 수일까?

정리 21.4

양의 정수 n이 제곱의 차로 표현될 수 있을 필요충분조건은 n이 $4k+2$꼴의 수가 아닐 것이다.

증명 ($\Rightarrow$) 정수의 제곱은 $4k$ 꼴 또는 $4k+1$ 꼴이므로 제곱의 차는 $4k$꼴 또는 $4k\pm1$꼴이다.

($\Leftarrow$) n이 $4k+2$ 꼴이 아니라면 n은 $4k$꼴 또는 $4k\pm1$꼴이다.

n이 $4k$ 꼴일 때,

$$n=\left(\frac{n}{4}+1\right)^2-\left(\frac{n}{4}-1\right)^2$$

n이 $4k\pm1$ 꼴일 때, $n\pm1$은 짝수이다. 이 때,

$$n=\left(\frac{n+1}{2}\right)^2-\left(\frac{n-1}{2}\right)^2 \quad ▮$$

n이 홀수일 때, $n\pm1$은 짝수이고

$$\frac{n+1}{2}-\frac{n-1}{2}=1$$

이다. 그러므로, 정리 21.4에 의하여, 임의의 홀수는 연속된 두 정수의 제곱의 차로 표현될 수 있음을 알 수 있다.

◇ 임의의 정수는 3개의 제곱의 합으로 표현될 수 있을까?
이러한 성질은 소수에 대해서도 성립하지 않는다.

∵ 임의 정수는 $4k$ 꼴, $4k\pm1$ 꼴, $4k+2$ 꼴 중 하나이므로 그 제곱은 $8k$ 꼴, $8k+1$ 꼴, $8k+4$ 꼴 중 하나이다. 그러므로 정수 a, b, c에 대하여

$$a^2+b^2+c^2\equiv k+l+m \pmod 8$$

을 만족하는 $k, l, m\in\{0, 1, 4\}$이 존재한다. $k, l, m\in\{0, 1, 4\}$에 대하여 $k+l+m$취할 수 있는 값은 0, 1, 2, 3, 4, 5, 6, 8, 9, 12 뿐이므로 7은 3개의 제곱의 합으로 표현될 수 없다. ▮

◂ $0+0+0=0, 0+0+1=1,$
$0+0+4=4, 0+1+1=2,$
$0+1+4=5, 0+4+4=8$
$1+1+1=3, 1+1+4=6,$
$1+4+4=9, 4+4+4=12$

4개의 제곱의 합

라그랑즈는 임의의 양의 정수는 4개의 제곱의 합으로 표현된다는 사실을 증명하였다. 그 증명의 전략은

1. 4개의 제곱의 합으로 표현되는 수끼리의 곱은 4개의 제곱의 합으로 표현됨을 보이고,
2. 임의의 소수는 4개의 제곱의 합으로 표현됨을 보이는 것이다.

먼저 위의 첫 번째 사항에 대하여 알아 보자.

◇ 양의 정수 u, v가 각각 4개의 제곱의 합으로 표현될 수 있을 때, 어떤 정수 $x_1, x_2, x_3, x_4, y_1, y_2, y_3, y_4$가 있어서

$$u = x_1^2 + x_2^2 + x_3^2 + x_4^2, \quad v = y_1^2 + y_2^2 + y_3^2 + y_4^2$$

이다. 이에 대하여, 사원수 z, w를

$$z = x_1 + x_2 i + x_3 j + x_4 k, \quad w = y_1 + y_2 i + y_3 j + y_4 k$$

와 같이 잡고,

$$zw = A_1 + A_2 i + A_3 j + A_4 k$$

라고 하면

$$\begin{aligned} uv &= (a_1^2 + a_2^2 + a_3^2 + a_4^2)(b_1^2 + b_2^2 + b_3^2 + b_4^2) \\ &= \| z \|^2 \| w \|^2 = \| zw \|^2 = A_1^2 + A_2^2 + A_3^2 + A_4^2 \end{aligned}$$

◀ $\|z\|$는 z의 크기

이다. 그러므로

> **양의정수 x, y가 각각 4 개의 제곱의 합으로 표현 될 수 있을 때, xy도 4 개의 제곱의 합으로 표현 될 수 있다.**

앞의 설명에서 z, w로서 각각

$$\pm a \pm bi \pm cj \pm dk, \quad \pm e \pm fi \pm gj \pm hk$$

꼴의 어떤 사원수를 잡더라도 $(a^2 + b^2 + c^2 + d^2)(e^2 + f^2 + g^2 + h^2)$은 zw의 $1, i, j, k$의 계수의 제곱의 합과 같음을 알 수 있다.

보기

4, 7은 각각 다음과 같이 4개의 제곱의 합이다.

$$4 = 1^2 + 1^2 + 1^2 + 1^2, \quad 7 = 1^2 + 1^2 + 1^2 + 2^2$$

$4 \cdot 7 = 28$을 4개의 제곱의 합으로 나타내어 보자.

(1) $z_1 = 1 + i + j + k,\ w_1 = 1 + i + j + 2k$ 라고 하면

$$z_1 w_1 = -3 + 3i + j + 3k$$

$$\therefore\ |z_1 w_1|^2 = (-3)^2 + 3^2 + 1^2 + 3^2 = 28$$

(2) $z_2 = 1 - i - j - k,\ w_2 = 1 + i + j + 2k$ 라고 하면

$$z_2 w_2 = 5 - i + j + k$$

$$\therefore\ |z_2 w_2|^2 = 5^2 + (-1)^2 + 1^2 + 1^2 = 28$$

$$u = x_1^2 + x_2^2 + x_3^2 + x_4^2, \quad v = y_1^2 + y_2^2 + y_3^2 + y_4^2$$

에 대하여,

$$z = x_1 - x_2 i - x_3 j - x_4 k,$$
$$w = y_1 + y_2 i + y_3 j + y_4 k$$
$$zw = A_1 + A_2 i + A_3 j + A_4 k$$

라 하면 A_1, A_2, A_3, A_4는 다음과 같이 주어짐을 쉽게 확인 할 수 있다.

$$A_1 = x_1y_1 + x_2y_2 + x_3y_3 + x_4y_4,$$
$$A_2 = x_1y_2 - x_2y_1 - x_3y_4 + x_4y_3,$$
$$A_3 = x_1y_3 - x_3y_1 + x_2y_4 - x_4y_2,$$
$$A_4 = x_1y_4 - x_4y_1 - x_2y_3 + x_3y_2$$

정리 21.5 (라그랑즈)

임의의 소수는 4개의 제곱의 합으로 표현된다

증명 p가 주어진 소수라고 하자.

$$2 = 1^2 + 1^2 + 0^2 + 0^2$$

이므로 $p > 2$를 가정한다. 먼저,

(*) p^2보다 작은 p의 양의 배수 중에는 4개의 제곱의 합으로 표현되는 수가 존재한다

는 사실을 증명한다.

다음 쪽에 이어짐

← 앞 쪽에서 계속

(i) $0^2, 1^2, 2^2, \cdots, \left(\frac{p-1}{2}\right)^2$ 중 어느 두 수도 법 p에 관하여 합동이 아니다.

∵ $0 \le y < x \le \frac{p-1}{2}$인 x, y에 대하여 $x^2 \equiv y^2 \pmod{p}$라고 하면

$$x^2 - y^2 \equiv 0 \pmod{p}, \text{ 즉, } (x-y)(x+y) \equiv 0 \pmod{p}$$

이므로 $x - y \equiv 0 \pmod{p}$ 또는 $x + y \equiv 0 \pmod{p}$이다. 그러나

$$0 < x - y < x + y \le \frac{p-1}{2} + \frac{p-1}{2} = p - 1 < p$$

이므로 $x - y \not\equiv 0 \pmod{p}$, $x + y \not\equiv 0 \pmod{p}$이다. ▮

그러므로

(ii) $-1-0^2,\ -1-1^2,\ -1-2^2, \cdots,\ -1-\left(\frac{p-1}{2}\right)^2$

중 어느 두 수도 법 p에 관하여 합동이 아니다.

비둘기집의 원리에 의하여

$$0^2, 1^2, 2^2, \cdots, \left(\frac{p-1}{2}\right)^2,$$
$$-1-0^2,\ -1-1^2,\ -1-2^2, \cdots,\ -1-\left(\frac{p-1}{2}\right)^2$$

중에는 p로 나눈 나머지가 같은 두 수가 존재한다. (i), (ii) 에 의하여

$$a^2 \equiv -1 - b^2 \pmod{p}, \text{ 즉, } a^2 + b^2 + 1 \equiv 0 \pmod{p}$$

를 만족하는 $a, b \in \{0, 1, 2, \cdots, \frac{p-1}{2}\}$가 존재한다. 이 때,

$a^2 + b^2 + 1^2 + 0^2 = a^2 + b^2 + 1$은 p의 배수이고 또

$$a^2 + b^2 + 1 \le 2\left(\frac{p-1}{2}\right)^2 + 1 = \frac{p^2 - 2p + 3}{2} < p^2$$

이다. 그러므로 (*)가 증명되었다.

4개의 제곱의 합으로 표현되는 p의 양의 배수 중 최소의 수를 pm이라고 하면 $pm < p^2$이므로

$$1 \le m < p$$

가 성립한다. $m = 1$임을 보이면 정리가 증명된다.

우선 m이 홀수임을 보인다.

$$pm = a_1^2 + a_2^2 + a_3^2 + a_4^2 \qquad \cdots\cdots ①$$

라 하고, m이 짝수라고 하면, a_1, a_2, a_3, a_4 중 홀수가 2개 또는 4개이다. 따라서 $a_1 \equiv a_2 \pmod{2}$, $a_3 \equiv a_4 \pmod{2}$라고 해도 좋다. 이 때,

$$\frac{a_1 + a_2}{2},\quad \frac{a_1 - a_2}{2},\quad \frac{a_3 + a_4}{2},\quad \frac{a_3 - a_4}{2}$$

는 모두 정수이고

다음 쪽에 이어짐

← 앞 쪽에서 계속

$$\left(\frac{a_1+a_2}{2}\right)^2+\left(\frac{a_1-a_2}{2}\right)^2+\left(\frac{a_3+a_4}{2}\right)^2+\left(\frac{a_3-a_4}{2}\right)^2=p\,\frac{m}{2}$$

이다. 이는 m의 선택에 위배된다. 그러므로 m은 홀수이다. m이 홀수이므로

$$a_i \equiv b_i \pmod{m}, \quad |b_i| < \frac{m}{2}$$

을 만족하는 정수 b_1, b_2, b_3, b_4를 잡을 수 있다. 이 때,

$$b_1^2+b_2^2+b_3^2+b_4^2 \equiv a_1^2+a_2^2+a_3^2+a_4^2 = pm = 0 \pmod{m}$$

◀ 절대최소잉여계 (정리 7.15)

이므로 어떤 정수 $r \geq 0$ 이 있어서

$$b_1^2+b_2^2+b_3^2+b_4^2 = mr \quad \cdots\cdots ②$$

이다.

■ $r=0$ 일 경우 : 각 i에 대하여 $b_i=0$이고 따라서 $a_i \equiv 0 \pmod{m}$ 이므로 $a_i = mc_i$로 두면

$$\frac{p}{m} = c_1^2+c_2^2+c_3^2+c_4^2$$

이다. $p>m$이므로 이 때, $m=1$이다.

■ $r>0$ 일 경우 :

$$mr < 4\left(\frac{m}{2}\right)^2 = m^2$$

이므로 $r<m$이다. ①, ②로부터

$$\begin{aligned} pm^2r &= (a_1^2+a_2^2+a_3^2+a_4^2)(b_1^2+b_2^2+b_3^2+b_4^2) \\ &= A_1^2+A_2^2+A_3^2+A_4^2 \end{aligned}$$

와 같이 나타낼 수 있고, 여기서 정리 21.5의 윗 쪽 항등식에 의하여

$$\begin{aligned} A_1 &= a_1b_1+a_2b_2+a_3b_3+a_4b_4 \\ &\equiv a_1^2+a_2^2+a_3^2+a_4^2 \equiv 0 \pmod{m} \\ A_2 &= a_1b_2-a_2b_1-a_3b_4+a_4b_3 \\ &\equiv a_1a_2-a_2a_1-a_3a_4+a_4a_3 = 0 \pmod{m}. \end{aligned}$$

마찬가지로 $A_3 \equiv 0 \pmod{m}$, $A_4 \equiv 0 \pmod{m}$ 이다.

$A_i = md_i, (i=1,2,3,4)$, 로 두면

$$pm^2r = m^2(d_1^2+d_2^2+d_3^2+d_4^2),$$

즉,

$$pr = d_1^2+d_2^2+d_3^2+d_4^2$$

이다. $r<m$이므로 이 등식은 m의 최소성에 위배된다. ∎

4 개의 제곱의 합으로 표현될 수 있는 수 끼리의 곱은 4 개의 제곱의 합으로 표현될 수 있으므로, 정리 21.8 로부터 다음 최종 정리를 얻는다.

정리 21.6 (라그랑즈)

임의의 양의 정수는 4 개의 제곱의 합으로 표현된다.

보기

$5100 = 10^2 \cdot 3 \cdot 17$을 4 개의 제곱의 합으로 나타내어 보자.

$$3 = 1^2 + 1^2 + 1^2 + 0^2, \quad 7 = 4^2 + 1^2 + 0^2 + 0^2$$

이다. $z = 1 + i + j$, $w = 4 + i$ 라고 하면

$$zw = 3 + 5i + 4j - k$$

$$\therefore \; 3 \cdot 17 = |zw|^2 = 3^2 + 5^2 + 4^2 + (-1)^2$$

$$\therefore \; 5100 = 10^2 \cdot 3 \cdot 17 = 10^2(3^2 + 5^2 + 4^2 + 1^2) = 30^2 + 50^2 + 40^2 + 10^2$$

와링의 문제 1770 년, 영국의 수학자 와링은 다음과 같은 문제를 제시했다.

- k가 양의 정수일 때, 조건
  - (i) 임의의 양의 정수는 $g(k)$개의 k거듭제곱인 음이 아닌 수의 합으로 표현된다.
  - (ii) $g(k)$는 (i)을 만족하는 최소의 양의 정수이다.

  를 만족하는 양의 정수 $g(k)$가 존재하는가?

정리 21.6은 $g(2) = 4$ 임을 말하고 있다. 1909 년에 힐버트는 모든 양의 정수 k에 대하여 그러한 상수 $g(k)$가 존재함을 증명하였다. 현재 알려진 바로는

$$g(3) = 9, \quad g(4) \geq 19, \quad g(5) = 37$$

$$g(k) = \left[\left(\tfrac{4}{5}\right)^k\right] + 2^k - 2, \quad (6 \leq k \leq 200000)$$

이다.

연습문제 21 EXERCISES

1 다음 수를 2개의 제곱의 합으로 나타내어라.

(1) $377 = 13 \cdot 29$ (2) $650 = 13 \cdot 50$

(3) $1450 = 29 \cdot 50$ (4) $18850 = 13 \cdot 29 \cdot 50$

◀ $13 = 3^2 + 2^2$
$29 = 5^2 + 2^2$
$50 = 7^2 + 1^2$

2 다음 중 2개의 제곱의 합으로 표현될 수 있는 수를 모두 찾아라.
15, 29, 45, 78, 99, 103, 113, 125

3 임의의 양의 정수 n에 대하여 1234^n은 2개의 제곱의 합으로 표현될 수 있음을 보여라.

◀ 617은 소수

4 소수 p가 2개의 제곱의 합으로 표현될 수 있을 필요충분조건은 $x^2 + 1 \equiv 0 \pmod{p}$가 해를 가질 것임을 보여라.

5 $n \equiv \pm 3 \pmod{9}$인 정수 n은 2개의 제곱의 합으로 표현될 수 없음을 보여라.

6 $p \equiv 1 \pmod{4}$인 임의의 소수 p에 대하여 조건

$$p \mid (a^2 + b^2), \quad \gcd(a, b) = 1, \quad a^2, b^2 > 3$$

을 만족하는 정수 a, b가 존재함을 증명하여라.

7 소수 p가 $p = x^2 + y^2$과 같이 2개의 제곱의 합으로 표현될 때, x, y를 음이 아닌 정수로 한정할 경우 그러한 x, y의 존재는 유일함을 증명하여라.

8 다음 수를 4개의 제곱의 합으로 나타내어라.

(1) 7 (2) 15 (3) 34

(1) $105 = 7 \cdot 15$ (2) $238 = 7 \cdot 34$ (3) $510 = 15 \cdot 34$

9 사원수의 곱을 사용하여 다음 수를 2가지의 방법으로 4개의 제곱의 합으로 나타내어라.

(1) 120 (2) 714 (3) 900

참고문헌

1. 송석준, 수와 논리, 청문각, 2010.
2. 황석근, 이재돈, 김익표, ENV 이산수학, 블랙박스, 2001.
3. 대한수학회, 수학용어집, 대한수학회, 1995.
4. D. M. Burton, *Elementary Number Theory*, 4th edition, McGraw-Hill, Inc., New York, 2000.
5. D. M. Davis, *The Nature and Power of mathematics*, Princeton University Press, Princeton, New Jersey, 1993.
6. I. Niven and H. S. Zuckerman, An *Introduction to the Theory of Numbers*, 2nd edition, John Willey and Sons Inc., New York, 1960.
7. O. Ore, *Number Theory and Its History*, McGraw-Hill, Inc., New York, 1948.
8. K. H. Rosen, *Elementary Number Theory and Its Applications*, 2nd edition, Addison-Wesley, Reading Mass., 1988.
9. W. Sharlau and H. Opolka, *From Fermat to Minkowski-Lectures on the Theory of Numbers and Its Historical Development* (Undergraduate text in mathematics), Springer, New York, 1985.
10. 稻葉榮次, 整數論 (基礎數學講座 14卷), 共立出版株式會社, 1959.

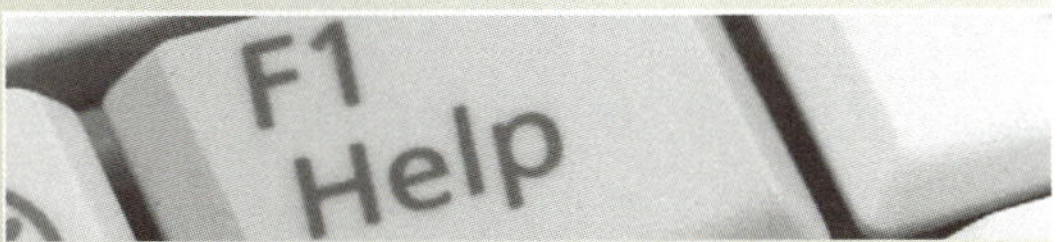

해답과 힌트

SOLUTIONS and HINTS

I 수체계와 소인수분해

0 1 정수의 기반

3 $z = a + bi,\ w = c + di$ 라 할 때,

$$\begin{bmatrix} a+bi & c+di \\ -c+di & a-bi \end{bmatrix} = \begin{bmatrix} z & w \\ -\overline{z} & \overline{w} \end{bmatrix}$$

6 $1 + \frac{4}{7} < \left(\frac{4}{7}\right)^2$

7 $\alpha + 1 = \alpha^2$

8 (1) $q = 6, r = 2$ (2) $q = -7, r = 6$

(3) $q = -6, r = 2$ (4) $q = 7, r = 6$

9 $|a| = |b|$

11 23

12 $x = [x] + a,\ y = [y] + b,\ (0 \le a, b < 1)$

$0 \le a + b < 2$

$[x + y] = [x] + [y] + [a + b]$

13 $\binom{m+n-1}{n} = \frac{(m+n-1)\cdots(m+1)m}{n!}$

14 임의의 정수는 $2k, 2k + 1$꼴

15 임의의 홀수는 $4k \pm 1$꼴

16 $a^3 - a = a(a^2 - 1)$. a는 $3k, 3k \pm 1$꼴

17 $a^5 - a = a(a^4 - 1)$. a는 $5k, 5k \pm 1, 5k \pm 2$꼴

0 2 수의 표현

1 $2919_{(10)} = 11340_{(7)}$

$3456_{(7)} = 1272_{(10)}$

2 $100111000111_{(2)} = 40003_{(5)}$

$1403_{(5)} = 11100100_{(2)}$

3 $4943_{(10)} = 2A3B_{(12)}$

$B81A6_{(12)} = 242190_{(10)}$

4 (1) $3 \cdot 6! + 1 \cdot 5! + 2 \cdot 4! + 2 \cdot 3! + 2 \cdot 2! + 1$

(2) $2 \cdot 945 + 3 \cdot 105 + 2 \cdot 15 + 3 \cdot 3 + 1$

5 $8.34_{(10)} = (13.322\cdots)_{(5)}$

$1.234_{(5)} = 5.552_{(10)}$

6 $(1.2013402\cdots)_{(5)}$

7 $Nq^2 = (a_5a_4a_3a_2a_1b_1b_2 . b_3b_4)_{(q)}$

$\frac{N}{q^2} = (a_5a_4a_3 . a_2a_1b_1b_2b_3b_4)_{(q)}$

8 두 자리씩 끊어서 생각한다.

9 $\left[\frac{N}{q}\right] = a_n q^{n-1} + a_{n-1} q^{n-2} + \cdots + a_2 q + a_1$

$\left[\frac{N}{q^2}\right] = a_n q^{n-2} + a_{n-1} q^{n-3} + \cdots + a_2$

$\vdots$

$\left[\frac{N}{q^{n-1}}\right] = a_n q^n + a_{n-1}$

$\left[\frac{N}{q^n}\right] = a_n$

$\sum_{k=1}^{n} \left[\frac{N}{q^k}\right] = a_n \frac{q^n - 1}{q-1} + a_{n-1} \frac{q^{n-1}-1}{q-1} + $

$+ a_2 \frac{q^2-1}{q-1} + a_1 \frac{q-1}{q-1}$

$= \frac{1}{q-1}(a_n(q^n - 1) + \cdots + a_1(q-1))$

$= \frac{1}{q-1}(N - (a_0 + a_1 + \cdots + a_n))$

03 약수 · 배수

1 (1) 2, 2088 (2) 3, 2511 (3) 25, 75
(4) 7, 140 (5) 2, 120 (6) 3, 315
(7) 5, 375 (8) 7, 140

2 2016

4 $(a, b) = (10, 1), (5, 2)$

5 $1, n(n+1)$

7 (1) $\gcd(a+b, a) = 1, \gcd(a+b, b) = 1$

$(a+b)x_1 + ay_1 = 1, (a+b)x_2 + by_2 = 1$

$((a+b)x_1 + ay_1)((a+b)x_2 + by_2) = 1$

$\therefore\ (a+b)X + abY = 1$

(2) $ax + by = 1$일 때, $(ax+by)^6 = 1$

(3) $ax + by = 1$일 때,

$(a+b)(x+y) + (a-b)(x-y) = 2$

즉, $a+b, a-b$의 일차결합이 2

18 명백히 $L(a, bc) \subset L(a, c)$이다.

$M \in L(a, c)$일 때, $M = ax_2 + cy_2$.

$\gcd(a, b) = 1$이므로 $ax_1 + by_1 = 1$

$\therefore\ y_2 = ax_1y_2 + by_1y_2$

$\therefore\ M = ax_2 + c(ax_1y_2 + by_1y_2)$

$= a(x_2 + cx_1y_2) + bcy_1y_2 \in L(a, bc)$

$L(a, bc) = L(a, c)$

04 유클리드 알고리즘과 부정방정식

1 (1) 3 (2) 19 (3) 11 (4) 17

2 (1) $\gcd(189, 358) = 1$

$189 \cdot (-161) + 358 \cdot 85 = 1$

(2) $\gcd(32, 108, 144) = 4$

$32 \cdot 350 + 108 \cdot (-105) + 144 \cdot 1 = 4$

5 (1) $(a^{2^n} + 1) \mid (a^{2^{n+1}} - 1) \mid (a^{2^m} - 1)$

(2) $\gcd(a^{2^n} + 1, a^{2^m} + 1)$은

$\gcd(a^{2^m} - 1, a^{2^m} + 1)$의 약수

7 (1) $d \mid \gcd(2a+b, a+2b)$일 때,

$\Rightarrow d \mid 3a,\ d \mid 3b$

$\Rightarrow d \mid \gcd(3a, 3b) = 3\gcd(a, b) = 3$

(2) $a^2 - ab + b^2 - (a+b)^2 = -3ab$이므로

$\gcd(a+b, a^2 - ab + b^2) = \gcd(a+b, 3ab)$

(3) $a^2 + b^2 = (a+b)(a-b) + 2b^2$이므로

$\gcd(a+b, a^2+b^2) = \gcd(a+b, 2b^2)$

$\gcd(a+b, b^2) = \gcd(a+b, b) = 1$

$\therefore\ \gcd(a+b, 2b^2) = \gcd(a+b, 2)$

8 $a^n - b^n = (b + a - b)^n$

$= \sum_{k=0}^{n} \binom{n}{k} b^{n-k}(a-b)^k - b^n$

$\frac{a^n - b^n}{a-b} = n b^{n-1} + (a-b$의 배수$)$

$\therefore\ \gcd(\frac{a^n - b^n}{a-b}, a-b) = \gcd(n b^{n-1}, a-b)$

$\gcd(b, a-b) = 1$이므로

$\gcd(\frac{a^n - b^n}{a-b}, a-b) = \gcd(n, a-b)$

9 $m = nq + r$일 때,

$(x^n - 1)x^r \mid (x^{nq} - 1)x^r = x^m - x^r$

10 (1) $x = -19 + 64m,\ y = 13 - 43m$

(2) $x = 81 - 50m,\ y = 115 - 71m$

(3) $x = -35 + 198m,\ y = 43 - 243m$

(4) $x = 31 - 81m,\ y = 39 - 93m$

11 (1) $x=-5+4m+3k$
$y=5-4m-2k$
$z=m$
(2) $x=8+2m$
$y=-48-15m-5k$
$z=16+5m+2k$

12 $x=5,\ y=7$

05 소수

1 (1) 소수 (2) 합성수 (3) 합성수 (4) 소수

2 $p=3k+1\neq 2$ $\therefore p-1$은 짝수

3 n번째 소수를 p_n이라 하고
$N=6(p_1p_2\cdots p_n-1)+5$를 이용

4 $p+2=n^2$에서 n은 홀수
$\therefore n$은 $8k\pm1$꼴 또는 $8k\pm3$꼴

5 25는?

6 $p=5k\pm1$꼴 또는 $5k\pm2$꼴

7 2 또는 2의 배수이다.

8 7, 13, 23

9 (1) $R_n=\frac{10^n-1}{9}$ (2) $\frac{R_m}{R_n}=\frac{10^m-1}{10^n-1}$
(3) (4) $R_{m+n}=R_n10^n+R_m$

10 $41\cdot271$

11 $\frac{n}{p}=ab$이면 $n=pab\geq p^3>n$

13 $n!-1$이 소수가 아니면 소인수 p를 가진다. $p\leq n$ 이면 $p\mid n!$. 이 때, p는 $n!-1$, $n!$의 공약수

14 (1) $p_1=2$이므로 각 P_i는 $4k+3$꼴
(2) $p_1, p_2, \cdots, p_n$중 어느 것도 N을 나누지 못한다.

15 $n=(a+b)(a+2b)\cdots(a+kb)$라 하면
$a+(n+1)b, a+(n+2)b, \cdots, a+(n+k)b$는 합성수

16 (1) $50=3+47$ (2) $98=19+79$
(3) $102=5+98$ (4) $144=5+139$

06 소인수 분해

1 (1) $3\cdot5^2\cdot17$ (2) $3^2\cdot5\cdot73$ (3) $2^3\cdot3^4\cdot41$
(4) $5\cdot7^2\cdot19^2$

2 $p(p-1)\cdots(p-r+1)=r!\binom{p}{r}$
$\therefore p\mid r!\binom{p}{r}$

3 (3) $10=2\cdot5=(2+\sqrt{6}i)\cdot(2-\sqrt{6}i)$

5 (1) $\varepsilon_2(72)=3, \varepsilon_2(72)=2$
(2) $\varepsilon_2(405)=0, \varepsilon_2(405)=4$
(3) $\varepsilon_2(3200)=7, \varepsilon_2(3200)=0$

7 $\gcd(ab, p^4)=p^3,\ \gcd(a+b, p^4)=p$

8 주어진 소수 p에 대하여 $\varepsilon_p(a)=x, \varepsilon_p(b)=y$라고 하면 $x\leq 2y\leq 3x\leq 4y\leq 5x\leq\cdots$ 이므로 $x=y$
$\therefore a=b$

9 $2^8\cdot3^4\cdot5^2\cdot7$

10 $250+40+8+1=299$

11 소수 p에 대하여 $\varepsilon_p(a)=x, \varepsilon_p(b)=y, \varepsilon_p(b)=z$라 하고, $x\leq y\leq z$라 하자.
(1) $g=\gcd(a,b,c)$, $l=\mathrm{lcm}(a,b,c)$라고 하면
$\varepsilon_p(gl)=\varepsilon_p(g)+\varepsilon_p(l)=x+z$,
$\varepsilon_p(abc)=x+y+z$.
$x+z=x+y+z, x\leq y\leq z$일 필요충분조건은
$x=y=0$
(2) $g=\gcd(ab,bc,ac)$, $l=\mathrm{lcm}(a,b,c)$라 고 하면
$\varepsilon_p(g)=\min\{x+y, y+z, x+z\}=x+y$
$\varepsilon_p(gl)=\varepsilon_p(g)+\varepsilon_p(l)=x+y+z=\varepsilon_p(abc)$

12 (2) $\sqrt[n]{n}=k$가 정수라면 $n=k^n\geq 2^n>n$

13 $ad+bc=bd\Leftrightarrow ad=b(d-c)$.
$\therefore$ 임의의 소수 p에 대하여
(b의 p성분) $\mid d$, (d의 p성분) $\mid b$.

14 (1) a, b가 모두 홀수일 때, a^2+b^2은 $4k+2$꼴.
(2) 완전제곱수는 $3k$꼴 또는 $3k+2$ 꼴이다.
a, b가 모두 $3k\pm1$꼴일 때, a^2+b^2은 $3k+2$꼴.

15 $p-1$, (단, p는 홀수인 소수), 꼴이 아닌 자연수

16 $\sum_{k=1}^{n}\frac{1}{k}=N$이 정수라고 하고, n이하의 최대의 소수를 라고 p하면

$\frac{n!}{1}+\frac{n!}{2}+\cdots+\frac{n!}{p}+\cdots+\frac{n!}{n}=n!N.$

$p\nmid\frac{n!}{p}$, $p\mid\frac{n!}{k}$, $(k\neq p)$이므로 위의 등식의 좌변은 p의 배수가 아니지만 우변은 p의 배수이다.

17 $\tau(180)=18$, $\sigma(180)=546$

18 (1) $d\mid n$에 대하여 $d\frac{n}{d}=n$

$\therefore (\prod_{d\mid n}d)(\prod_{d\mid n}\frac{n}{d})=n^{\tau(n)}$

$\therefore (\prod_{d\mid n}d)^2=n^{\tau(n)}$

19 n의 소인수 p에 대하여 $\varepsilon_p(n)=k$라 할 때, $1+p+p^2+\cdots+p^k$이 홀수일 필요충분조건은 k가 짝수일 것이다.

20 $\gcd(m,n)=1$. m,n의 약수전체의 집합을 각각 $\{x_1,x_2,\cdots,x_r\}$, $\{y_1,y_2,\cdots,y_s\}$라 하면,

$F(mn)=\sum_{d\mid n}f(mn)=\sum_{i,j}f(x_iy_j)$

$=\sum_i f(x_i)\sum_j f(y_j)$

$=\sum_{d\mid n}f(m)\sum_{d\mid n}f(m)$

21 $\tau(n)=\sum_{d\mid n}1$, $\sigma(n)=\sum_{d\mid n}d$

상수함수 1과 항등함수는 승법적이다.

23 n의 약수 중 $\sqrt{n}$이하인 것을 $d_1,d_2,\cdots,d_k$ 라 하면 의 약수전체는 $d_1,d_2,\cdots,d_k,\frac{n}{d_1},\frac{n}{d_2},\cdots,\frac{n}{d_k}$.

$k\le\sqrt{n}$이므로 $2k\le 2\sqrt{n}$.

24 (1) $\sigma(n)=\sum_{d\mid n}d=\sum_{d\mid n}\frac{n}{d}=n\sum_{d\mid n}\frac{1}{d}$

(2) 각 $k=1,2,\cdots,n$에 대하여,

$\sigma(k)=k\sum_{d\mid n}\frac{1}{d}\ge 1+\frac{1}{k}$

$\therefore \prod_{k=1}^{n}\sigma(k)\ge\prod_{k=1}^{n}(1+\frac{1}{k})$

$\ge 1+\frac{1}{2}+\cdots+\frac{1}{n}$

25 $F(n)=\sum_{d\mid n}\sigma(n)$, $G(n)=\sum_{d\mid n}\frac{n}{d}\tau(n)$이 승법적이므로 n이 소수의 거듭제곱일 때, $F(n)=g(n)$임을 보이면 충분하다.

26 예제 6.13 행렬 참조

II 합동식과 원시근

07 합동식

2 $5^n=(1+4)^n=1+4n+(16$의 배수$)$

3 $a^2\equiv b^2\pmod p\Rightarrow p\mid(a+b)(a-b)$

5 $\binom{2n}{n}n!=2n(n+1)(n+2)\cdots(2n-2)$

이 등식의 우변은 p의 배수

6 2

7 $\sum_{k=1}^{n-1}k^3=\left(\frac{n(n-1)}{2}\right)^2$

8 (1) $5^{2n}+3\cdot 2^{5n-2}\equiv(-2)^{2n}-4\cdot 2^{5n-2}$

$=2^{2n}-2^{5n}=2^{2n}(1-2^{3n})\equiv 2^{2n}(1-1^n)$

$=0\pmod 7$

(2) $3^{n+2}+4^{2n+1}\equiv 3^{n+2}+(-9)^{2n+1}$

$=3^{n+2}-3^{2(2n+1)}=3^{n+2}-3^{4n+2}$

$\equiv 3^{n+2}(1-3^{3n})=3^{n+2}(1-27^n)$

$\equiv 3^{n+2}(1-1^n)=0\pmod{13}$

(3) $2^{5n+1}+5^{n+2}\equiv 5^n\cdot 2+5^n\cdot 25$

$=5^n\cdot 2+5^n\cdot(-2)=0\pmod{27}$

9 $n=1$일 때 합동식이 성립.

$a^{2^{n+1}}=(a^{2^n})^2=(2^{n+2}k+1)^2$

$=2^{2n+4}k^2+2^{n+3}k+1$

10 1

11 89

12 33의 배수이다.

13 5, 9, 5

15 비둘기집의 원리에 의하여 $n+1$개의 정수 중에는 n으로 나눈 나머지가 같은 두 수가 존재한다.

16 법 9 : $\{-4,-3,-2,-1,0,1,2,3,4\}$

법 10 : $\{-4,-3,-2,-1,0,1,2,3,4,5\}$

$\{-5,-4,-3,-2,-1,0,1,2,3,4\}$

17 -44

18 1, 1, 1

19 $-1,-1,-1$

08 약수 · 배수

1 (1) 11 (mod 57) (2) 5 (mod 11)
(3) 146 (mod 211) (4) 194 (mod 257)

2 0, 1, 2, 3, 4, 5, 6 중 어느 것도 주어진 합동식을 만족하지 않으므로 해가 없다.

3 13, 7, 5, 16

4 (1) 127 (mod 165) (2) 75 (mod 88)

5 (1) 5 (2) 3 (3) 7

6 (1) 83 (mod 105) (2) 2101 (mod 2301)

7 $p_1, p_2, \cdots$ 를 소수의 열이라고 하면 연립일차합동식
$$x = k \pmod{p_k^2},\ k = 1, 2, \cdots, n$$
를 만족하는 x가 존재한다. $x-1, x-2, \cdots, x-n$ 이 조건을 만족하는 수이다.

8 $1 - ax_1 \equiv 0 \pmod n$
$\therefore (1-ax_1)^k \equiv 0 \pmod{n^k}$
$1 - ax_1 \equiv 1 \pmod a$ 이므로
$(1-ax_1)^k \equiv 1 \pmod a$
$1-(1-ax_1)^k \equiv 0 \pmod a$
$\therefore x_k = \dfrac{1-(1-ax_1)^k}{a}$ 는 정수
$ax_k = 1-(1-ax_1)^k \equiv 1 \pmod{n^k}$

9 $x = a + mk,\ x = b + nl$
$a + mk = b + nl$
$a - b = m(-k) + nl$: 의 일차결합

09 페르마의 정리

1 (1) 9 (2) 1

2 (2) $n^{12} - 5^{12} = (n^6 - 5^6)(n^6 + 5^6)$
$\equiv (1-1)(n^6+5^6) = 0 \pmod 7$
(3) $n^{49} - n = (n^7)^7 - n \equiv n^7 - n$
$\equiv n - n = 0 \pmod 7$

3 $(n^3-1)(n^3+1) = n^6 - 1 \equiv 0 \pmod 7$.
$n^2 - 1 \equiv 0 \pmod 3$이므로
$(n^3-1)(n^3+1) = (n^2-1)(n^2-n+1)(n^2+n+1)$
$\equiv 0 \pmod 3$.

4 (1) $n^7 - n = n(n^6-1) \equiv 0 \pmod 7$
$n^6 - 1 \equiv 0 \pmod{7 \cdot 3}$.
n, n^6-1 중 하나는 짝수이므로
$n^7 - n \equiv 0 \pmod 2$
(2) $2(n^7-n) \equiv 0 \pmod{12}$
$11^{2(n^7-n)} + 12 \equiv 1 + 12 \equiv 0 \pmod{13}$

5 n이 홀수이므로 $n^4 \equiv 1 \pmod 4$
$\therefore\ n^4 + 59 \equiv 60 \equiv 0 \pmod 4$
$n^4 + 59 = 1^2 + 59 \equiv 60 \equiv 0 \pmod 3$
$n^4 + 59 = 1 + 59 \equiv 60 \equiv 0 \pmod 5$

6 $123^{120} \equiv 3^{120} = (3^4)^{30} \equiv 1^{30} \equiv 1 \pmod 5$
$123^{120} \equiv 1 \pmod 2$
$\therefore\ 123^{120} \equiv 1 \pmod{10}$
$\therefore\ 123^{123} = 123^{120}123^3 \equiv 3^3 \equiv 7 \pmod{10}$

9 $n = ab,\ 1 < a < b < n$일 때, $ab \mid (n-1)!$
$n = p^2$, (p 는 홀수인 소수), 일 때,
$p < 2p < p^2 - 1$이다. $\therefore\ p^2 \mid (n-1)!$

10 (1) 6 (2) 1

11 (1) 9 (2) 17

12 $1 \cdot 2 \cdot 3 \cdot 2 \cdot 4 \cdots (p-2) \cdot (p-1) \equiv -1 \pmod p$
$2 \cdot 4 \cdots (p-1)$
$\equiv (2-p) \cdot (4-p) \cdots ((p-1)-p)$
$\equiv (-1)^{(p-1)/2} 1 \cdot 3 \cdot 5 \cdots (p-2)$

13 소수 $p \neq 2, 5$에 대하여
$9 \mid (10^{p-1} - 1) = 99 \cdots 9$

14 (1) $(p-1)! \equiv p - 1 \pmod{p-1}$
$(p-1)! \equiv p-1 \pmod p$
$\therefore\ (p-1)! \equiv p - 1 \pmod{p(p-1)}$
(2) $2p(2p-1) \cdots (p+1) = \binom{2p}{p} p!$
$\therefore\ 2(2p-1) \cdots (p+1) = \binom{2p}{p} (p-1)!$

15 $(p-1)! = (p-1)(p-2) \cdots (p-k)$
$\times (p-k-1)! \equiv (-1)^k k!\,(p-k-1)! \pmod p$

16 $p^{q-1} + q^{p-1} \equiv 0 + 1 \pmod p$
$p^{q-1} + q^{p-1} \equiv 1 + 0 \pmod q$

10 오일러의 정리

1 $\phi(25) = 20$이므로 $3^{20} \equiv 1 \pmod{25}$
$3^{20} \equiv 1 \pmod 4$ $\therefore\ 3^{20} \equiv 1 \pmod{100}$

2 (1) 928 (2) 1152 (3) 19200

3 1920

4 소수 p에 대하여 m, n의 p성분을 각각 p^a, p^b라 하면 mn의 p성분은 p^{a+b}.
$\phi(p^{a+b}) = p^{a+b-1}(p-1) = p^a p^{b-1}(p-1)$

5 17, 32, 34, 40, 48, 60
$n = \Pi_i p_i^{ei}$, $\phi(n) = k$라고 하면
$n = [k / \Pi_i (p_i - 1)]\ \Pi_i p_i$
$\therefore\ d_i = p_i - 1$는 다음 조건에 의하여 결정된다
(1) $d_i \mid k$ (2) $d_i + 1$은 소수
(3) $k / \Pi_i p_i$ 의 소인수는 $\Pi_i p_i$ 의 소인수

7 p가 홀수인 소수일 때, $\phi(p^a) = p^{a-1}(p-1)$은 짝수

9 $m = 3^k \cdot 568$, $n = 3^k \cdot 638$

10 예 : $n = 2^a p^b q^c$인 경우.
$\phi(n) = 2^{a-1} p^{b-1} q^{c-1} (p-1)(q-1)$
$> 2^{a-1} p^{b-1} q^{c-1} \sqrt{p}\sqrt{q}$
$= 2^{a-1} p^{b-1/2} q^{c-1/2} = 2^{a-1} p^{b/2} q^{c/2}$
$\geq \frac{1}{2} 2^{a/2} p^{b/2} q^{c/2}$
$p^{b-1}(p-1) < p^b,\ q^{c-1}(q-1) < q^b$

11 n의 최소의 소인수를 p라 하면 $p \leq \sqrt{n}$
$\therefore\ \frac{n}{p} \geq \sqrt{n}$. $\phi(n) = n - \frac{n}{p} \leq n - \sqrt{n}$

12 $n = \Pi_i p_i^{ei}$일 때, $\phi(n) = n\ \Pi_i (1 - 1/p_i)$

13 $\sum_{k=1}^{n} k = \sum_{k=1}^{n} \sum_{d \mid k} \phi(k) = \sum_{k=1}^{n} \phi(k) \left[\frac{n}{k}\right]$

15 $a^n = a^{n-\phi(n)} a^{\phi(n)}$

16 $a^{\phi(n)} - 1 = (a-1)(a^{\phi(n)-1} + \cdots + a^1 + a + 1)$

17 합동식의 양 변에 $a^{\phi(n)-1}$을 곱한다.

18 $m^{\phi(n)} + n^{\phi(m)} \equiv 1 + 0 \pmod n$
$m^{\phi(n)} + n^{\phi(m)} \equiv 0 + 1 \pmod m$

19 쌍마다 서로소인 $n_1, n_2, , \cdots, n_r$에 대하여
$x \equiv a_k \pmod{n_k}$, $(k = 1, 2, \cdots, r)$라고 하자.
$N_k = \frac{n_1 n_2 \cdots n_k}{n_k}$, $(k = 1, 2, \cdots, r)$로 두면
$N_i \equiv 0 \pmod{n_k}$이고, $\gcd(N_k, n_k) = 1$이므로
$N_k^{\phi(n_k)} \equiv 1 \pmod{n_k}$이다.
$y = a_1 N_1^{\phi(n_1)} + a_2 N_2^{\phi(n_2)} + \cdots + a_r N_r^{\phi(n_r)}$
이라 하면 각 k에 대하여
$y \equiv 0 + \cdots + 0 + x_k N_k a_k + 0 + \cdots + 0$
$= x_k N_k a_k \equiv 1 a_k = a_k \pmod{n_k}$

11 원시근과 이산로그

1 (1) 16 (2) 8 (3) 11

2 (2) $(a^k)^2 \equiv 1 \pmod p$, $a^k \not\equiv 1 \pmod p$
$x^2 \equiv 1 \pmod p$의 해는 $x \equiv \pm 1 \pmod p$
(3) n이 합성수일 때, $\phi(n) < n - 1$

3 법 5에 관한 원시근 : 2, 3
법 11에 관한 원시근 : 2, 6, 7, 8
법 13에 관한 원시근 : 2, 6, 7, 11

4 $U_{12} = \{1, 5, 7, 11\}$의 모든 원소의 법 12에 관한 위수는 2.

5 3, 5, 6, 7, 10, 11, 12, 14

6 13, 37

7 $\mathrm{ord}_n(a) = k$, $\mathrm{ord}_n(b) = l$, $k > l$이라고 하면
$1 \equiv a^k b^l = a^{k-l}(ab)^l \equiv a^{k-l} \pmod n$

8 $\mathrm{ord}_n(a) = k$, $\mathrm{ord}_n(b) = l$, $\mathrm{ord}_n(ab) = m$이라고 하면 $m \mid kl$.
$a^{ml} \equiv a^{ml} b^{ml} \equiv (ab)^{ml} \equiv 1 \pmod n$
$\therefore\ k \mid ml$. $\therefore\ k \mid m$.
같은 식으로 $l \mid m$. $\therefore\ kl \mid m$.

10 (1) $(r^{\frac{p-1}{2}})^2 \equiv 1$, $r^{\frac{p-1}{2}} \not\equiv 1 \pmod p$
(2) $1 \cdot 2 \cdots (p-1) \equiv r \cdot r^2 \cdots r^{(p-1)}$
$= r^{\frac{p(p-1)}{2}} \equiv (r^{\frac{p-1}{2}})^p \equiv (-1)^p = -1 \pmod p$

11 $\mathrm{ind}_r a = k$, $\mathrm{ind}_r a = l$, $\mathrm{ind}_s r = m$이라고 하면
$a \equiv r^k$, $a \equiv r^l$, $r \equiv s^m \pmod p$
$\therefore\ a \equiv s^{ml} \pmod p$

12 $2^n \equiv 1 \pmod{2^n - 1}$ $\therefore\ n \mid (2^n - 1)$

13 (1) 6, 7, 10, 11 (2) 5
(3) 3, 5, 6, 7, 10, 11, 12, 14 (4) 2, 8, 9, 15

14 $x \equiv 13 \pmod{16}$

15 $n\ \mathrm{ind}_r x \equiv \mathrm{ind}_r a \pmod{p-1}$은 $nX \equiv A \pmod{p-1}$꼴이다. 이 합동식이 해를 가질 필요충분조건은 $\gcd(n, p-1) \mid A$

16 (1) 11 (2) 8

17 $\mathrm{ord}_n(10) = 3$인 수

18 F_n이 소수일 때, $\phi(F_n) = F_n - 1 = 2^{2^n}$.

$2^{2^{n+1}} - 1 = (2^{2^n} + 1)(2^{2^n} - 1) \equiv 0 \pmod{F_n}$,

즉, $2^{2^{n+1}} \equiv 1 \pmod{F_n}$

$\therefore\ \mathrm{ord}_{F_n} 2 \le 2^{n+1} < 2^{2^n} = \phi(F_n)$

12 원시근의 존재

1 2, 4, 6, 10, 14, 18

2 (1) 2 (2) 2 (3) 3 (4) 2 (5) 2 (6) 3 (7) 5 (8) 5 (9) 15

3 (1) $1, p-1$ (2) $2, 3, \cdots, p-1$

4 11, 50

5 $r^{\frac{p-1}{2}} \equiv -1 \pmod{p}$, $s^{\frac{p-1}{2}} \equiv -1 \pmod{p}$

$(rs)^{\frac{p-1}{2}} \equiv 1 \pmod{p}$

6 **11** 연습문제 7참조

7 $r^{\frac{p-1}{2}} \equiv -1 \pmod{p}$

(1) $p = 4k+1$일 때, $(p-1)/2$은 짝수

$(-r)^{\frac{p-1}{2}} = r^{\frac{p-1}{2}} \equiv -1 \pmod{p}$

(2) $p = 4k+3$일 때, $(p-1)/2$은 홀수

$(-r)^{\frac{p-1}{2}} = -r^{\frac{p-1}{2}} \equiv -(-1) = 1 \pmod{p}$

$\mathrm{ord}_p(-r) = k < \frac{p-1}{2}$이라면 $2k < p-1$이고

$r^{2k} = (-r)^{2k} \equiv 1 \pmod{p}$

8 (1) $f(x)$는 $p-2$차 이하의 다항식이고 $x = 1, 2, \cdots, p-1$은 모두 $f(x) \equiv 0 \pmod{p}$의 해이다.

(2) $f(0) = (-1)^{p-1}(p-1)! - (-1)$

III 이차잉여

13 이차잉여

1 (1) $x \equiv 6, 9 \pmod{11}$ (2) $x \equiv 4, 6 \pmod{13}$

(3) $x \equiv 9, 22 \pmod{23}$ (4) 해가 없음

2 (1) 없음 (2) 4 (3) 3 (4) 4

3 $p = 17$일 때 : 1, 2, 4, 8, 9, 13, 15, 16

$p = 23$일 때 : 1, 2, 3, 4, 6, 8, 9, 12, 13, 16, 18

4 $p = 4k+1$일 때 : $(p-1)/2$는 짝수

$\therefore\ (p-a)^{\frac{p-1}{2}} \equiv a^{\frac{p-1}{2}} \equiv 1 \pmod{p}$

$p = 4k+3$일 때 : $(p-1)/2$는 홀수

$\therefore\ (p-a)^{\frac{p-1}{2}} \equiv -a^{\frac{p-1}{2}} \equiv -1 \pmod{p}$

5 $4a(ax^2 + bx + b) = (2ax + b)^2 - (b^2 - 4ac)$

$\therefore\ ax^2 + bx + b \equiv 0 \pmod{p}$

$\Leftrightarrow (2ax + b)^2 \equiv b^2 - 4ac \pmod{p}$

6 a가 법 $p = 2^k + 1$에 관한 비이차잉여라고 하면,

$a^{\frac{p-1}{2}} = a^{2^k} \equiv -1 \pmod{p}$ $\therefore\ \mathrm{ord}_p(a) = p-1$

7 1, 4, 5, 6, 7, 9, 13, 16, 20, 22, 23, 24, 25, 28

8 (1) 1 (2) -1 (3) -1 (4) 1

9 법 p에 관한 a의 역원을 a'이라고 하면

$\left(\frac{a(a+1)}{p}\right) = \left(\frac{a(a+aa')}{p}\right) = \left(\frac{a^2(1+a')}{p}\right) = \left(\frac{1+a'}{p}\right)$

$(p-1)' = p-1$이므로

$\{a' \mid 1 \le a \le p-2\} = \{1, 2, \cdots, p-2\}$

$\{1 + a' \mid 1 \le a \le p-2\} = \{2, 3, \cdots, p-1\}$

$\therefore\ \sum_{a=1}^{p-2} \left(\frac{a(a+1)}{p}\right) = \sum_{k=1}^{p-1} \left(\frac{k}{p}\right) - \left(\frac{1}{p}\right) = -1$

10 $a_1, a_2, \cdots, a_k$가 $p/2$보다 작은 이차잉여일 때, $p - a_1, p - a_2, \cdots, p - a_k$은 $p/2$보다 큰 이차잉여 전체 이차잉여의 개수가 $(p-1)/2$이므로 $k = (p-1)/4$. 그러므로 U_n의 원소 중 이차잉여의 합은 $kp = p(p-1)/4$.

14 이차잉여의 상호법칙

1 1, 2, 3, 4, 5의 배를 로 나눈 나머지는 7, 3, 10, 6, 2이고 그 중 이탈자는 7, 10, 6의 3개(홀수 개)이다. $\therefore \left(\frac{7}{11}\right) = -1$

2 $p \equiv 7 \pmod 8$일 때, $\left(\frac{2}{p}\right) = 1$

4 (1) -1 (2) -1 (3) 1 (4) 1

6 (1) $p \equiv \pm 1 \pmod 5$

(2) $p \equiv \pm 1, \pm 3, \pm 9 \pmod{28}$

7 $\left(\frac{a}{p}\right) = \left(\frac{4a}{p}\right) = \left(\frac{p-q}{p}\right) = \left(\frac{-q}{p}\right) = \left(\frac{-1}{p}\right)\left(\frac{q}{p}\right)$

$= (-1)^{\frac{p-1}{2}}(-1)^{\frac{p-1}{2}\frac{q-1}{2}}\left(\frac{p}{q}\right)$

$= (-1)^{\frac{p-1}{2}\frac{q+1}{2}}\left(\frac{p}{q}\right) = \left(\frac{p}{q}\right) = \left(\frac{q+4a}{q}\right)$

$= \left(\frac{4a}{q}\right) = \left(\frac{a}{q}\right)$

8 (1) -1 (2) -1 (3) 1 (4) 1

9 1, 7, 11, 17, 43, 49, 53, 59 (mod 60)

10 $8k-1$꼴의 소수가 $p_1, p_2, \cdots, p_n$뿐이라고 하고, $N = (4p_1p_2 \cdots p_n)^2 - 2$이라고 할 때, N은 홀수인 소인수 p를 가진다. 이 때, $\left(\frac{2}{p}\right) = 1$이므로 p는 $8k \pm 1$꼴. N은 $8k-1$꼴의 소인수 q를 반드시 가지며 $q \neq p_1, p_2, \cdots, p_n$이다.

15 이차합동식

1 $a = 1, 9$

$a = 1$일 때 : $x \equiv 1, 7, 9, 15 \pmod{16}$

$a = 9$일 때 : $x \equiv 3, 5, 11, 13 \pmod{16}$

2 7, 18

3 $x \equiv 23, 41, 87, 105 \pmod{128}$

4 $x \equiv 87, 256 \pmod{7^3}$

5 (1) $x \equiv 13, 14 \pmod{3^3}$

(2) $x \equiv 42, 83 \pmod{5^3}$

(3) $x \equiv 108, 135 \pmod{7^3}$

(4) $x \equiv 5008, 9633 \pmod{11^3}$

6 (1) 11, 15 (mod 3^3) (2) 122, 123 (mod 5^3)

7 해를 가지지 않는다. ($\because x^2 \equiv 10 \pmod{59}$는 해를 가지지 않는다.)

8 (1) $x \equiv 2, 12, 23, 33 \pmod{35}$

(2) $x \equiv 109, 212, 10899, 10912 \pmod{11021}$

9 법 p에 관한 2의 역원은 $\frac{p+1}{2}$. $\therefore$ 주어진 합동식은 $x^2 \equiv \frac{p-1}{2} \pmod p$ 와 동치.

$\left(\frac{(p-1)/2}{p}\right) = \left(\frac{2(p-1)}{p}\right) = \left(\frac{-2}{p}\right)$

14 연습문제 2참조

IV 연분수와 펠 방정식

16 연분수와 근사분수

1 (1) $[-1, 1, 1, 1, 2, 6]$ (2) $[0, 1, 1, 2, 9]$

(3) $[2, 2, 1, 2, 9]$ (4) $[0, 1, 1, 4, 1, 5, 3]$

2 (1) $\frac{5}{18}$ (2) $\frac{187}{57}$ (3) $\frac{71}{55}$ (4) $\frac{54}{37}$

3 (1) $\frac{1}{3}, \frac{1}{4}, \frac{2}{7}, \frac{5}{18}$

(2) $\frac{3}{1}, \frac{10}{3}, \frac{13}{4}, \frac{23}{7}, \frac{82}{25}, \frac{187}{57}$

(3) $\frac{1}{1}, \frac{4}{3}, \frac{9}{7}, \frac{31}{24}, \frac{71}{55}$

(4) $\frac{1}{1}, \frac{3}{2}, \frac{16}{11}, \frac{19}{13}, \frac{54}{37}$

4 (1) $q_2 = a_1a_2 + 1 \geq 2 > 2^{1/2}$

$q_{k+1} = a_{k+1}q_k + q_{k-1} \geq q_k + q_{k-1}$

$\geq 2^{(k-1)/2} + 2^{(k-2)/2} = 2^{(k-2)/2}(2^{1/2} + 1)$

$> 2^{(k-2)/2} \cdot 2 = 2^{k/2}$

5 (1) $\frac{p_1}{p_0} = \frac{a_1a_0 + 1}{a_0} = a_1 + \frac{1}{a_0} = [a_1, a_0]$

$\frac{p_k}{p_{k-1}} = a_k + \frac{p_{k-2}}{p_{k-1}} = a_k + \frac{1}{p_{k-1}/p_{k-2}}$

(2) $\frac{q_1}{q_0} = \frac{a_1}{1} = a_1$

$\frac{q_k}{q_{k-1}} = a_k + \frac{q_{k-2}}{q_{k-1}} = a_k + \frac{1}{q_{k-1}/q_{k-2}}$

6 (1) $(x, y) = (-8 + 51m, 3 - 19m)$
(2) $(x, y) = (48 + 5m, -168 - 18m)$
(3) $(x, y) = (58 + 227m, -93 - 364m)$
(4) $(x, y) = (-22 - 57m, -61 - 158m)$

7 주어진 식은
$\frac{p_k + xp_{k-1}}{q_k + xq_{k-1}} - \frac{p_k}{q_k} = \frac{x(p_{k-1}q_k - p_kq_{k-1})}{q_k + xq_{k-1}}$
$x(p_{k-1}q_k - p_kq_{k-1}) = x(-1)^k$

8 $[0, a_0, a_1, a_2, \cdots, a_n]$

17 무한 연분수

1 (1) $\sqrt{5} = 2 + \frac{1}{x}$.
$x = \frac{1}{\sqrt{5}-2} = \sqrt{5} + 2 = 4 + \frac{1}{x}$
(2) $[2, 4, 4, 4, \cdots]$

2 (1) $[3, 6, 6, 6, \cdots]$ (2) $[4, 8, 8, 8, \cdots]$
(3) $[5, 10, 10, \cdots]$ (4) $[6, 12, 12, \cdots]$

3 $(n^2+1)^{1/2} = n + \frac{1}{x}$로 두면
$x = (n^2+1)^{1/2} + n = 2n + \frac{1}{x}$

4 (1) $(1+\sqrt{5})/2$ (2) $[n, n, n, n, \cdots]$

5 (1) $(\sqrt{5}-1)/2$ (2) $2+\sqrt{2}$

6 인접한 근사 분수를 $\frac{p_n}{q_n}$, $\frac{p_{n+1}}{q_{n+1}}$라 하자.
$$\frac{1}{q_nq_{n+1}} = \left|\frac{p_{n+1}}{q_{n+1}} - \frac{p_n}{q_n}\right| = \left|\theta - \frac{p_{n+1}}{q_{n+1}}\right| + \left|\theta - \frac{p_n}{q_n}\right|$$
문제의 결론이 성립하지 않는다고 하면
$$\frac{1}{q_nq_{n+1}} \ge \frac{1}{2q_n^2} + \frac{1}{2q_{n+1}^2} = \frac{q_{n+1}^2 + q_n^2}{2q_{n+1}q_n}\ \frac{1}{q_nq_{n+1}} > \frac{1}{q_nq_{n+1}}$$

7 (1) $\frac{99}{70}$ (2) $\frac{577}{408}$

8 (1) $\frac{2}{1}, \frac{3}{1}, \frac{8}{3}, \frac{11}{4}, \frac{19}{7}, \frac{87}{32}, \frac{106}{39}, \frac{193}{71},$
(2) $\frac{193}{71}$

18 제곱근의 연분수

1 (1) $\frac{2+\sqrt{3}}{2}$ (2) $\frac{14+\sqrt{37}}{3}$
(3) $\sqrt{80}$ (4) $\frac{5-\sqrt{2}}{3}$

2 (1) $(n^2-1)^{1/2} = n - 1 + \frac{1}{x}$로 두면
$x = \frac{(n^2-1)^{1/2} + (n-1)}{2n-2} =$
$1 + \frac{1}{(2n-2)x}$
(2) $(n^2-n)^{1/2} = n - 1 + \frac{1}{x}$로 두면
$x = \frac{(n^2-n)^{1/2} + (n-1)}{n-1} =$
$2 + \frac{1}{(n-1)x}$
(3) $(n^2+2)^{1/2} = n + \frac{1}{x}$로 두면
$x = \frac{(n^2+2)^{1/2} + n}{2} = n$
$+ \frac{1}{2x}$
(4) $(n^2+2)^{1/2} = (n+1)^2 - 1$이므로 (1)에서 n을 $n+1$로 바꾸어 넣는다.

3 (1) $[9, \overline{1, 18}]$ (2) $[6, \overline{6, 12}]$
(3) $[7, \overline{7, 14}]$ (4) $[10, \overline{2, 20}]$
(5) $[10, \overline{2, 32}]$ (6) $[24, \overline{2, 48}]$

4 $2+\sqrt{8}$, $4+\sqrt{17}$, $\frac{3-\sqrt{23}}{2}$

5 $\sqrt{n}$의 연분수의 주기가 1이라면 $\sqrt{n} = [a, \overline{2a}]$.
$x = [0, \overline{2a}]$라 하면 $\sqrt{n} = a + x$, $x = \frac{1}{2a+x}$.
$\therefore\ x^2 + 2ax = 1$.
$\therefore\ n = (a+x)^2 = a^2 + 2ax + x^2 = a^2 + 1$

7 먼저 $b > 0$을 보인다. 조건으로부터 $\theta + \theta^* > 0$이므로 $a > 0$. 이로써 $0 < a < \sqrt{d}$, $0 < b < 2\sqrt{d}$를 보일 수 있다.

19 펠방정식

1 (1) (3, 2), (2) (2, 1), (3) (9, 4), (4) (5, 2), (5) (8, 3), (6) (3, 1), (7) (19, 6), (8) (10, 3),

2 (1) (3, 2), (17, 12), (99, 70)
(2) (2, 1), (7, 4), (26, 15)
(3) (9, 4), (161, 72), (2889, 1292)
(4) (5, 2), (49, 20), (485, 198)

3 (1) (18, 5), (2) (5, 1), (3) (70, 13), (4) (32, 5)

4 $(x_1+y_1\sqrt{d})^n+(x_1-y_1\sqrt{d})^n$
$=x_n+y_n\sqrt{d}+x_n-y_n\sqrt{d}=2x_n$
$(x_1+y_1\sqrt{d})^n-(x_1-y_1\sqrt{d})^n$
$=x_n+y_n\sqrt{d}-(x_n-y_n\sqrt{d})=2y_n\sqrt{d}$

5 k가 $4k+3$꼴의 소인수 k를 가진다고 할 때, $x^2\equiv-1 \pmod p$ 이 해를 가지게 된다.

6 $x^4-2y^4=1 \Leftrightarrow x^4-1=2y^4$
x는 홀수. 따라서 x^4-1은 8의 배수
$\frac{x^2-1}{4}\ \frac{x^2+1}{2}=\left(\frac{y}{2}\right)^2$
위 등식의 좌변의 두 수는 서로소($\because$ 일차결합이 1일 수 있다.) 따라서 각각 완전제곱수이다.
$\frac{x^2-1}{4}=a^2$이라면, $(x+2a)(x-2a)=1$
이 등식을 만족하는 경우는 $x=\pm1$일 때 뿐이다.

7 $u=r+s\sqrt{d}$, $v=a+b\sqrt{d}$라 하면
$uu^*=r^2-ds^2=1$, $vv^*=a^2-db^2=n$
$uv=ra+dsb+(sa+rb)\sqrt{d}$
$(sa+rb)^2+(sa+rb)^2\sqrt{d}$
$=(uv)(uv)^*=(uu^*)(vv^*)=1\cdot n=n$

8 $x^2-dy^2=1$은 해를 가진다. (정리 19.5, 19.6)

V 다원 부정방정식

20 페르마의 마지막 정리

1 (5, 13), (9, 15), (16, 20), (35, 37)

2 (1) n이 홀수일 때 : $n, \frac{1}{2}(n^2-1), \frac{1}{2}(n^2+1)$
n이 짝수일 때 : $n, (\frac{n}{2})^2-1, (\frac{n}{2})^2+1$
(2) n이 홀수일 때 : $\gcd(n, \frac{1}{2}(n^2+1))=1$
($\because (-n)n+2\frac{1}{2}(n^2+1)=1$)
n이 4의 배수일 때 : $\gcd(n, (\frac{n}{2})^2+1)=1$
($\because (-\frac{n}{4})n+(\frac{n}{2})^2+1=1$)

3 $(3n, 4n, 5n)$, $n=1, 2, \cdots$

4 (1) $x=2st$, $y=s^2-t^2$, $z=s^2+t^2$에서 s, t가 모두 홀수이면 y, z는 모두 짝수이다.
(2) xyz는 4, 3, 5의 배수

5 $(\text{홀수})^2\equiv1 \pmod 8$
$x=2st$, $y=s^2-t^2$, $z=s^2+t^2$에서
$x+y=(s+t)^2-2t^2$
$(s+t)^2\equiv1 \pmod 8$ ($\because s+t$는 홀수)
$$2t^2\equiv\begin{cases}0 \pmod 8, & (t\text{가 짝수일 때})\\ 2 \pmod 8, & (t\text{가 홀수일 때})\end{cases}$$
$\therefore\ x+y\equiv\pm1 \pmod 8$
$x-y=(s+t)^2-2s^2$이므로 같은 논리로
$x-y\equiv\pm1 \pmod 8$

6 $(4n^2, n^2-4, n^2+4)$

7 임의의 $n=1, 2, \cdots$에 대하여
(x_n, y_n, z_n)은 원시 피타고라스 세짝, $y_n=x_n+1$임을 증명한다.
$(x_n, y_n, z_n)=(x, y, z)$라고 하면 $y=x+1$이고
$z^2=x^2+y^2=x^2+(x+1)^2=2x^2+2x+1$
$x_{n+1}^2+y_{n+1}^2-z_{n+1}^2$
$=x_{n+1}^2+(y_{n+1}+z_{n+1})(y_{n+1}-z_{n+1})$
$=(3x+2z+1)^2-(7x+5z+4)(x+z)$
$=2x^2+2x+1-z^2=0$
정의에서 $y_{n+1}=x_{n+1}+1$이므로 $(x_{n+1}, y_{n+1}, z_{n+1})$은 원시피타고라스 세짝이다.

8 $x^2 + y^2 = z^2$, $x + y + z = \frac{1}{2}xy$에서 를 소거하면 $(x-4)(y-4) = 8$.
$\therefore$ $(x, y, z) = (12, 5, 13), (8, 6, 10)$

9 $(2n+1, 2n^2+2n, 2n^2+2n+1)$

10 정리 20.8의 증명 변형

11 $\frac{1}{2}xy = u^2$이라고 하면 $2xy = 4u^2$.
$(x+y)^2 = z^2 + 4u^2$, $(x-y)^2 = z^2 - 4u^2$
$(x^2-y^2)^2 = z^4 - 16u^2 = z^4 - (2u)^4$
이는 문제 13에 위배된다.

12 임의의 정수 n에 대하여 $x = n(n^2-3)$, $y = 3n^2 - 1$, $z = n^2 + 1$이 해이다.

13 $\left(\frac{x}{z}\right)^2 + \left(\frac{y}{z}\right)^2 = 1$이고 $\frac{x}{z} < 1$, $\frac{y}{z} < 1$.
$n > 2$일 때, $\left(\frac{x}{z}\right)^n < \left(\frac{x}{z}\right)^2$, $\left(\frac{y}{z}\right)^n < \left(\frac{y}{z}\right)^2$.
$\therefore$ $\left(\frac{x}{z}\right)^n + \left(\frac{y}{z}\right)^n < 1$

14 $p \nmid xyz$ 일 때, 페르마의 정리에 의하여
(1) $x^{p-1} \equiv y^{p-1} \equiv z^{p-1} \equiv 1 \pmod p$
$\therefore$ $x^{p-1} + y^{p-1} \equiv 2 \pmod p$
(2) $x + y - z \equiv x^p + y^p - z^p = 0 \pmod p$

21 제곱의 합

1 (1) $19^2 + 4^2$ (2) $37^2 + 9^2$ (3) $23^2 + 11^2$
(4) $137^2 + 9^2$

2 29, 45, 113, 125

3 $1234 = 2 \cdot 617$이고 617은 $4k+1$소수꼴의 소수

4 정리 13.6 (5), 정리 21.2

5 $n = 9k \pm 3 = 3(3k \pm 1)$. $\gcd(3, 3k \pm 1) = 1$이므로 $\varepsilon_3(n) = 1$로서 홀수이다.

6 r을 법 p에 관한 홀수인 원시근이라 하자. (r이 원시근일 때, $r + p$도 원시근이므로 홀수인 원시근이 존재한다.) 어떤 $k > 1$이 있어서 $r^k \equiv 2 \pmod p$.
$$r^{2(k+(p-1)/4)} = (r^k)^2 r^{(p-1)/2}$$
$$= 2^2 \cdot (-1) = -4 \pmod p$$
$a = r^{k+(p-1)/4}$, $b = 2$는 조건을 만족한다.

7 $p = a^2 + b^2 = c^2 + d^2$이라 하면,
$pd^2 = (a^2+b^2)d^2 = a^2d^2 + b^2d^2$
$pb^2 = (c^2+d^2)b^2 = c^2b^2 + b^2d^2$
$\Rightarrow a^2d^2 - b^2c^2 = p(d^2 - b^2) \equiv 0 \pmod p$
$\Rightarrow p \mid (ad-bc)(ad+bc)$
$a, b, c, d < \sqrt{p}$ 이므로
① $ad - bc = 0$ 또는 ② $ad + bc = p$가 성립
②의 경우
$p^2 = (a^2+b^2)(c^2+d^2)$
$= (ad+bc)^2 + (ac-bd)^2$
$= p^2 + (ac-bd)^2$. $\therefore$ ③ $ac - bd = 0$이 성립
따라서 $ad = bc$, $ac = bd$ 중 하나는 성립한다.
$ad = bc$일 경우 : $a \mid bc$. $\therefore a \mid c$. $c = ka$.
$\therefore$ $d = kb$.
$p = c^2 + d^2 = k^2(a^2+b^2)$ $\therefore$ $k = 1$
$\therefore$ $c = a, d = b$.
$ad = bc$일 경에도 같은 결론을 얻는다.

8 (1) $7 = 2^2 + 1^2 + 1^2 + 1^2$
(2) $15 = 3^2 + 2^2 + 1^2 + 1^2$
(3) $34 = 4^2 + 4^2 + 1^2 + 1^2$
(4) $105 = 10^2 + 2^2 + 1^2 + 0^2$
(5) $238 = 14^2 + 5^2 + 4^2 + 1^2$
(6) $510 = 22^2 + 4^2 + 1^2 + 1^2$

9 (1) $120 = 8^2 + 6^2 + 4^2 + 2^2$
$= 10^2 + 4^2 + 2^2 + 0^2$
(2) $714 = 16^2 + 16^2 + 11^2 + 9^2$
$= 18^2 + 13^2 + 11^2 + 10^2$
(3) $900 = 27^2 + 9^2 + 9^2 + 3^2$
$= 27^2 + 13^2 + 1^2 + 1^2$
(다른 방법도 있을 수 있다.)

찾아보기

가

가우스 기호 26
공개키 시스템 152
공배수 44
공약수 44
공역(함수의) 함수
근(합동식의) 합동식
근사분수 228
기본해(펠 방정식의) 펠 방정식

나

나눗셈 알고리즘 24
나머지 25

다

다항합동식 합동식
단사(함수) 함수
단순연분수 연분수
닫혀있다 11
데카르트곱 10
동치 (합동식) 합동식
동치관계 8
동치류 9
디오판투스 방정식 61

라

라그랑즈알고리즘 254
르장드르 기호 189

마

메르센 소수 75
메르센 수 75
몫 25
뫼비우스함수 99
무한소수(q 진법 에 관한) 38
무한 연분수 연분수

바

배수 24
배일배의 정리 44
버트란드의 가설 72
법 n에 관한 소거율 소거율
법 n에 관한 완전잉여계 완전잉여계
법 n에 관한 잉여류 잉여류
법 n에 관한 역원 역원
법 n에 관한 원시근 원시근
법 n에 관한 위수 위수
법 n에 관한 해(합동식의)의 개수 합동식
법 p에 관한 제곱근 185
복호화 150
부분분모 연분수
부정방정식 61
　특수해 62
　일반해 63
분할 9
비둘기집의 원리 12
비이차잉여 184, 211
비제곱부분 291

사

사원수 19
　켤레사원수 20
　크기 20
산술의 기본정리 84
상 함수
상호법칙(이차잉여의) 195
서로소 51
소거율 105
소수 생성 함수 73
소수 69
　제곱근판정법 70
소수부분 35
소인수 69
소인수분해 83
　표준형 소인수분해 85
　p 성분 86
　확장된 표준형 소인수분해 89
수열에 관한 전개식 33

순 순환소수 38
순환마디 38
순환마디의 길이 38
순환소수 38
순환연분수 연분수
승법적 정수론적 함수
십진법의 전개식 31, 35
쌍둥이소수 78
쌍마다 서로 소 51

아

아리스토테네스의 체 70
암호문 150
암호화 150
야코비 기호 204
약수 43
양의 해(펠 방정식의) 펠 방정식
m차 합동식 합동식
역원(법 n에 관한) 124
연분수 전개 연분수
연분수 224
  단순연분수 224
  무한 연분수 224
  부분분모 224
  순환연분수 251
  연분수 알고리즘 241
  연분수 전개 224
  유한 연분수 223
에라토스테네스의 체 70
오일러 함수 143
오일러의 정리 149
완전수 95
완전잉여계 111
  절대최소 잉여계 113
  최소 양의 잉여계 111
완전제곱수 88
원시근 160
원시 피타고라스세짝 피타고라스세짝
위수 157
윌슨의 정리 136
유클리드 Lemma 58
유클리드 알고리즘 56
유한소수 (q진법에 관한) 38
유한 연분수 연분수
유한귀납법의 원리 23
의사소수 134
이산로그 162
이차무리수 252
  축소이차무리수 261
이차잉여 184, 211
이차잉여의 상호법칙 상호법칙
이항계수 13
이항연산 10
이항정리 13
인증기법 152
일대일 대응 함수
일반해(부정방정식의) 부정방정식
일차결합 44
일차합동식 합동식
잉여계 완전잉여계
잉여류 111

자

전단사 (함수) 함수
전사 (함수) 함수
절대최소 잉여계 완전잉여계
정렬성(정수) 22
정수론적 함수 91
  승법적 92
정수부분 35
정수해 61
정의역 함수
제곱근(법 p에 관한) 185
제곱근판정법(소수) 소수
제곱부분 291
제곱수 88
제곱인수를 가지지 않는다 291
주기 38
중국인의 나머지정리 126
지수 162
짝수 25

차

최대공약수 44
최소 양의 잉여계 완전잉여계
최소 양의 해(펠 방정식의) 펠 방정식
최소공배수 44
축소이차무리수 이차무리수
치역 함수

카

칸토어전개식 35
켤레복소수 18
켤레사원수 사원수
q진법 에 관한 무한소수 38
q진법 에 관한 유한소수 38
q진법 표현 34
q진법에 관한 전개식 34, 37
크기(사원수의) 사원수

타

특수해(부정방정식의) 부정방정식
특수해(합동식의) 합동식

파

페르마 소수 77
페르마 수 77
페르마 판정법 133
페르마 합동식 133
페르마의 정리 131
페아노의 공리 21
펠 방정식 263
　기본해 269
　양의 해 264
　최소 양의 해 269
평문 150
표준형 소인수분해 소인수분해
p성분 86
피타고라스세짝 277
　원시 타고라스세짝 277
피타고라스삼각형 278

하

함수 7
　공역 7
　단사 7
　상 7
　일대일 대응 7
　전단사 7
　전사 7
　정의역 7
　치역 7
합동 103
합동식 103
　근 117
　다항합동식 118
　동치 117
　법 n에 관한 해의 개수 118
　일차합동식 119
　특수해 119
　해 117
　해집합 117
　m차합동식 117
합성수 69
해(합동식의) 합동식
해집합(합동식의) 합동식
행렬식 11
홀수 25
확장된 표준형 소인수분해 소인수분해

지은이 **황석근**

경북대학교 사범대학 수학교육과 졸업
미국 위스콘신대학교 대학원 수학과 졸업(PH.D.)
미국 와이오밍대학교 Research Professor 역임
경북대학교 과학영재교육센터 초대 소장
제41회 국제수학올림피아드(IMO 2000) 출제위원장
대한수학회 학술상 수상
과학기술 진흥 유공 포상(국무총리 표창)
경북대학교 사범대학장, 교무처장, 대학원장, 부총장 역임
현재 경북대학교 사범대학 수학교육과 교수
현재 한국 과학기술 한림원 정회원

교우 ENV 시리즈 **2**

ENV 정수론

초판 1쇄 발행 2012년 2월 25일
초판 2쇄 발행 2022년 10월 25일

지 은 이 황석근
펴 낸 이 오상훈
펴 낸 곳 교우미디어

주 소 서울시 동대문구 약령시로 8 교우빌딩 2층
전 화 (02) 925-2866, (02) 925-2861~2
팩 스 (02) 925-2860
이 메 일 kyowoo@kyowoo.co.kr
홈페이지 www.kyowoo.co.kr
등록번호 제305-2011-000007호

ISBN 978-89-968148-6-3 94410 값 30,000원
978-89-968148-5-6 (전4권)

교우미디어는 교우사의 임프린트 출판브랜드입니다.